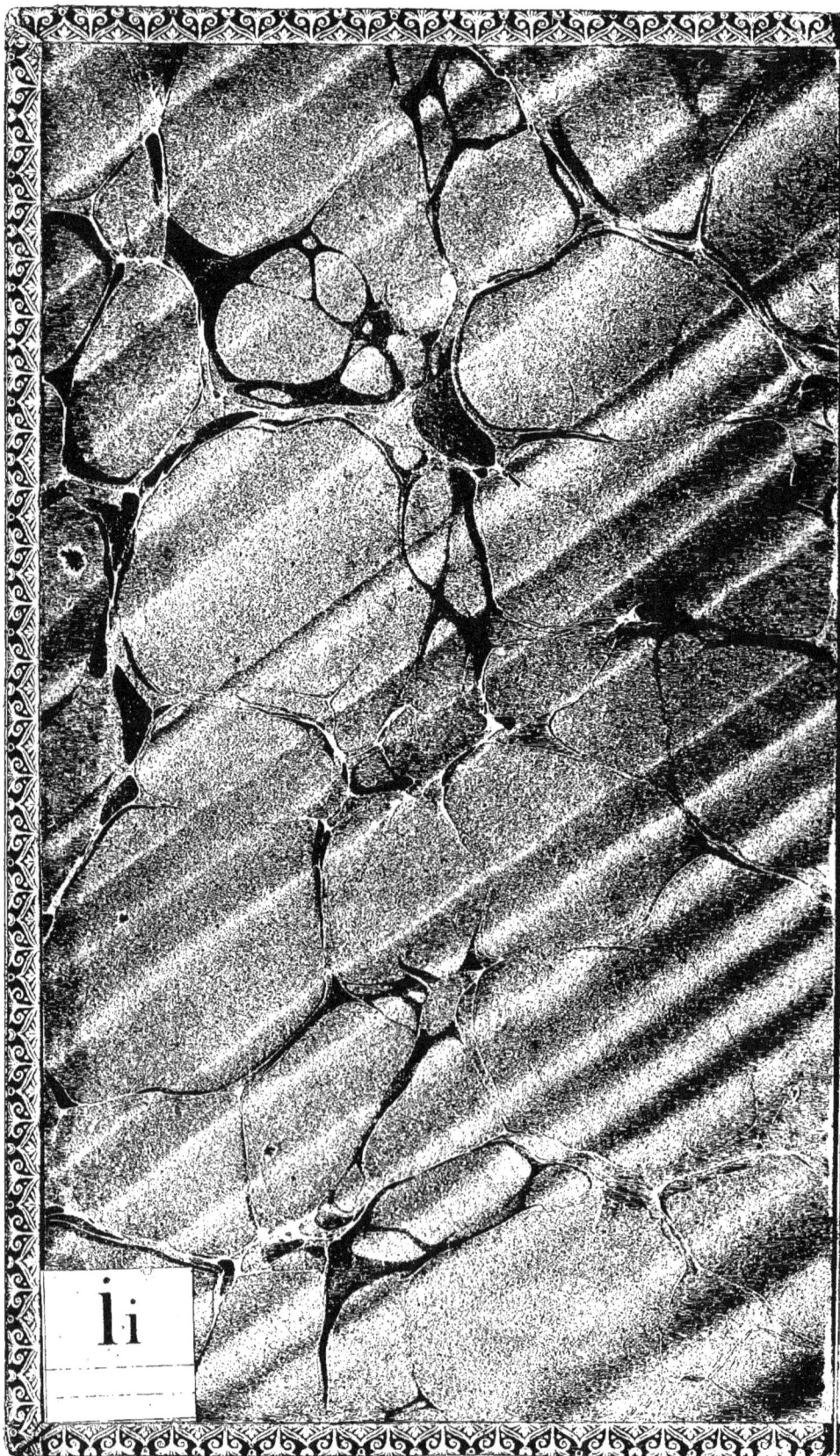

li

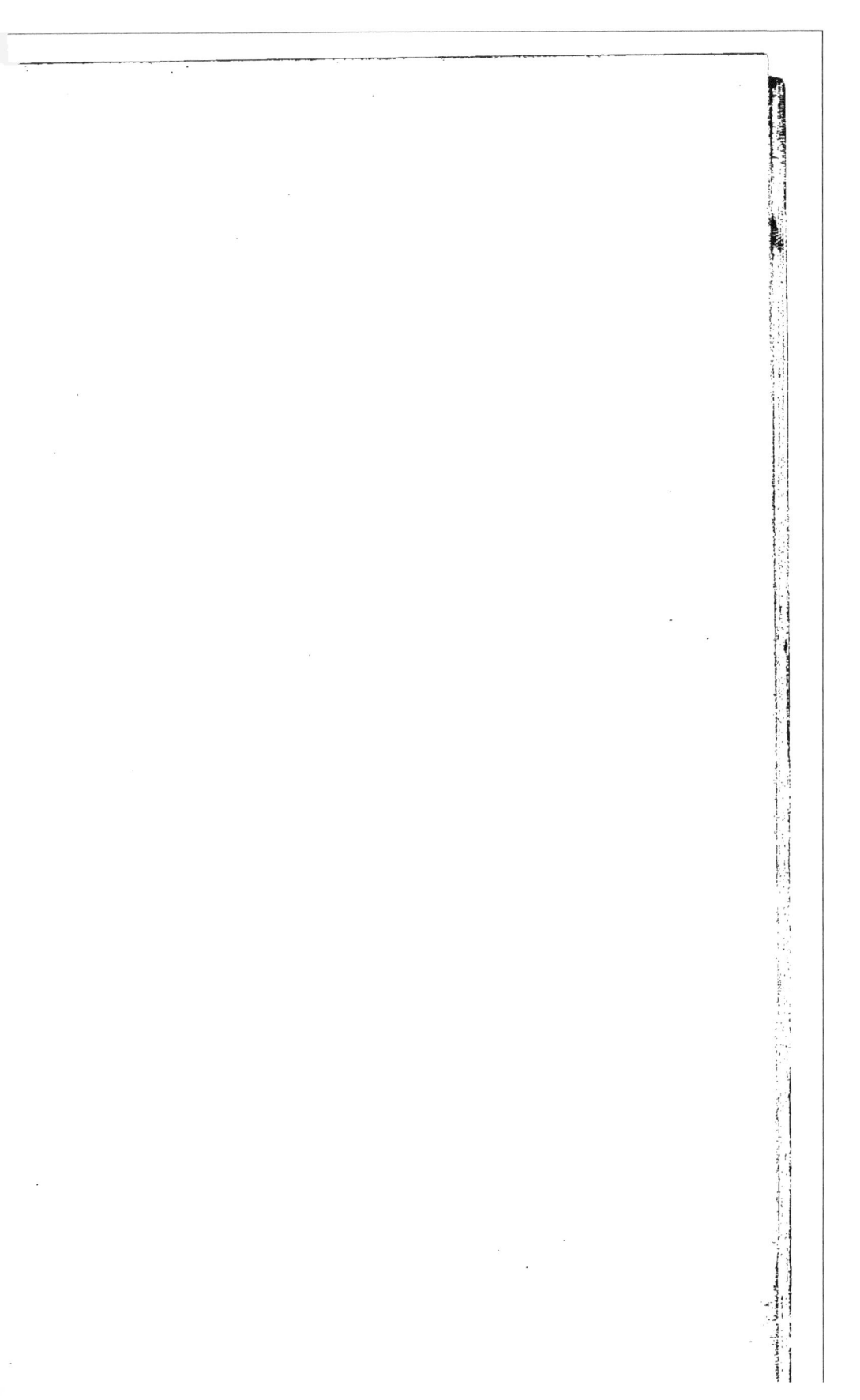

TRAITÉ

DE

MINÉRALOGIE.

ATLAS.

IMPRIMERIE DE HENNUYER ET TURPIN, RUE LEMERCIER, 24,
Batignolles.

TRAITÉ

DE

MINÉRALOGIE

PAR

A. DUFRÉNOY,

INGÉNIEUR EN CHEF DES MINES, MEMBRE DE L'ACADÉMIE ROYALE DES SCIENCES, PROFES-
SEUR A L'ÉCOLE ROYALE DES MINES ET A L'ÉCOLE ROYALE DES PONTS ET CHAUSSÉES ;
MEMBRE DE LA SOCIÉTÉ PHILOMATIQUE DE PARIS, DE LA SOCIÉTÉ GÉOLOGIQUE DE
FRANCE, DE LA SOCIÉTÉ LINNÉENNE DE NORMANDIE, DE LA SOCIÉTÉ GÉOLOGIQUE DE
LONDRES, DE CELLE DU CORNOUAILLES, DE LA SOCIÉTÉ HELVÉTIQUE, CORRESPONDANT
DES ACADÉMIES ROYALES DES SCIENCES DE BERLIN, DE TURIN, DE L'INSTITUT NATIONAL
DES ÉTATS-UNIS DE L'AMÉRIQUE DU NORD, ETC.

TOME QUATRIÈME.

⚜

ATLAS.

⚜

PARIS

CARILIAN-GOEURY et Vᵒᴿ DALMONT,

LIBRAIRES DES CORPS ROYAUX DES PONTS ET CHAUSSÉES ET DES MINES,

QUAI DES AUGUSTINS, 39.

1845

NOTATION

ADOPTÉE

POUR REPRÉSENTER LES FACES DES CRISTAUX,

ET

MÉTHODE POUR LES CONSTRUIRE.

J'ai désigné avec Haüy les faces des formes primitives par les lettres P, M, T, les angles par des voyelles, et les arêtes par des consonnes. Les parties semblables portent la même lettre, en sorte que dans le cube les huit angles sont marqués de la lettre A, tandis que ses douze arêtes le sont par la lettre B.

Les facettes secondaires sont désignées par de petites lettres qui rappellent les éléments du cristal sur lesquels elles sont placées ; un chiffre indique, en outre, la loi qui préside à leur dérivation. Cette méthode montre, par la simple inspection de la figure, toute la symétrie des cristaux ; elle permet en même temps de saisir les rapports des différentes facettes entre elles, ainsi qu'avec la forme primitive.

Fig. 1.

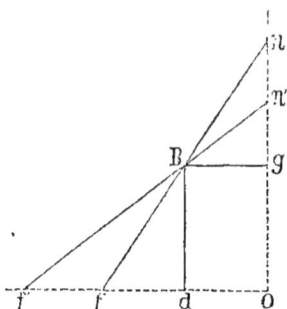

Une modification fn, fig. 1, naissant sur l'arête B d'un prisme rectangulaire par un plan tangent, sera représentée, d'après cette notation, par le symbole b^1, le chiffre 1 rappelant que la facette nouvelle est le résultat d'un décroissement d'une rangée en hauteur et d'une rangée en largeur; en effet, fn étant la trace de ce plan, cette ligne coupe les axes aux distances $gn = $ H, et $df = $ C, longueur du côté perpendiculaire à l'arête B. Le symbole $b^{1/2}$ indique une facette donnée par un décroissement d'une rangée en hauteur sur deux en largeur. Pour le démontrer, je remarque que le point B représentant la projection de l'arête B, O le centre du cristal, Og la hauteur d'une molécule, et Bg sa largeur, la ligne $f'n'$ sera la trace du plan produit par la loi indiquée; or, cette ligne coupe l'axe vertical Og à la distance $gn' = 1/2\ gn = 1/2\ Bd = 1/2$ H, sa notation sera donc $b^{1/2}$. On aurait de même $b^{1/3}$ pour une facette donnée par un décroissement d'une rangée en hauteur sur trois en largeur.

La fig. 271, pl. 44, appartenant à la chaux phosphatée, fournit un exemple de trois séries de facettes placées sur les arêtes de la base de la forme primitive. Leurs lois de dérivation sont, deux rangées en hauteur sur une en largeur, une rangée sur une, enfin, une de hauteur sur deux de largeur; leurs symboles sont par conséquent b^2, b^1, $b^{1/2}$. La même figure fournit des exemples de modifications placées sur les angles A ; elles sont marquées a^2, a' ; c'est-à-dire que la première, qui est produite par un décroissement de deux rangées en hauteur sur une de largeur, coupe la hauteur à une distance 2H, tandis que la seconde est également inclinée sur les faces qui forment l'angle A.

Les modifications sur les arêtes ne sont placées que d'une seule manière ; celles sur les angles peuvent présenter trois dispositions, suivant qu'elles coupent les faces de la forme primitive parallèlement à la diagonale de P, de M ou de T (voir vol. Ier, p. 156). Ces différences sont exprimées par la position du chiffre ; on aura donc a^1, ou a^2, fig. 271, pl. 44, pour des modifications placées sur l'angle A, coupant l'axe à des distances 1 et 1/2, et dont les traces sur P seraient parallèles à la diagonale opposée à l'angle sur lequel la modification a eu lieu. Le signe a_2, fig. 272, pl. 44, indique une modification placée sur l'angle A, coupant la face de droite de cet angle parallèlement à sa diagonale, et donnée par un décroissement de deux rangées en hauteur sur une en largeur.

Enfin, les facettes qui résultent de décroissements intermédiaires sont marquées de la lettre i, ainsi qu'on le voit dans la fig. 246, pl. 40, appartenant à la *chaux fluatée*. Pour faire connaître la loi de décroissement qui les régit, j'ai écrit au-dessous de la figure, ainsi que dans le texte, le symbole qui les représente. Dans cet exemple, la facette i

coupe les côtés aux distances 1, $1/2$ et $1/4$, ce que l'on ex—
prime par le signe $i = (b^1 \ b^{1/2} \ b^{1/4})$.

Construction des cristaux. — Ces détails sur la notation
adoptée donnent le moyen de construire les cristaux ; en effet, soit, fig. 267, un prisme à six faces surmonté d'un
pointement à six faces, donné par une rangée en hauteur et
une rangée en largeur. Pour construire ce pointement, il
suffit de prolonger d'une longueur, ou de la demi-hauteur
du prisme, l'axe parallèle aux arêtes verticales, et de mener
du point qui en résulte des lignes aux angles du prisme : ces
lignes sont les intersections des faces b^1. Si la loi de décroissement eût été $b^{1/2}$, ainsi que cela a lieu dans la fig. 270,
pl. 44, comme cette notation correspond à une rangée en
hauteur sur deux en largeur, ou une demie en hauteur sur
une en largeur, on n'aurait prolongé l'axe que d'une demi-
hauteur.

La construction des facettes sur les angles est aussi simple ; seulement, dans ce cas, au lieu de se servir comme point
de départ du prisme, fig. 263, pl. 43, on commencera par
construire le prisme à six faces tangent aux arêtes H ; ce sont
les angles de ce nouveau prisme qui donneront les lignes d'intersection des faces a^1 ou $a^{1/2}$, suivant qu'on les mènera d'un
point situé sur l'axe à une distance H ou $1/2$ H.

La construction des modifications sur les rhomboèdres est
en apparence un peu plus compliquée. Je vais indiquer par

deux exemples la méthode que l'on doit suivre pour les obtenir. Je supposerai d'abord qu'on veuille construire un
rhomboèdre, placé sur l'angle sommet donné par un décroissement d'une rangée en hauteur et de deux en largeur,
dont l'expression est a^2.

Fig. II.

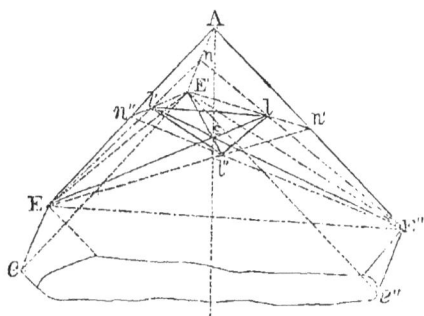

Soit, figure II, le
rhomboèdre primitif: je
mène par la diagonale
EE'' un plan coupant l'a-
rête du sommet opposé
AE' en son milieu n;
comme il y a trois faces
symétriques, je répé-
terai la même construction sur les trois diagonales correspondantes : on obtient alors trois plans triangulaires EE''n, EE'n',
E'E''n''. Ces plans se coupent deux à deux suivant les lignes El,
E''l'', El''. Ces trois lignes se rencontrent en un point S qui est
le sommet du nouveau rhomboèdre ; leur direction donne celle
des trois arêtes culminantes, en sorte que le sommet supérieur du nouveau rhomboèdre est S$ll'l''$. On répétera la même
construction au sommet inférieur pour compléter le cristal,
les fig. 90, pl. 67, et 97, pl. 68, qui appartiennent au fer
oligiste, montrent le primitif P surmonté de ce pointement
très-obtus.

Fig. III.

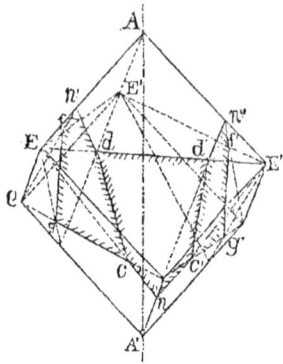

Je choisirai pour second exemple la modification e^3, représentant un rhomboèdre aigu naissant sur les angles E, par un décroissement d'une rangée en hauteur et de trois en largeur : soit, fig. III, le rhomboèdre primitif. Les modifications dans ce cas ayant lieu sur les angles latéraux, les plans coupants devront s'appuyer sur les diagonales, de manière à enlever ces angles. Je prendrai, en conséquence, sur l'arête culminante inférieure A'e' un point n placé au tiers de la longueur ; par ce point et la diagonale EE″, je ferai passer un plan qui produira une troncature menée suivant la loi e^3. Les points n' et n'' étant pris à distances $En' = 1/3\ AE$, $E''n'' = 1/3\ AE''$, les plans coupants $ee'n'$, $e'e''n''$, rempliront les mêmes conditions, et leurs intersections respectives cd, $c'd'$, fg, $f'g'$, seront les arêtes du nouveau rhomboèdre. Pour avoir les trois autres faces du rhomboèdre e^3, il faudrait faire la même construction sur les diagonales ee'', EE', $E'E''$, placées sur le derrière du cristal. La fig. 91, pl. 67, qui appartient également au fer oligiste, représente l'association du primitif et de ce nouveau rhomboèdre ; pour l'avoir complet, il suffirait de prolonger les arêtes cd, $c'd'$, cd, fg, $c'd'$, $f'g'$, ainsi que les arêtes de derrière correspondantes.

Si le rhomboèdre secondaire était donné par le signe $e^{1/3}$, il faudrait mener le plan EE″n de manière qu'il coupât l'arête du sommet à une longueur triple de la sienne , ce qui reviendrait à mener un plan par le sommet A, et par des points placés au tiers des arêtes Ee', Ee, à partir de l'angle E.

Les exemples que je viens de donner embrassent les cas les plus difficiles, et suffisent pour guider les personnes qui voudraient construire des cristaux d'après leur loi de dérivation.

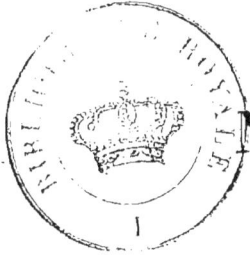

NOTATION

'ADOPTÉE

POUR REPRÉSENTER LES FACES DES CRISTAUX

ET

MÉTHODE POUR LES CONSTRUIRE.

J'ai désigné avec Haüy les faces des formes primitives par les lettres P, M, T, les angles par des voyelles, et les arêtes par des consonnes. Les parties semblables portent la même lettre, en sorte que dans le cube les huit angles sont marqués de la lettre A, tandis que les douze arêtes le sont par la lettre B.

Les facettes secondaires sont désignées par de petites lettres qui rappellent les éléments du cristal sur lesquels elles sont placées; un chiffre indique, en outre, la loi qui préside à leur dérivation. Cette méthode montre, par la simple inspection de la figure, toute la symétrie des cristaux; elle permet en même temps de saisir les rapports des différentes facettes entre elles, ainsi qu'avec la forme primitive.

Fig. 1.

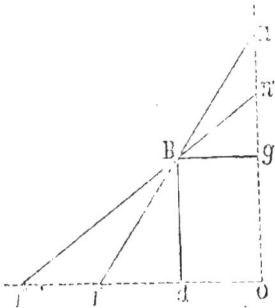

Une modification fn, fig. 1, naissant sur l'arête B d'un prisme rectangulaire par un plan tangent, sera représentée, d'après cette notation, par le symbole b^1, le chiffre 1 rappelant que la facette nouvelle est le résultat d'un décroissement d'une rangée en hauteur et d'une rangée en largeur; en effet, fn

étant la trace de ce plan, cette ligne coupe les axes aux distances $gn = $ H, et $df = $ C, longueur du côté perpendiculaire à l'arête B. Le symbole b^2 indique une facette donnée par un décroissement de deux rangées en largeur sur une en hauteur.

Pour le démontrer, je remarque que le point B représentant la projection de l'arête B, O le centre du cristal, Og la hauteur d'une molécule, et Bg sa largeur, la ligne $f' n'$ sera la trace du plan produit par la loi indiquée ; or, cette ligne coupe l'axe horizontal Od à la distance $df' = 2 \, df = 2$ C, sa notation sera donc b^2. On aurait de même $b^{1/2}$ pour une facette donnée par un décroissement d'une rangée en largeur sur deux en hauteur.

La fig. 271, pl. 44, appartenant à la chaux phosphatée, fournit un exemple de trois séries de facettes placées sur les arêtes de la base de la forme primitive. Leurs lois de dérivation sont, deux rangées en largeur sur une en hauteur, une rangée sur une, enfin, une de largeur sur deux de hauteur : leurs symboles sont par conséquent b^2, b^1, $b^{1/2}$. La même figure fournit des exemples de modifications placées sur les angles A ; elles sont marquées a^2, a^1 ; c'est-à-dire que la première, qui est produite par un décroissement de deux rangées en largeur sur une de hauteur, coupe la hauteur à une distance 1/2H, tandis que la seconde est également inclinée sur les faces qui forment l'angle A.

Les modifications sur les arêtes ne sont placées que d'une seule manière ; celles sur les angles peuvent présenter trois dispositions, suivant qu'elles coupent les faces de la forme primitive parallèlement à la diagonale de P, de T ou de M (voir vol. Ier, p. 156). Ces différences sont exprimées par la position du chiffre ; on aura donc a^1, ou a^2, fig. 271, pl. 44, pour des modifications placées sur l'angle A, coupant l'axe à des distances 1 et 1/2, et dont les traces sur P seraient parallèles à la diagonale opposée à l'angle sur lequel la modification a eu lieu. Le signe a_2, fig. 272, pl. 44, indique une modification placée sur l'angle A, coupant la face de droite de cet angle parallèlement à la diagonale, et donnée par un décroissement de deux rangées en largeur sur une en hauteur.

Enfin, les facettes qui résultent de décroissements intermédiaires sont marquées de la lettre i, ainsi qu'on le voit dans la fig. 246, pl. 40, appartenant à la *chaux fluatée*. Pour faire connaître la loi de décroissement qui les régit, j'ai écrit au-dessous de la figure, ainsi que dans le texte, le symbole qui les représente. Dans cet exemple, la facette i coupe les côtés aux distances 1, 1/2 et 1/4, ce que l'on exprime par le signe $i = (b^1 \, b^{1/2} \, b^{1/4})$.

Construction des cristaux. — Ces détails sur la notation adoptée donnent le moyen de construire les cristaux; en effet, soit, fig. 267, pl. 43, un prisme à six faces surmonté d'un pointement à six faces, donné par une rangée en hauteur et une rangée en largeur. Pour construire ce pointement, il suffit de prolonger d'une longueur, ou de la demi-hauteur du prisme, l'axe parallèle aux arêtes verticales, et de mener du point qui en résulte des lignes aux angles du prisme : ces lignes sont les intersections des faces b^1. Si la loi de décroissement eût été $b^{1/2}$, ainsi que cela a lieu dans la fig. 270, pl. 44, comme cette notation correspond à une rangée en largeur sur deux en hauteur, ou une demie en largeur sur une en hauteur, on aurait prolongé l'axe d'une longueur ou de la hauteur totale du prisme.

La construction des facettes sur les angles est aussi simple; seulement, dans ce cas, au lieu de se servir comme point de départ du prisme, fig. 263, pl. 43, on commencera par construire le prisme à six faces tangent aux arêtes H ; ce sont les angles de ce nouveau prisme qui donneront les lignes d'intersection des faces a^1 ou $a^{1/2}$, suivant qu'on les mènera d'un point situé sur l'axe à une distance H ou 2 H.

La construction des modifications sur les rhomboèdres est en apparence un peu plus compliquée. Je vais indiquer par deux exemples la méthode que l'on doit suivre pour les obtenir. Je supposerai d'abord qu'on veuille construire un rhomboèdre, placé sur l'angle sommet donné par un décroissement d'une rangée en hauteur et de deux en largeur, dont l'expression est a^2.

Fig. II.

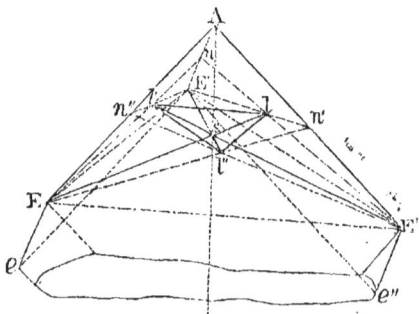

Soit, figure II, le rhomboèdre primitif : je mène par la diagonale EE″ un plan coupant l'arête du sommet opposé AE′ en son milieu n ; comme il y a trois faces symétriques, je répéterai la même construction sur les trois diagonales correspondantes : on obtient alors trois plans triangulaires EE″n, EE′n', E′E″n''. Ces plans se coupent deux à deux suivant les lignes El, E″l', El''. Ces trois lignes se rencontrent en un point S qui est le sommet du nouveau rhomboèdre ; leur direction donne celle des trois arêtes culminantes, en sorte que le sommet supérieur du nouveau rhomboèdre est S$ll'l''$. On répétera la même construction au sommet inférieur pour compléter le cristal ; les fig. 90, pl. 67, et 99, pl. 68, qui appartiennent au fer oligiste, montrent le primitif P surmonté de ce pointement très-obtus.

Fig. III.

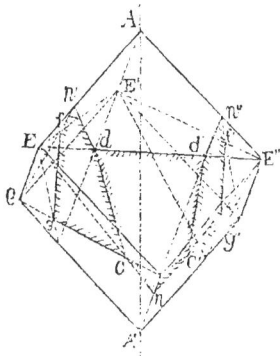

Je choisirai pour second exemple la modification e^3, représentant un rhomboèdre aigu naissant sur les angles E, par un décroissement d'une rangée en hauteur et de trois en largeur : soit, fig. III, le rhomboèdre primitif. Les modifications dans ce cas ayant lieu sur les angles latéraux, les plans coupants devront s'appuyer sur les diagonales, de manière à enlever ces angles. Je prendrai, en conséquence, sur l'arête culminante inférieure A'e' un point n placé au tiers de la longueur ; par ce point et la diagonale EE'', je ferai passer un plan qui produira une troncature menée suivant la loi e^3. Les points n' et n'' étant pris à des distances $En' = 1/3$ AE, $E''n'' = 1/3$ AE'', les plans coupants $ee'n'$, $e'e''n''$, rempliront les mêmes conditions, et leurs intersections respectives cd, $c'd'$, fg, fg', seront les arêtes du nouveau rhomboèdre. Pour avoir les trois autres faces du rhomboèdre e^3, il faudrait faire la même construction sur les diagonales ee'', EE', E'E'', placées sur le derrière du cristal. La fig. 91, pl. 67, qui appartient également au fer oligiste, représente l'association du primitif et de ce nouveau rhomboèdre ; pour l'avoir complet, il suffirait de prolonger les arêtes cd, $c'd'$, cd, fg, $c'd'$, fg', ainsi que les arêtes de derrière correspondantes.

Si le rhomboèdre secondaire était donné par le signe $e^{1/3}$, il faudrait mener le plan EE''n de manière qu'il coupât l'arête du sommet à une longueur triple de la sienne, ce qui reviendrait à mener un plan par le sommet A, et par des points placés au tiers des arêtes Ee', Ee, à partir de l'angle E.

Les exemples que je viens de donner embrassent les cas les

plus difficiles, et suffisent pour guider les personnes qui voudraient construire des cristaux d'après leur loi de dérivation.

NOTATION DE M. NAUMANN.

Le *Traité de cristallographie* que M. Naumann, professeur à Freiberg, a publié en 1826, jouit d'une juste réputation; la notation qu'il a donnée est fondée, comme celle de M. Weiss et de M. G. Rose, sur les distances auxquelles les faces des cristaux coupent les axes de la forme primitive. En indiquant les notations de ces deux savants cristallographes, j'avais également énoncé celle de M. Naumann; mais cette dernière notation ayant été depuis quelques années adoptée par beaucoup de minéralogistes de l'Allemagne, je crois nécessaire de la faire connaître avec quelques détails.

Je rappellerai d'abord que Naumann admet sept systèmes cristallins [1]; la différence de symétrie qui caractérise chacun de ces systèmes entraîne des différences correspondantes dans leur notation : cinq d'entre eux peuvent être considérés comme dérivant de formes octaédriques. Il désigne par la lettre O l'octaèdre régulier qui caractérise le premier système, et par la lettre P les octaèdres qui servent de point de départ aux autres systèmes, ainsi que le bi-rhomboèdre du système hexagonal. Sa notation rappelle constamment la forme primitive, et les coefficients dont elle est accompagnée, placés soit à gauche, soit à droite des lettres O et P, expriment les distances auxquelles les faces secondaires coupent les axes. Quoique

[1] Voir t. Ier, p. 148.

la notation de Naumann soit fondée sur ce principe général, il est cependant nécessaire, pour en rendre l'exposition complète, d'examiner chaque système successivement.

I. Système régulier ; (*Tesseral system*).

Ce système est caractérisé par trois axes égaux et perpendiculaires entre eux. Il renferme des cristaux *homoèdres*, ou complets, et des cristaux *hémièdres*, ou demi-cristaux : ces derniers se divisent en deux classes, suivant que leurs faces sont ou non parallèles deux à deux.

Toutes les formes de ce système peuvent être classées comme il suit :

Formes homoèdres.

Cube ; (tome I, p. 34, fig. 6).
Octaèdre ; (tome I, p. 36, fig. 8).
Dodécaèdre rhomboïdal ; (tome I, p. 38, fig. 11).
Hexatétraèdres ; (tétrakihéxaèdres) (tome I, p. 41, fig. 15).
Octotriaèdres ; (triakisoctaèdres) (tome I, p. 46, fig. 22).
Trapézoèdres ; (ikositétraèdres) (tome I, p. 43, fig. 19).
Hexakisoctaèdres ; (tome I, p. 49, fig. 25).

Formes hémièdres, à faces parallèles deux à deux.

Dodécaèdres pentagonaux ; (tome I, p. 56, fig. 33).
Diakisdodécaèdres ; sortes de trapézoèdres.

Formes hémièdres, à faces non parallèles.

Tétraèdre ; (tome I, p. 58, fig. 27).
Trigon-dodécaèdres ; tétraèdres pyramidaux, dodécaèdres à faces triangulaires ; (tome I, p. 55, fig. 31).

Deltoïde–dodécaèdres ; tétraèdres pyramidaux, dodécaèdres à faces quadrangulaires.

Hexakis–tétraèdres pyramidaux ; sortes d'ikositétraèdres.

Notation des formes homoèdres.

Octaèdre. Ses faces coupent les axes aux distances $1:1:1$; sa notation est 0.

Cube. Ses faces coupent les axes aux distances $\infty : \infty : 1$; sa notation sera $\infty 0 \infty$.

Dodécaèdre rhomboïdal. Ses faces coupent les axes aux distances $\infty : 1 : 1$; sa notation sera $\infty 0$.

Hexatétraèdres. Leurs faces coupent les axes aux distances $\infty : n : 1$, n étant > 1 ; leur notation est $\infty 0 n$; les plus fréquents sont $\infty 0 \,^5/_2$; $\infty 0 2$; $\infty 0 3$.

Octotriaèdres. Leurs faces coupent les axes aux distances $m : 1 : 1$, m étant > 1 ; leur notation sera $m 0$; les plus fréquents sont $^5/_2 0$; $2 0$ et $3 0$.

Trapézoèdres. Leurs faces coupent les axes aux distances $m : m : 1$, m étant > 1 ; leur notation sera $m 0 m$; les plus fréquents sont $2 0 2$ et $^3 0^3$.

Hexakisoctaèdres. Leurs faces coupent les axes aux distances $m : n : 1$, m et n étant > 1 ; leur notation sera $m 0 n$; les plus fréquents sont $3 0 \,^5/_2$, $4 0 2$ et $5 0 \,^5/_5$.

Notation des formes hémièdres.

La notation de ces formes est la même que celle de la forme homoèdre correspondante, divisée par 2, et à laquelle on donne le signe $+$ ou $-$, suivant qu'il s'agit de l'un ou de l'autre des deux demi–cristaux.

Dodécaèdres pentagonaux. Hémièdres des hexatétraèdres

$\infty\,O\,n$; leur notation sera $\dfrac{\infty\,O\,n}{2}$; la variété $\dfrac{\infty\,O2}{2}$ est très – fréquente.

Diakisdodécaèdres. Hémièdres des hexakisoctaèdres $m\,O\,n$; leur notation sera $\dfrac{m\,O\,n}{2}$; les plus fréquents sont $\left(\dfrac{5O\ \ 5/2}{2}\right)$, $\left(\dfrac{4O2}{2}\right)$ et $\left(\dfrac{5O\ \ 5/3}{2}\right)$

Tétraèdre. Hémièdre de l'octaèdre O; sa notation sera $\dfrac{O}{2}$.

Trigon–dodécaèdres. Hémièdres des trapézoèdres $m\,O\,m$; leur notation sera $\dfrac{m\,O\,m}{2}$; le plus fréquent est $\dfrac{2O2}{2}$.

Deltoïde-dodécaèdres. Hémièdres des octotriaèdres $m\,O$; leur notation sera $\dfrac{m\,O}{2}$, qui présente la variété $\dfrac{3/4\,O}{2}$.

Hexakistétraèdres. Hémièdres des hexakisoctaèdres, $m\,O\,n$; leur notation sera $\dfrac{m\,O\,n}{2}$, comme les diakisdodécaèdres, dont ils diffèrent du reste complétement, leurs faces étant triangulaires; les plus fréquents sont ; $\dfrac{5O\ \ 5/2}{2}$ et $\dfrac{5O\ \ 5/3}{2}$.

II. Octaèdre droit a base carrée; (*Tetragonal system*).

Il est caractérisé par trois axes rectangulaires entre eux, dont deux seulement sont égaux. Ce système comprend des formes fermées et des formes ouvertes :

Formes fermées.

Octaèdres à base carrée; (tetragonale pyramiden).

Dioctaèdres; (ditetragonale pyramiden).

Tétraèdre; (tetragonale spheroïde). Hémièdre de l'octaèdre.

Scalénoèdres à 8 faces; (tetragonale skalenoëder). Hémièdres des dioctaèdres.

Trapézoèdres tétragonaux; (tetragonale skalenoëder). Hémièdres des solides à 48 faces.

Formes ouvertes.

Prismes à base carrée; (tetragonale prismen).
Prismes à 8 faces; (ditetragonale prismen).
Tables prismatiques; (basisches pinakoid).
Notations. Soit 1 les axes égaux, et a l'axe vertical.

L'*octaèdre primitif* P coupera les axes aux distances $1:1:a$; les *octaèdres* placés sur les arêtes de la base les couperont aux distances $1:1:ma$; $m <$ou> 1; ils seront alors représentés par le signe mP; le coefficient m indiquant cette distance, on aura donc, pour les octaèdres successifs coupant l'axe vertical aux distances, 1/2, 2 et 3, les signes $\frac{1}{2}$ P; 2 P; 3 P. Plus l'axe vertical s'allonge, plus l'octaèdre devient aigu; il se transforme en prisme dont les faces sont verticales quand $m = \infty$; le signe du prisme à base carrée s'appuyant sur les arêtes de la base de l'octaèdre primitif est donc ∞ P; par la même raison $m = o$, donne la base de ce prisme, dont le signe est oP. C'est également le symbole des tables prismatiques.

Les *dioctaèdres* de même hauteur que les octaèdres, seront représentés par le symbole mPn; n étant > 1; si on suppose que $n = \infty$, le symbole devient mP∞, qui représente les octaèdres à base carrée, placés sur les arêtes de ceux dont le signe est mP; on voit en effet que les arêtes de la base de ce second groupe d'octaèdres, sont parallèles aux diagonales de l'octaèdre primitif, qui sont les deux axes horizontaux.

Les *prismes à 8 faces* seront, par la même raison, représentés par le symbole ∞Pn, et il en résultera, comme cas particulier, que le signe ∞ P ∞ sera celui du prisme tangent au prisme ∞P.

III. Système rhomboédrique; (*Hexagonal system*).

Ce système est caractérisé par 1 axe vertical, et par 3 axes horizontaux égaux entre eux, et formant les diagonales d'un hexagone régulier.

La *double pyramide à 6 faces* qui constitue la forme primitive adoptée par Naumann est représentée par $1 : a$ ou P; les autres doubles pyramides qui naissent sur celle-ci ont pour notation, comme dans le système précédent, mP, ou mP, ou mPn; ce dernier signe convient aussi aux doubles pyramides à 12 faces; les prismes hexaèdres sont représentés par ∞ P, et plus généralement par ∞ Pn, qui convient aussi aux prismes à 12 faces; les tables hexagonales sont o P.

Les *rhomboèdres* seront $\pm\frac{m\text{P}}{2}$ ou $\pm m$R.

Les *skalénoèdres* ou *métastatiques* (tome 1, page 100, fig. 79), seront représentés par mR^n, mR étant le rhomboèdre inscrit, et n le rapport des axes verticaux du métastatique et du rhomboèdre. Les prismes dérivés du rhomboèdre seront représentés par ∞ R et ∞ R^2.

IV. Octaèdre droit a base rhombe; (*Rhombisches kristall system*).

Caractérisé par trois axes inégaux perpendiculaires entre eux.

L'*octaèdre primitif* est représenté par $a : b : c$ ou P; soit $b > c$ et $= 1$; b sera la grande diagonale de la base appelée *makrodiagonale*, et c, la petite, désignée par l'expression de *brachydiagonale*.

La suite o P... P... mP.., ∞ P,

donne la *table rhomboïdale*, les différents octaèdres et le prisme droit, de même base que l'octaèdre primitif.

En allongeant la grande diagonale *b*, on obtiendra une autre série analogue :

$$\text{o}\bar{P}n\ldots\ \bar{P}n\ldots\ m\bar{P}n\ldots\ \infty\bar{P}n\quad;\ n>1.$$

En allongeant la petite diagonale *c*, on obtient une troisième série :

$$\text{o}\breve{P}n\ldots\ \breve{P}n\ldots\ m\breve{P}n\ldots\ \infty\breve{P}n\quad n>1.$$

Les longues et les brèves placées au-dessus de la lettre P indiquent le sens de l'allongement.

Si on fait $n=\infty$, on aura les deux séries de prismes horizontaux ou couchés $m\bar{P}\infty$ et $m\breve{P}\infty$.

V. Octaèdre a base rhombe, oblique, symétrique; (*Monoklinoëdrisch system*).

Caractérisé par un axe (*orthodiagonale*) perpendiculaire au plan des deux autres, dont l'un est pris pour axe principal, et l'autre pour second axe de la base (*klinodiagonale*).

L'octaèdre primitif est représenté par l'expression $a:b:c$, *a* étant axe principal, *b* la klinodiagonale, et *c* l'orthodiagonale ; il est divisé en deux couples de 4 faces $+$ P et $-$ P, placées, les premières dans l'angle aigu, les secondes dans l'angle obtus de la base avec le plan des axes *a* et *c*.

Il y a dans ce système *trois sortes des prismes* : ceux dont les faces sont parallèles à l'axe *a* (*prismen*) (*prisme rhomboïdal oblique*) ; ceux dont les faces sont parallèles à l'axe *b* (*prisme rhomboïdal oblique couché*) (*klinodomen*); ceux enfin dont les faces sont parallèles à l'axe *c* (*prisme oblique couché* à base parallélogramme, et qui se divise en deux *hemidomen*).

On formera, comme dans le système précédent, les séries :

oP. . . $\pm m$P. . . $\pm$P. . . $\pm m$P. . . ∞P.

Tables.   Oct. surbaissé.   Oct. primitif.   Oct. surhaussé.   Prisme rhomb. obliq.

o Pn...$\pm m$Pn... $\pm$Pn... $\pm m$Pn... ∞ Pn par l'allongement de *c*.

[o Pn]... $\pm[m$P$n]$... $\pm[$P$n]$... $\pm[m$P$n]$... [∞Pn] par l'allongement de *b*.

Pour $n = \infty$, on aura les 2ᵉ et 3ᵉ séries de prismes $\pm m$P∞ (hemidomen), et $\pm[m$P$\infty]$ (klinodomen) ayant pour limites les tables ∞P∞ et [∞P∞].

VI. Octaèdre oblique non symétr., a base parallélogramme; (*Triklinoëdrisches system*).

Caractérisé par trois axes inégaux $a : b : c$ et obliques. On distingue dans l'octaèdre primitif quatre séries de doubles faces 'P, P', ₁P, P₁, de sorte que l'octaèdre complet est ¦P¦, et les divers octaèdres : de même base, m¦P¦; par l'allongement de *b*, m¦$\overline{\text{P}}$¦n; par l'allongement de *c*, m¦$\overset{\circ}{\text{P}}$¦$n$. Les prismes limites sont ∞ 'P, ∞P¹ , m¦$\overline{\text{P}}$¦ ∞ , m¦$\overset{\circ}{\text{P}}$¦ ∞.

VII. (*Diklinoëdrisches system*).

Cas particulier du précédent.

Comparaison des Notations.

Les notations de M. G. Rose, de M. Naumann, et celle que j'ai adoptée avec M. Lévy, prennent leur origine dans la belle loi que Haüy a établie pour la dérivation des formes secondaires sur les formes primitives; le tableau suivant, dans lequel j'ai mis en regard ces notations, fait ressortir ce principe qui leur est commun. En effet, on remarque que les coefficients de Weiss, de Rose et de Naumann, sont les mêmes que les exposants qui indiquent les lois de dérivation dans la notation dont je me sers. Il en résulte que ces notations constituent seulement des manières différentes de représenter la loi de Haüy. Sous le rapport philosophique, elles ont par conséquent une égale valeur. Le lecteur jugera si elles sont également simples, et si elles pourraient être indifféremment reportées sur les figures représentant les cristaux. Cette condition me paraît cependant indispensable pour l'étude; je crois, en outre, que la notation que j'ai adoptée a l'avantage de rappeler à la pensée, et sans effort de mémoire, la position des facettes secondaires sur les éléments de la forme primitive.

	Lévy et Dufrénoy.	Weiss et Rose.	Naumann.
SYSTÈME RÉGULIER. *Forme primitive.* Lévy et Dufrénoy, *cube.* Weiss, Rose et Naumann, *octaèdre.*	a^1	$a : a : a$	$O.$
	P	$a : \infty a : \infty a$	$\infty O \infty.$
	b^1	$\infty a : a : a$	$\infty O.$
	b^n	$a : na : \infty a$	$\infty On.$
	a^m	$ma : ma : a$	$mOm.$
	$a^1/^m$	$a : a : ma$	$mO.$
	$i = (b^1 b^m b^n)$	$ma : a : na$	$mOn.$

	Lévy et Dufrénoy.	Weiss et Rose.	Naumann.
PRISME DROIT A BASE CARRÉE. *Forme primitive.* Lévy et Dufrénoy, *prisme.* Weiss, Rose et Naumann, *octaèdre.*	a^1	$a : a : c$	P.
	P	$\infty a : \infty a : c$	∞ P ∞.
	M	$a : \infty a : \infty c$	oP.
	h^1	$a : a : \infty c$	∞ P.
	b^1	$a : \infty a : c$	P ∞.
	$a^{1/m}$	$a : a : mc$	mP.
	$b^{1/m}$	$a : \infty a : mc$	mP ∞.
	h^n	$a : na : \infty c$	∞ Pn.
	$i = (b^1 b^{1/m} h^{1/n})$	$mc : a : na$	mPn.
PRISME RECTANGULAIRE DROIT. *Forme primitive.* Lévy et Dufrénoy, *prisme rectangle.* Weiss, Rose et Naumann, *octaèdre à base rhombe.*	a^1	$a : b : c$	P.
	$a^{1/m}$	$a : b : mc$	mP.
	$a_{1/m}$	$a : mb : c$	P̆m.
	$_{1/m}a$	$ma : b : c$	P̄m.
	P	$\infty a : \infty b : c$	OP.
	M	$a : \infty b : \infty c$	$\Big\}$ ∞ P ∞.
	T	$\infty a : b : \infty c$	
	b^1	$a : \infty b : c$	P̆ ∞.
	$b^{1/m}$	$a : \infty b : mc$	mP̆ ∞.
	d^1	$\infty a : b : c$	P̄ ∞.
	$d^{1/m}$	$\infty a : b : mc$	mP̄ ∞.
	$i = (b^1 d^{1/n} h^{1/m})$	$a : nb : mc$	mPn,
	$i' = (b^{1/n} h^{1/m})$	$na : b : mc$	mPn.
	h^1	$a : b : \infty c$	∞ P.
	$h^{1/m}$	$\Big\{$ $a : nb : \infty c$	∞ P̆n.
		$na : b : \infty c$	∞ P̄n.
RHOMBOÈDRE. *Forme primitive.* Lévy et Dufrénoy, *prisme hexagonal régulier.* Weiss, Rose et Naumann, *double pyr. à six faces.*	P	$\infty a : \infty a : \infty a : c$	oP.
	M	$a : a : \infty a : \infty c$	∞ P.
	b^1	$a : a : \infty a : c$	P.
	$b^{1/a}$	$a : a : \infty a : nc$	nP.
	a^1	$2a : a : 2a : c$	P2.
	$a^{1/n}$	$2a : a : 2a \; nc$	nP2.
	h^1	$2a : a : 2a : \infty c$	∞ P2.
	$= (b^{2n} b^{2m} h^k)$	$2na : a : 2ma : kc$	kP m/n.

PRISME RHOMBOÏDAL OBLIQUE.

Forme primitive.

Lévy et Dufrénoy, *prisme rhomb. oblique.*

Weiss, Rose et Naumann, octaèdre oblique à base rhombe.

Lévy et Dufrénoy.	Weiss et Rose.	Naumann.
P	$\infty a : \infty b : \infty c$	$oP.$
M	$a : b : \infty c$	$\infty P.$
b^1	$a : b : c$	$+ P.$
d^1	$a : b : c$	$- P.$
$b^{1/n}$	$a : b : nc$	$+ nP.$
$d^{1/m}$	$a : b : mc$	$- mP.$
o^1	$a : \infty b : c$	$- P \infty :$
a^1	$a : \infty b : c$	$+ P\infty .$
e^1	$\infty a : b : c$	$\pm [P\infty].$
h^1	$a : \infty b : \infty c$	$\infty P \infty .$
g^1	$\infty a : b : \infty c$	$[\infty P \infty].$
$o^{1/n} ; a^{1/n}$	$a : \infty b : nc$	$\mp nP\infty .$
$e^{1/n}$	$\infty a : b : nc$	$\pm [nP\infty].$
$h^{1/n}$	$a : nb : \infty c$	$\pm \infty Pn.$
$g^{1/n}$	$na : b : \infty c$	$\pm [\infty Pn].$

PRISME OBLIQUE NON SYMÉTRIQUE.

La notation de ce système est analogue au précédent ; elle en diffère seulement par le nombre des éléments qui est plus grand par suite de la non-symétrie des cristaux qui le constituent.

La forme primitive que j'ai adoptée est un prisme, dans lequel il y a quatre sortes d'angles A, O, E, I, et six sortes d'arêtes, dont quatre à la base B, C, D, F, et deux latérales G et H.

Weiss, Rose et Naumann prennent pour forme primitive l'octaèdre oblique non symétrique, qui se trouve divisé en quatre séries de doubles faces dont les indices sont, d'après la notation de Naumann, ^1P, P^1, $_{,}P$ et $P_{,}$.

DIAMANT.

Fig. 1.

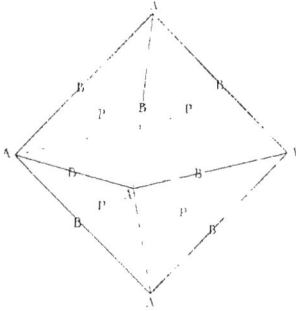

Fig. 2.

Fig. 3.

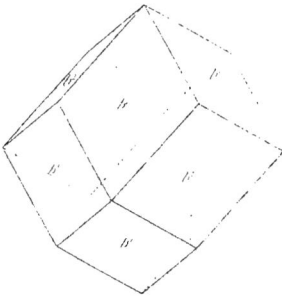

Fig. 4.

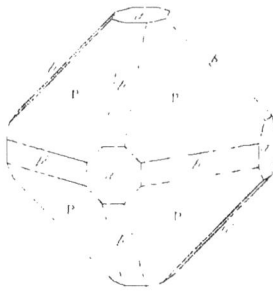

Fig. 5.

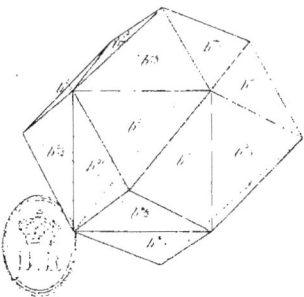

Fig. 6.

Pl. 2.

DIAMANT.

Fig. 7.

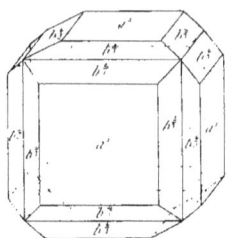

Fig. 8.

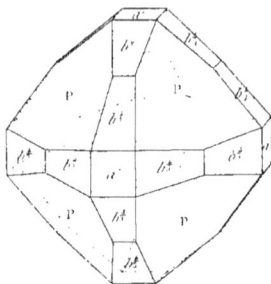

Fig. 9.

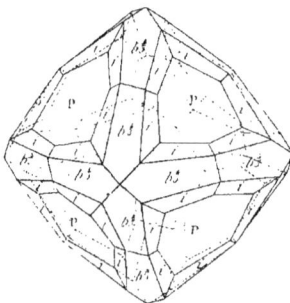

Fig. 10.

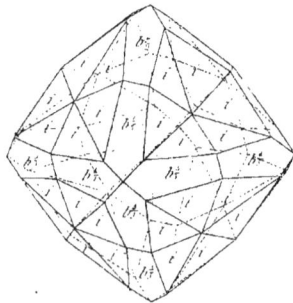

Fig. 11.

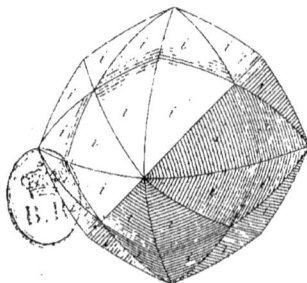

Fig. 12.

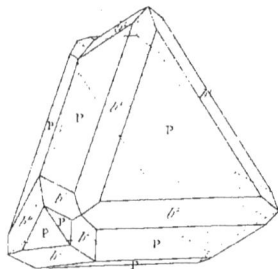

QUARTZ

Fig. 13.

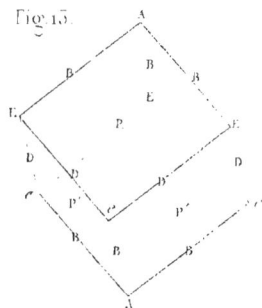

Fig. 14.

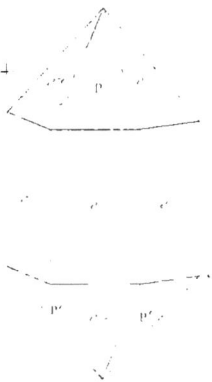

Fig. 15.

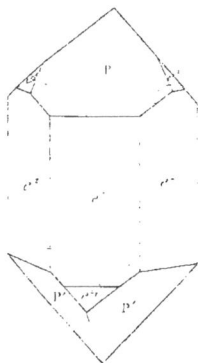

Fig. 16.

Fig. 17.

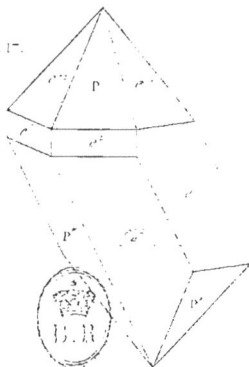

Fig. 18.

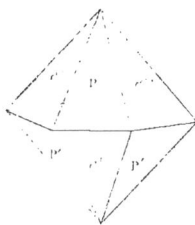

Pl. 4.

QUARTZ.

Fig. 19

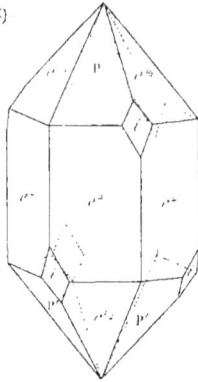

Fig. 20.

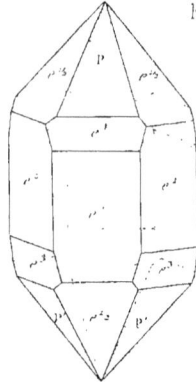

Fig. 21.

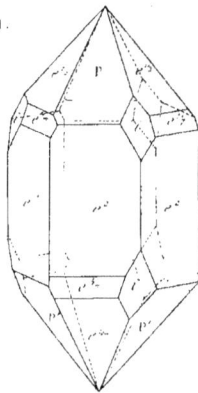

Fig. 22.

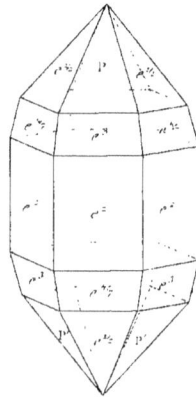

Fig. 23.

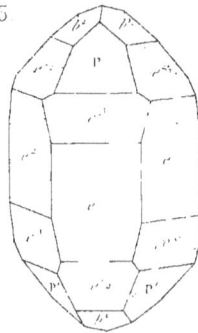

Fig. 24.

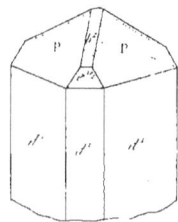

QUARTZ

Fig. 25.

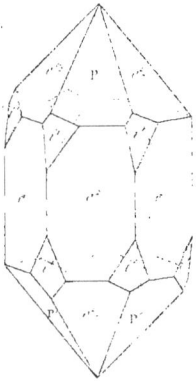

Fig. 26.

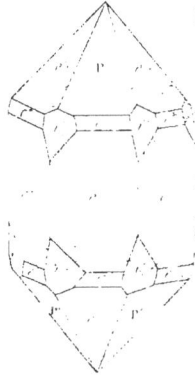

Fig. 27.

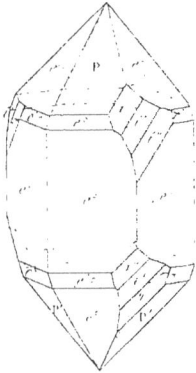

Fig. 28.

Fig. 29.

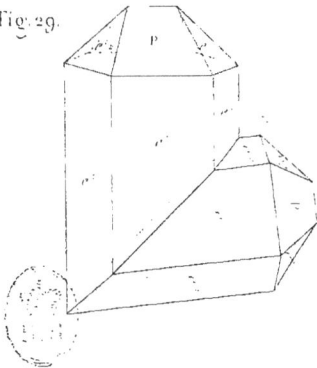

Fig. 28.

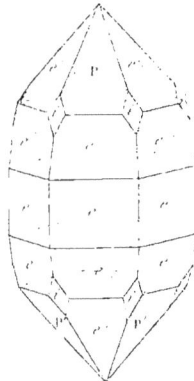

Pl. 6.   PREMIÈRE CLASSE.

SOUFRE.

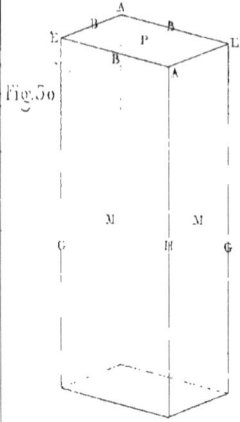

Fig. 50

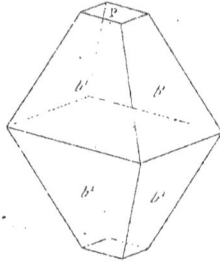

Fig. 51.

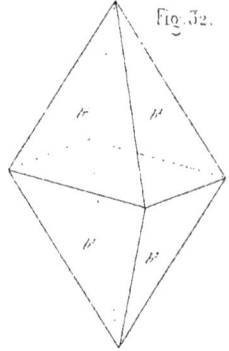

Fig. 52.

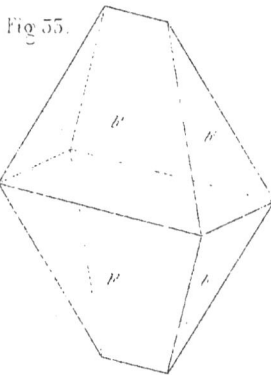

Fig. 53.

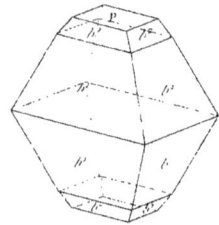

Fig. 54.

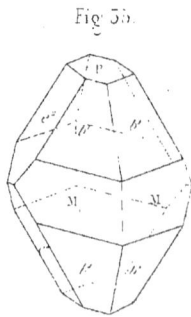

Fig. 55.

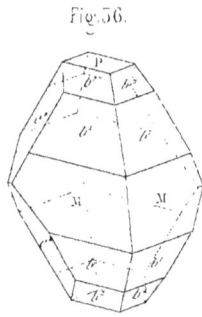

Fig. 56.

SOUFRE.

Fig. 57.

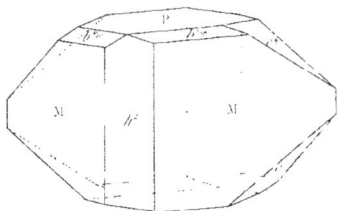

Fig. 58.

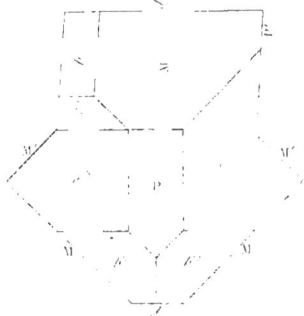

ARSENIC SULFURÉ ROUGE.

Fig. 59.

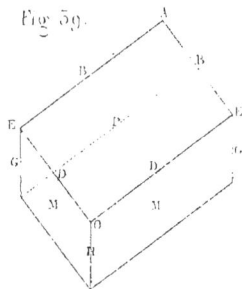

Fig. 40.

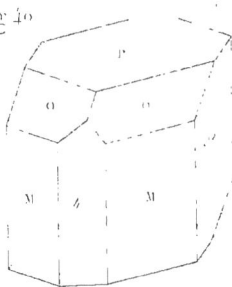

Fig. 41.

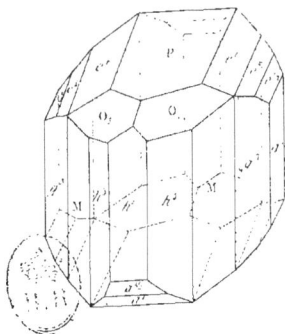

Fig. 42.

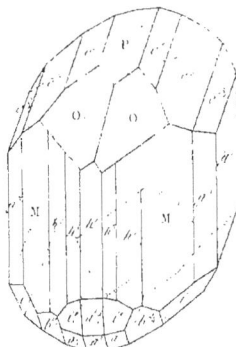

$$r = b\ d\ g$$
$$r = b\ h^3\ h$$

Pl. 8.

SECONDE CLASSE.

ARSENIC SULFURÉ JAUNE.

Fig. 43.

Fig. 44.

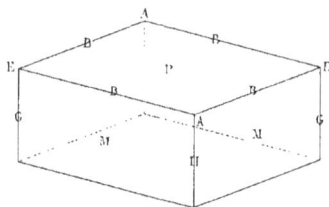

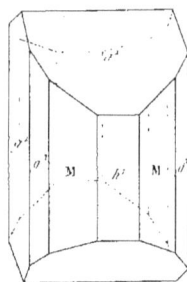

POTASSE SULFATÉE.

Fig. 45.

Fig. 46.

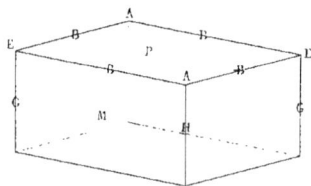

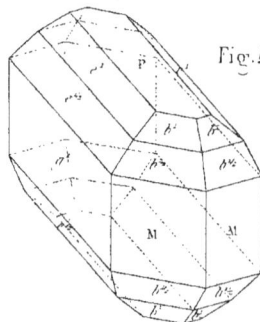

POTASSE NITRATÉE.

Fig. 47.

Fig. 48.

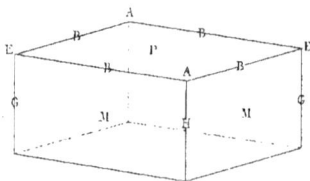

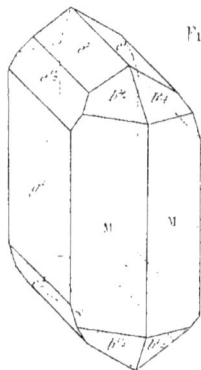

SOUDE BORATÉE

Fig. 49.

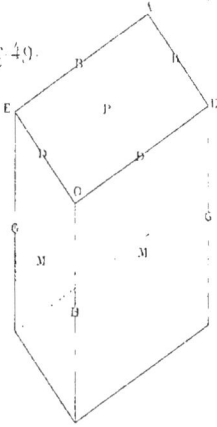

Fig. 50.

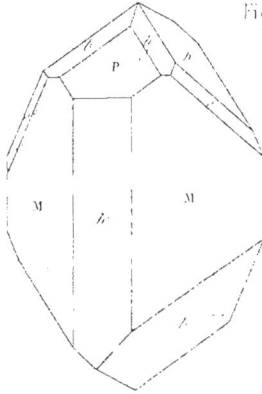

SOUDE CARBONATÉE

Fig. 51.

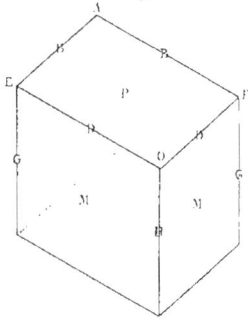

Fig. 52.

SOUDE CARBONATÉE PRISMATIQUE

Fig. 53

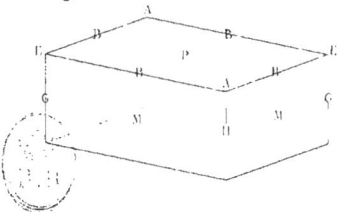

Fig. 54.

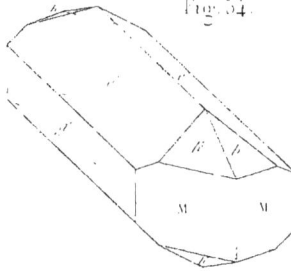

Pl. 10.

SECONDE CLASSE.

SOUDE NITRATÉE.

TRONA.

Fig. 55.

Fig. 56.

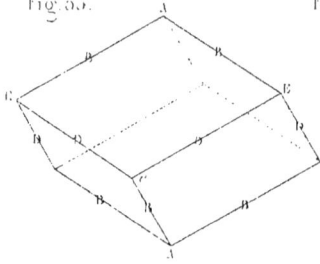

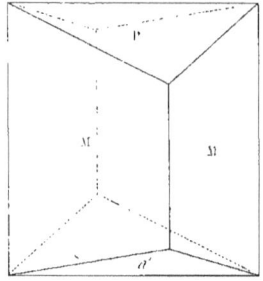

GAY-LUSSITE.

Fig. 57.

Fig. 58.

Fig. 59.

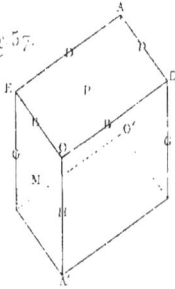

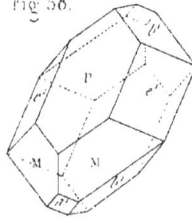

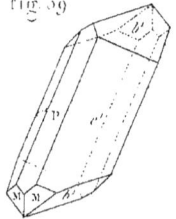

SOUDE SULFATÉE

Fig. 60.

Fig. 61.

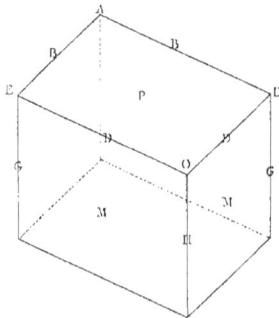

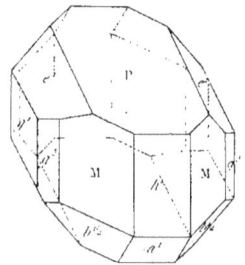

GLAUBÉRITE.

Fig. 62.

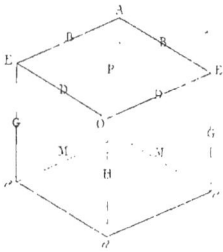

Fig. 63.

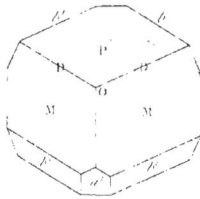

BARYTE CARBONATÉE.

Fig. 64.

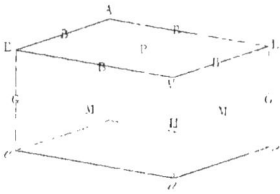

Fig. 65.

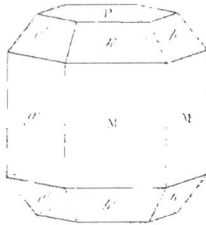

Fig. 66.

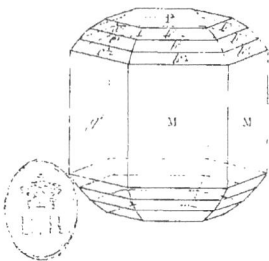

Fig. 67.

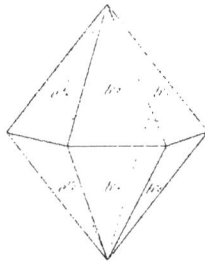

BARYTE CARBONATÉE.

Fig. 68.

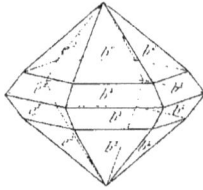

Fig. 69.

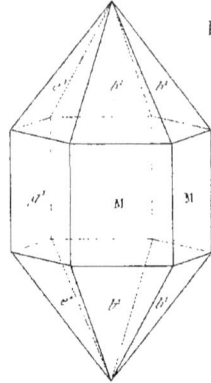

BARYTO - CALCITE.

PRISME OBLIQUE.

Fig. 70.

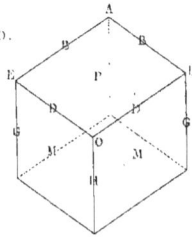

Fig. 71.

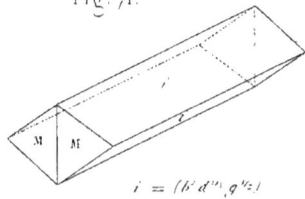

$$i = (b'd''',g'')$$

Fig. 72.

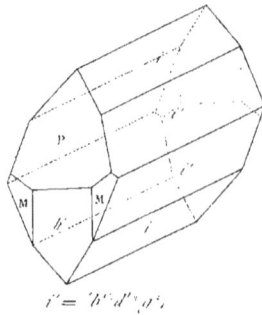

Fig. 73.

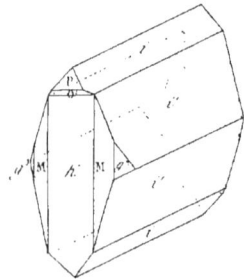

$$i' = b''d'',g'.$$

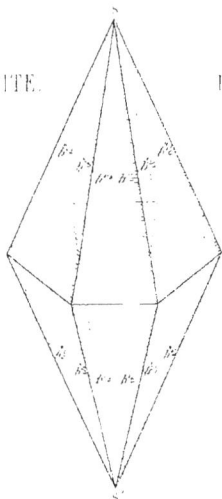

BARYTO - CALCITE.　　　　　　Fig. 74.

PRISME DROIT

BARYTE SULFATÉE

PRISME RHOMBOIDAL DROIT

1.ᵉ FORME DOMINANTE

Fig. 75.

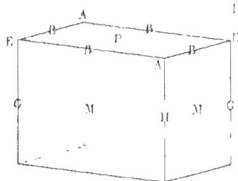

Fig. 76.

Fig. 77.

Fig. 78.

Fig. 79.

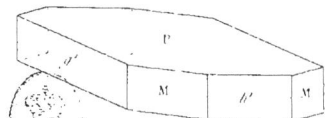

Fig. 80.

Pl. 14.

BARYTE SULFATÉE.

Fig. 81.

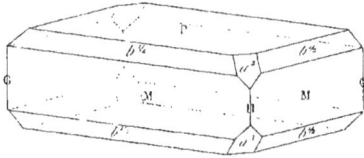

Fig. 82

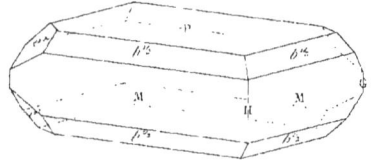

Fig. 83.

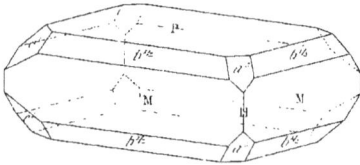

Fig. 84.

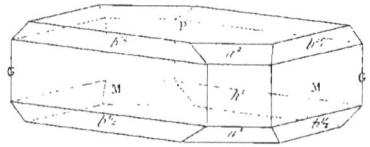

PRISME RECTANGULAIRE DROIT

SECONDE FORME DOMINANTE

Fig. 85.

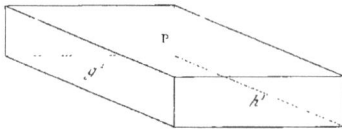

Fig. 86.

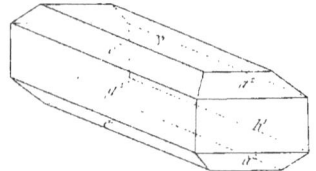

BARYTE SULFATÉE.

Fig. 87.

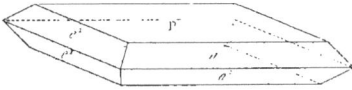

Fig. 88.

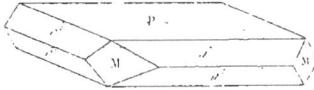

Fig. 89.

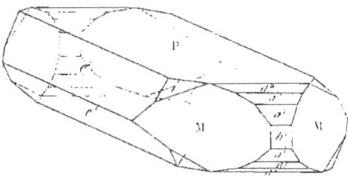

$i = {}^{2}b^{3}b^{3}g^{3}$

Fig. 90.

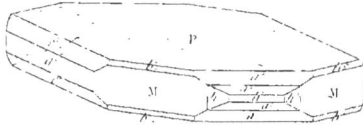

Fig. 91.

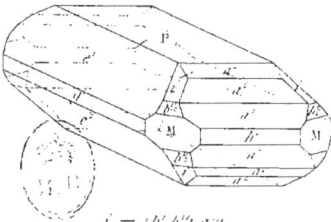

$i = {}^{2}b^{3}b^{3}g^{3}$

Fig. 92.

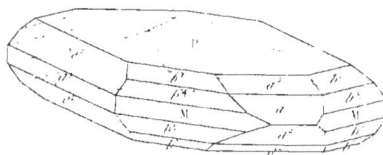

BARYTE SULFATÉE.

Fig. 93.   Fig. 94.

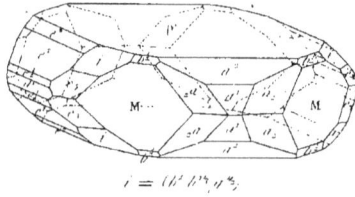 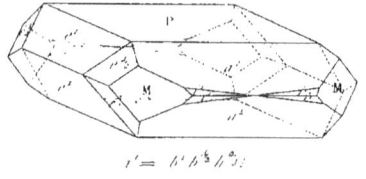

$i = (h^2 \, h'^3 \, q^2)$ $i' = h^3 \, h^{\frac{3}{2}} \, h^3 \, q$

PRISME DONNÉ PAR LE BISEAU a^2
5ᵉ FORME DOMINANTE

Fig. 95.   Fig. 96.

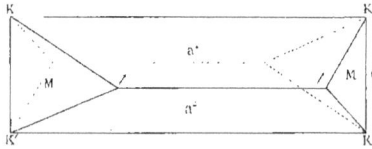 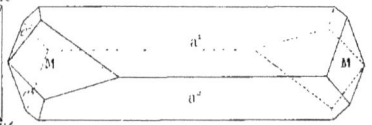

Fig. 97.   Fig. 98.

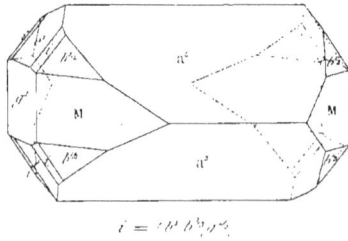 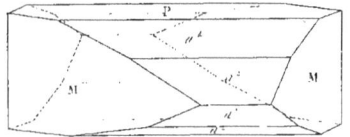

$i = (h^2 \, h'^3 \, q^2)$

BARYTE SULFATÉE.

Fig. 99.

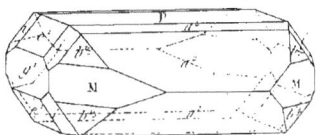

Fig. 100.

Fig. 101.

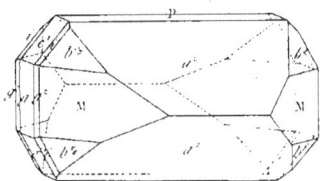

Fig. 102.

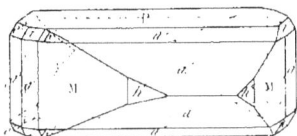

Fig. 103.

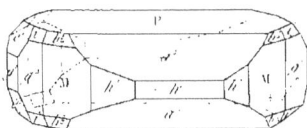

PRISME DONNÉ PAR LE BISEAU e.

2ᵉ FORME DOMINANTE.

Fig. 104.

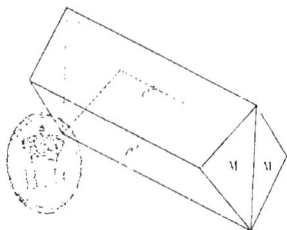

Fig. 105.

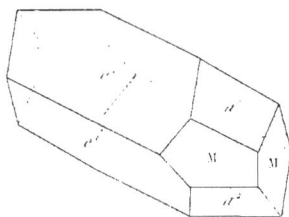

Pl. 18.   TROISIÈME CLASSE.

BARYTE SULFATÉE.

Fig. 106.

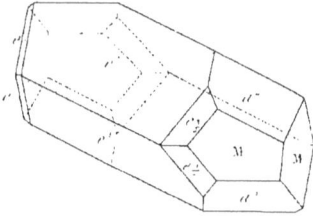

Fig. 107.

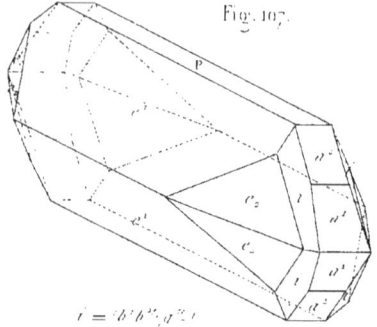

$$t = b'b'', g^2 $$

OCTAÈDRE RECTANGULAIRE.

N° FORME DOMINANTE.

Fig. 108.

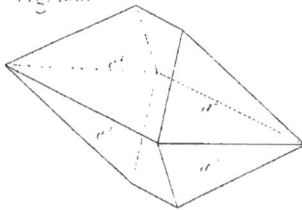

Fig. 109.

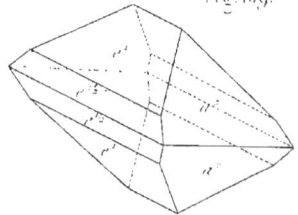

Fig. 110

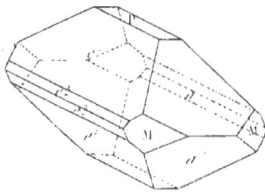

Fig. 111.

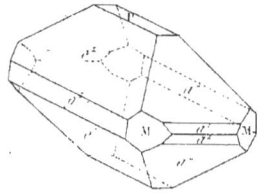

STRONTIANE CARBONATÉE.

Fig. 112.

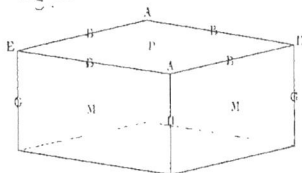

Fig. 113.

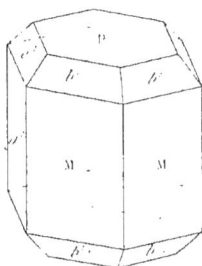

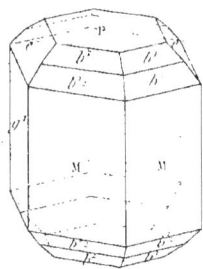

Fig. 114.

STRONTIANE SULFATÉE.

Fig. 115.

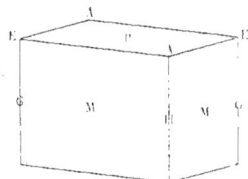

Fig. 116.

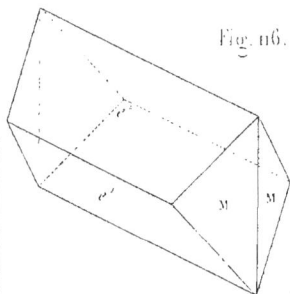

Fig. 117.

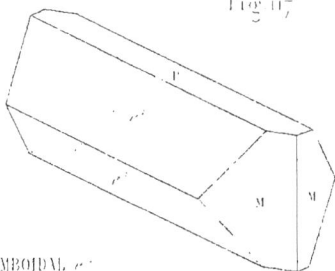

PRISME RHOMBOIDAL

2.ᵉ FORME DOMINANTE.

Fig. 118.

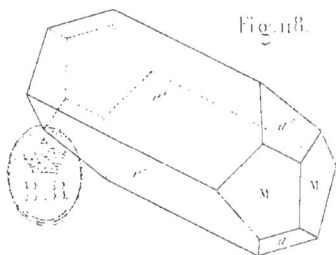

Fig. 119.

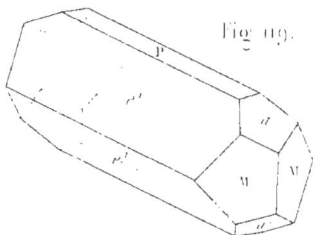

Pl. 20. TROISIÈME CLASSE.

STRONTIANE SULFATÉE.

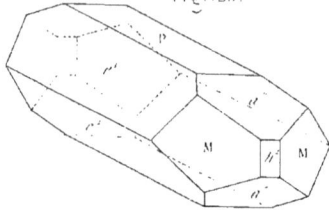

Fig. 120.

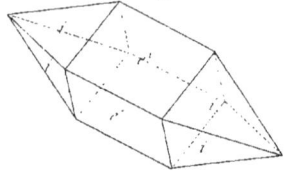

Fig. 121.

$t = (b':b'^{1/2}g'^4)$

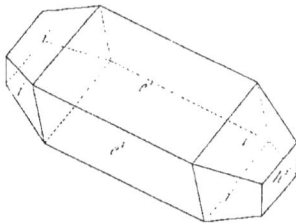

Fig. 122.

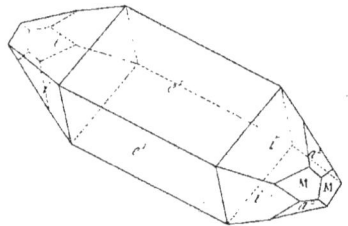

Fig. 123.

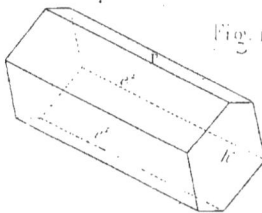

Fig. 124.

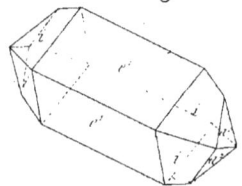

Fig. 125.

CALCITE.

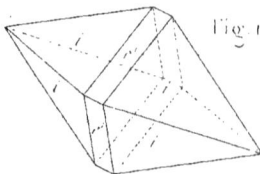

Fig. 126.

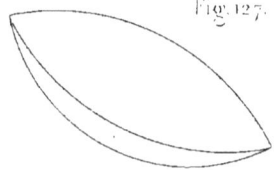

Fig. 127.

QUARTZ.

Fig. 128.

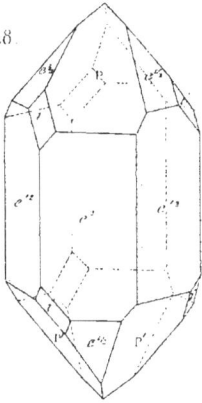

Fig. 129.

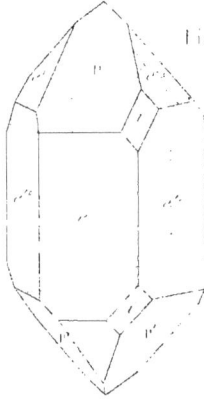

Fig. 130.

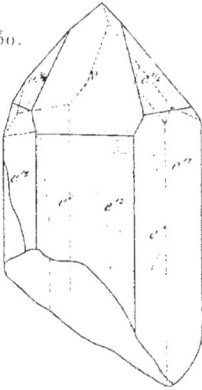

Fig. 131.

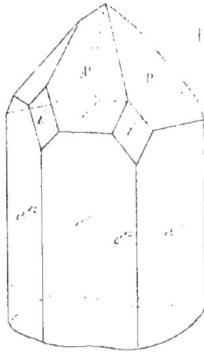

Fig. 132.

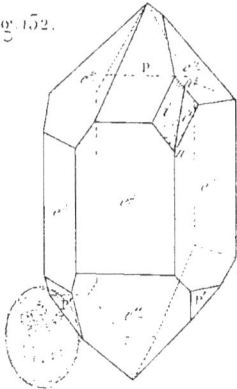

Fig. 133.

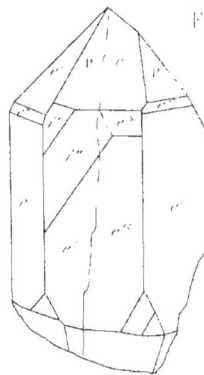

Pl. 22. TROISIÈME CLASSE.

CHAUX CARBONATÉE.

Fig. 154.

Fig. 155.

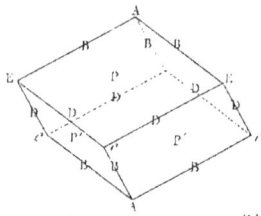

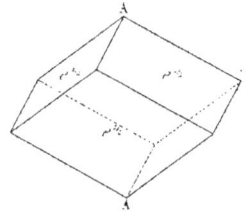

RHOMBOÈDRES.

1ʳᵉ FORME DOMINANTE

Fig. 156.

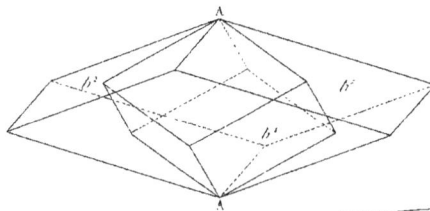

Équiaxe Hauy.

Fig. 157.

Fig. 158.

Fig. 159.

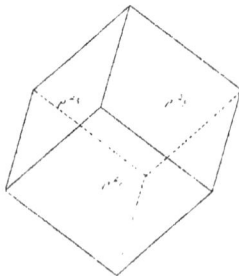

Cuboïde Hauy.

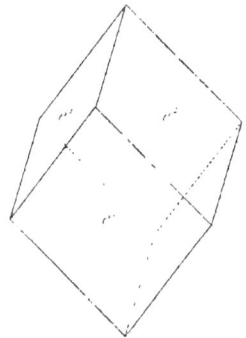

Inverse Hauy.

CHAUX CARBONATÉE.

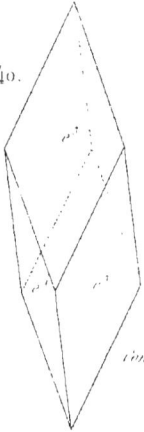

Fig. 140.

Contrastant Haüy

Fig. 141.

Mixte Haüy

Fig. 142.

Contracté Haüy

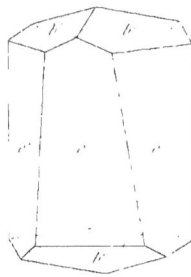

Fig. 143

Dilaté Haüy

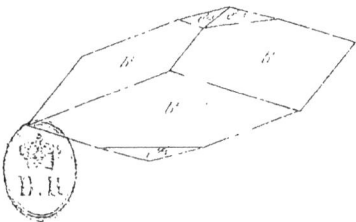

Fig. 144

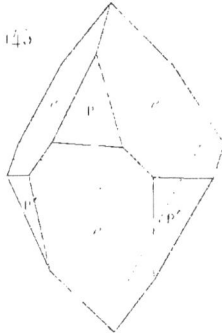

Fig. 145

Pl. 24. TROISIÈME CLASSE.

CHAUX CARBONATÉE.

Fig. 146.

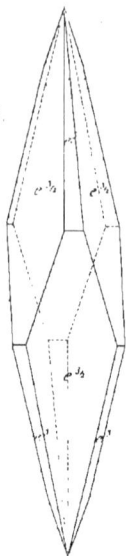

Fig. 147.

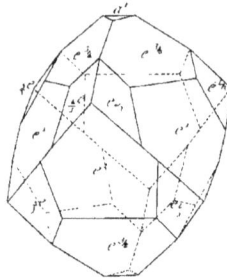

Fig. 148.

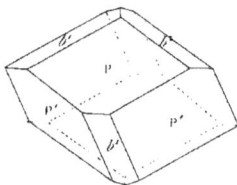

Fig. 149.

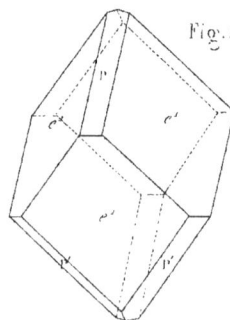

Fig. 150.

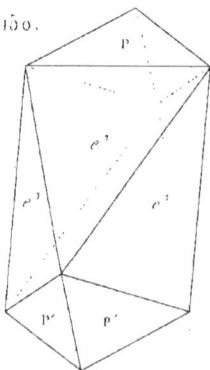

Fig. 151.

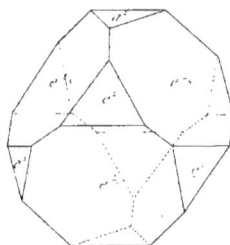

CHAUX CARBONATÉE.

Fig. 152.

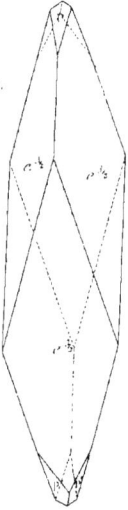

Fig. 153.

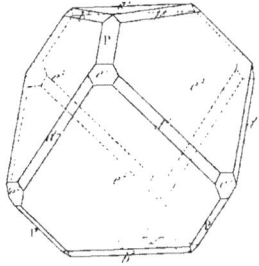

Fig. 154

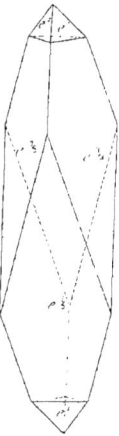

Fig. 155.

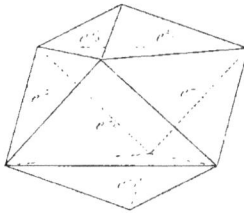

Fig. 157.

Fig. 156.

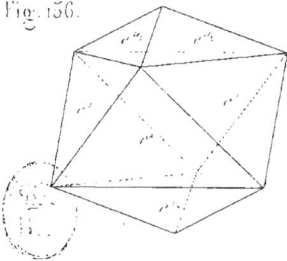

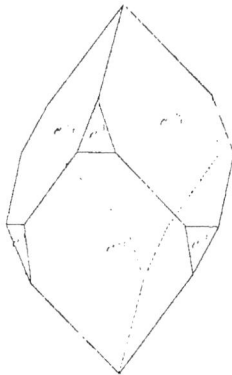

Pl. 26.

CHAUX CARBONATÉE.

Fig. 158.

Fig. 159.

PRISMES A SIX FACES.

2ᵉ FORME DOMINANTE.

Fig. 160.

Fig. 161.

Fig. 162.

Fig. 163.

CHAUX CARBONATÉE.

Fig. 164.

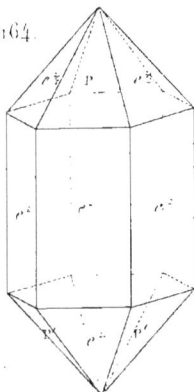

Fig. 165.

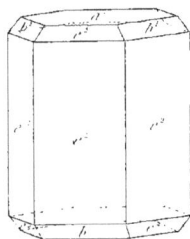

Fig. 166.

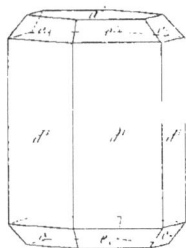

Fig. 167.

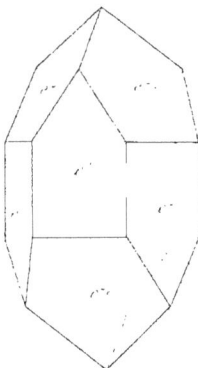

Fig. 168.

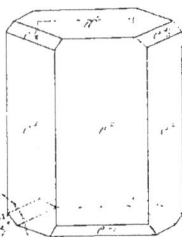

Fig. 169.

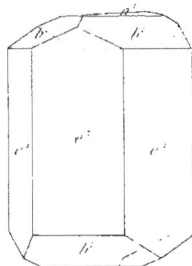

Pl. 28.

TROISIÈME CLASSE.

CHAUX CARBONATÉE.

Fig. 170.

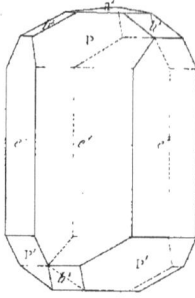

Fig. 171.

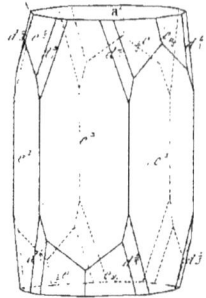

Fig. 172.

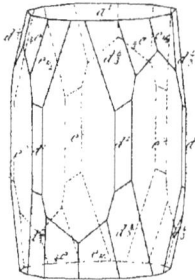

Fig. 173.

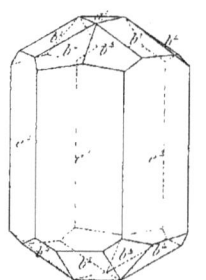

Fig. 174.

Fig. 175.

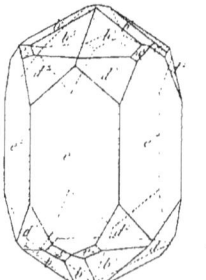

CHAUX CARBONATÉE.

Fig. 176.

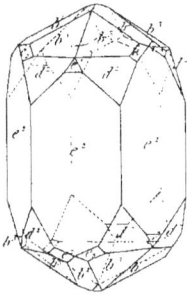

Fig. 177.

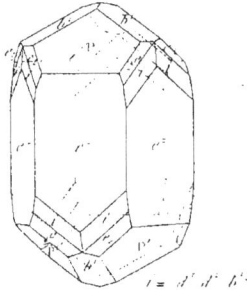

$t = d'\ d^3\ b^2$

Fig. 178.

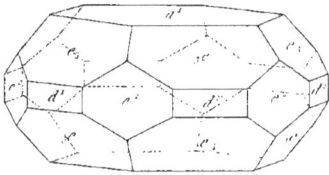

Fig. 180.

Fig. 181.

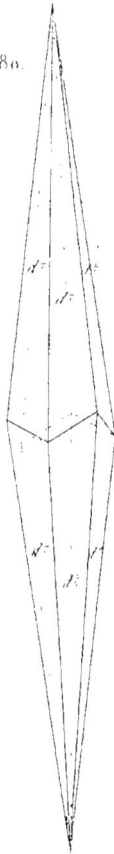

MÉTASTATIQUES.

2ᵐᵉ FORME DOMINANTE.

Fig. 179.

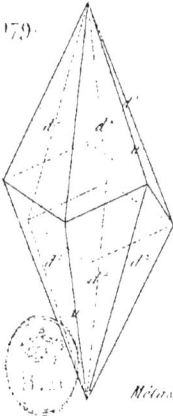

Métastatique blanc

Pl. 50.

TROISIÈME CLASSE.

CHAUX CARBONATÉE.

Fig. 182.

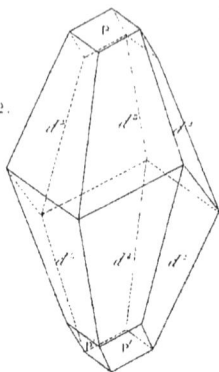

Fig. 183.

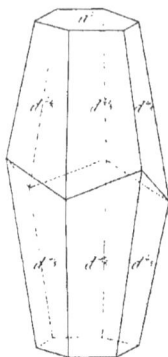

Fig. 184

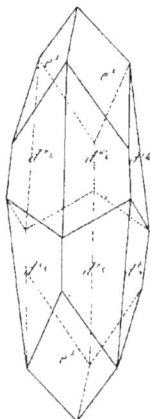

Fig. 185.

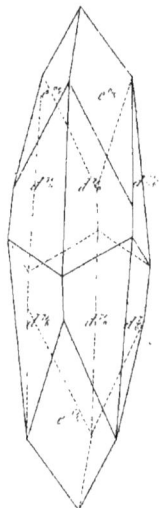

Fig. 186.

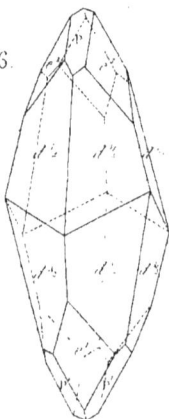

Fig. 187.

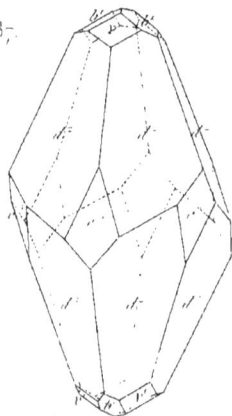

CHAUX CARBONATÉE.

Fig. 188.

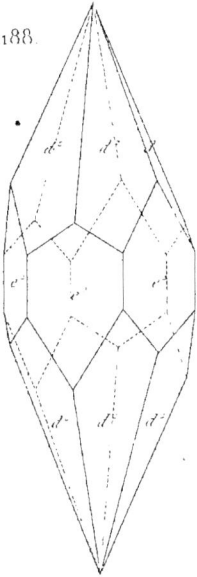

Fig. 189.

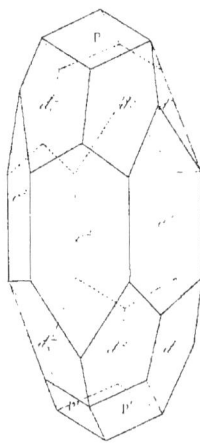

Fig. 190.

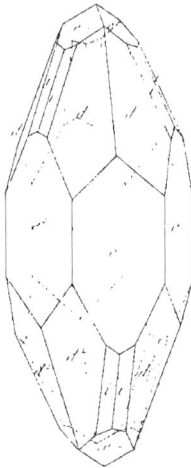

$t = d' \, d \, b$

Fig. 191.

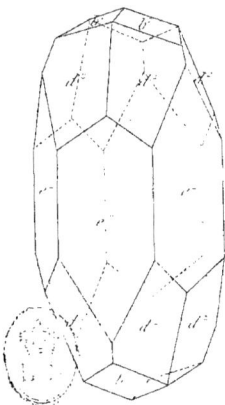

Fig. 192.

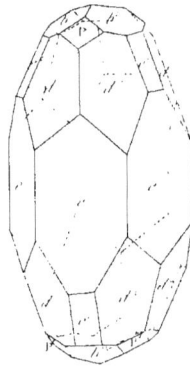

Pl. 52.

TROISIÈME CLASSE.

CHAUX CARBONATÉE.

Fig. 193.   Fig. 194.   Fig. 195.

Fig. 196.   Fig. 197.

Fig. 198.   Fig. 199.

CHAUX CARBONATÉE.

Fig. 201.

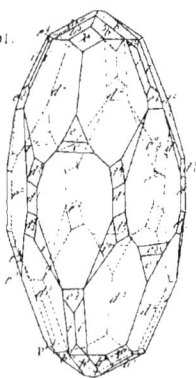

Fig. 202.

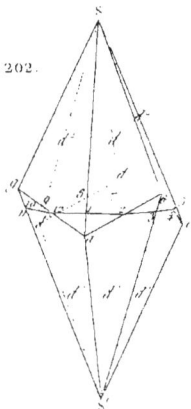

Fig. 203.

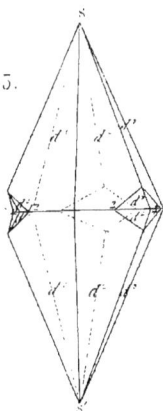

Fig. 204.

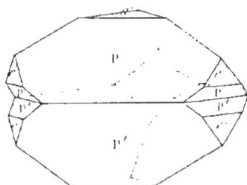

Fig. 205.

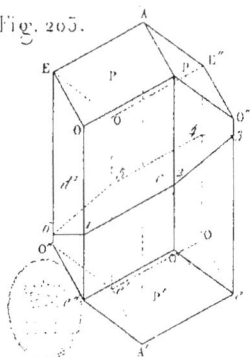

Fig. 206.

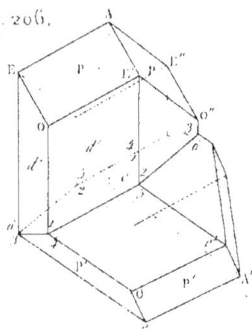

Pl. 34. TROISIÈME CLASSE.

CHAUX CARBONATÉE.

Fig. 207.

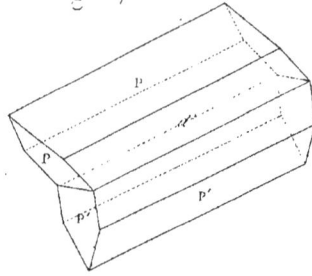

Fig. 208.

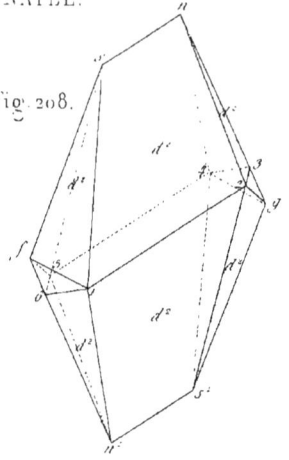

Fig. 209.

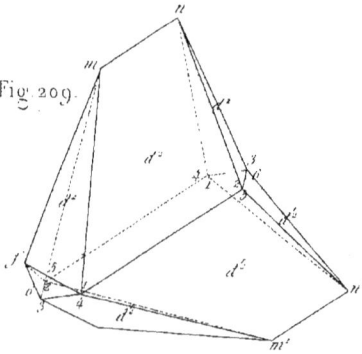

Fig. 210.

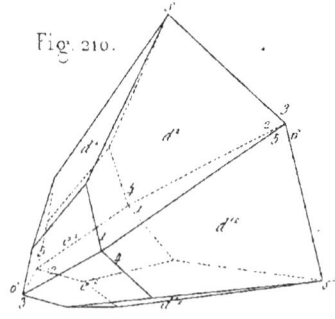

Fig. 211.

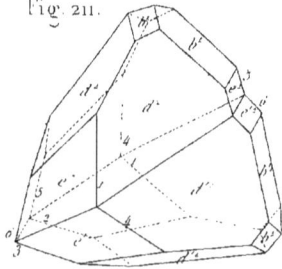

Fig. 212.

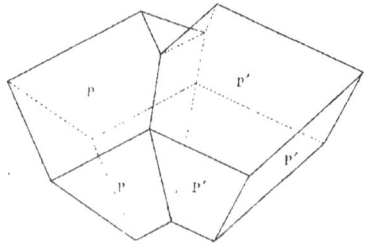

ARRAGONITE.

Fig. 213.

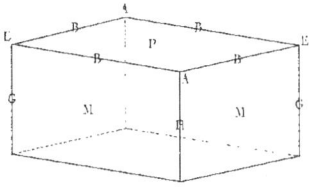

Fig. 214.

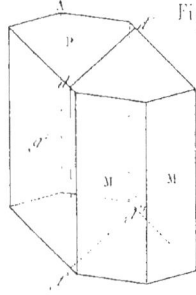

Fig. 215.

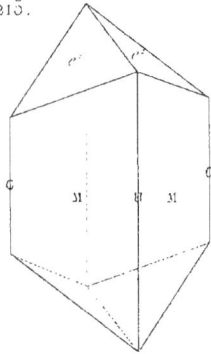

Fig. 216.

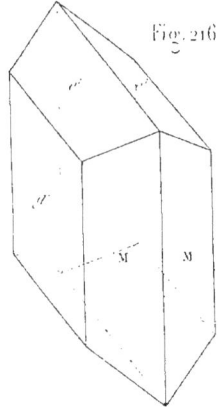

Fig. 217.

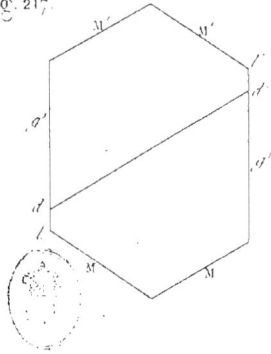

Fig. 218.

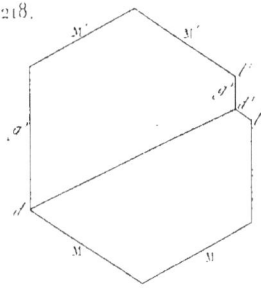

Pl. 36.   TROISIÈME CLASSE

ARRAGONITE.

Fig. 219.

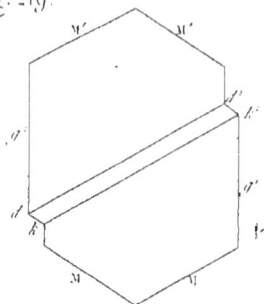

Fig. 220.

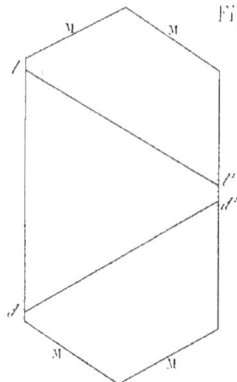

Fig. 221.

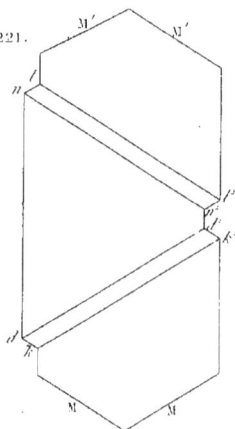

Fig. 222.

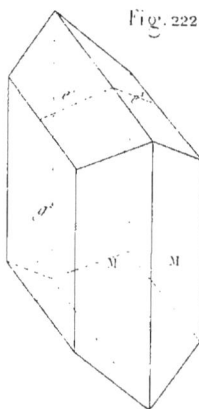

Fig. 223.

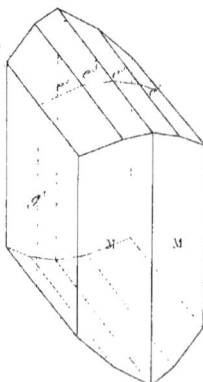

Fig. 224.

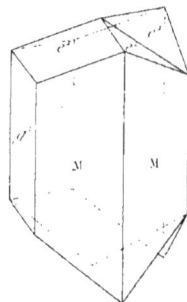

ARRAGONITE.

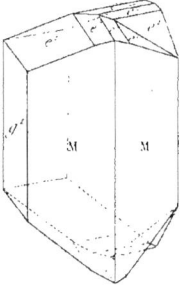

Fig. 225.

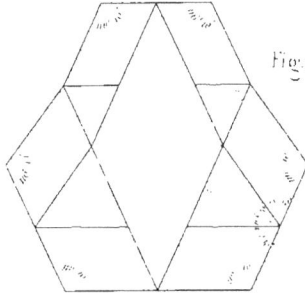

Fig. 226.

Fig. 227.

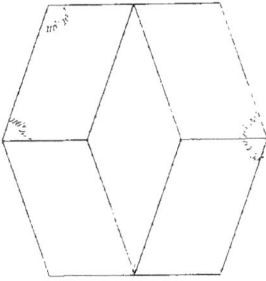

Fig. 230.

Fig. 228.

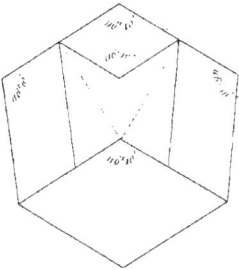

Fig. 229.

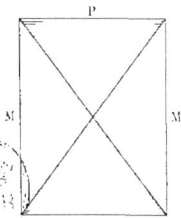

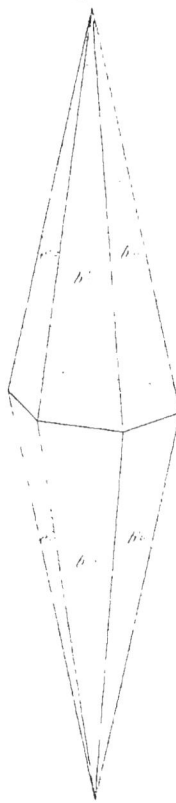

Pl. 58.

TROISIÈME CLASSE.

ARRAGONITE.

Fig. 231.

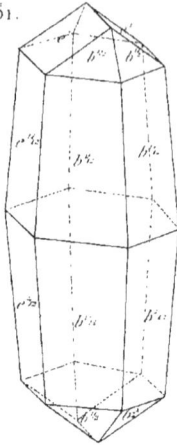

Fig. 252.

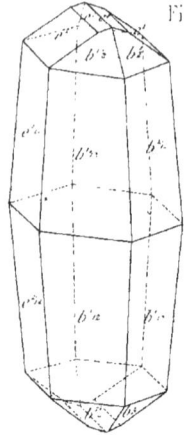

DOLOMIE.

Fig. 253.

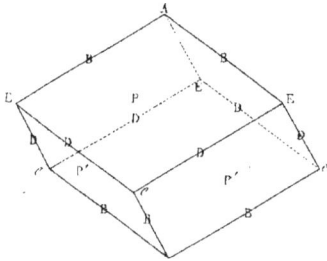

Fig. 334.

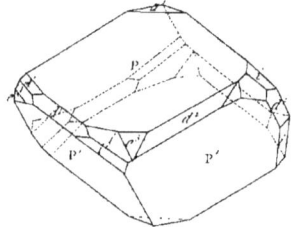

$$i = (d'\, d'^{2}\, b'^{3})$$
$$i' = (d'\, d'^{2}\, b'^{3})$$

Fig. 235.

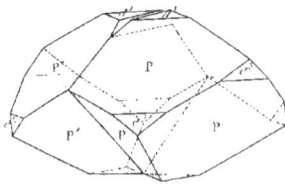

Fig. 236.

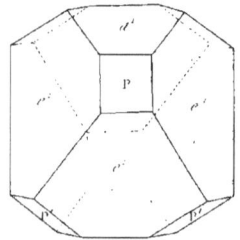

CHAUX FLUATÉE.

Fig. 237.

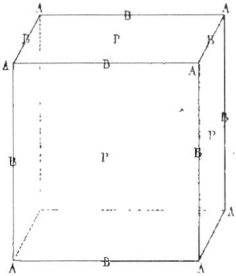

Fig. 238.

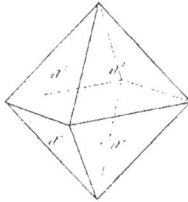

Fig. 239.

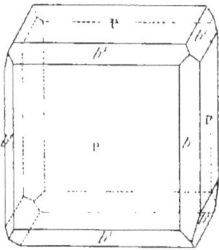

Fig. 240.

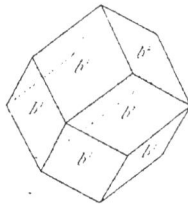

Fig. 241.

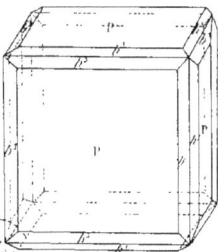

Fig. 242.

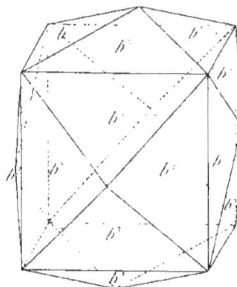

Pl. 40.

TROISIÈME CLASSE

CHAUX FLUATÉE.

Fig. 243.

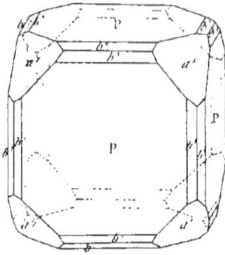

Fig. 244.

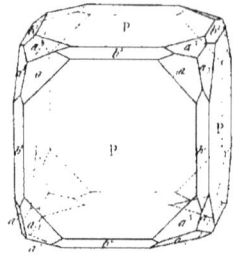

Fig. 245.

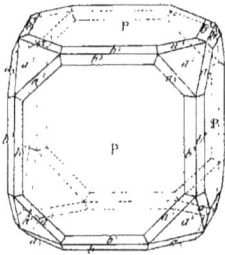

Fig. 246.

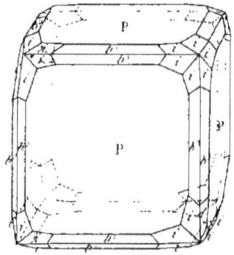

$i = {}^tb^t\ b^{t2}\ b^{t4}$

Fig. 247.

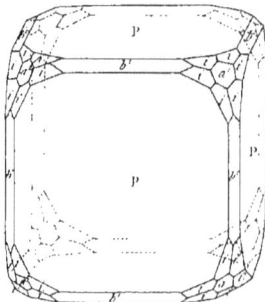

Fig. 248.

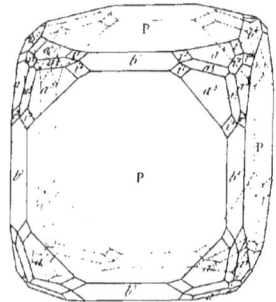

$i' = b^t\ b^{t2}\ b^{t4}$

CHAUX SULFATÉE.

Fig. 249.

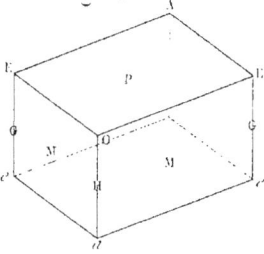

Fig. 250.

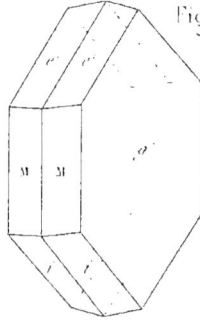

$l = b \; b \; h$

Fig. 251.

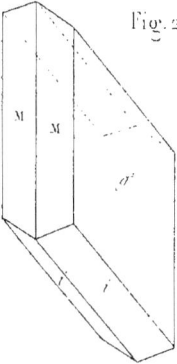

Fig. 252.

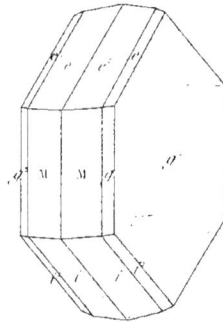

$l = (b \; d^3 ; g$

Fig. 253.

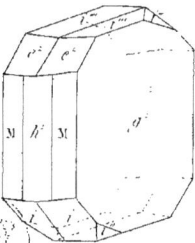

$l = (b \; b ; g$

Fig. 254.

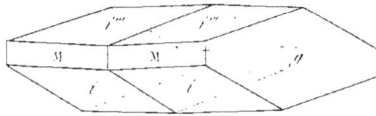

$l = (b \; b \; h$

Pl. 42.   TROISIÈME CLASSE.

CHAUX SULFATÉE.

Fig. 255.

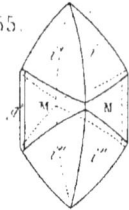

Fig. 256.

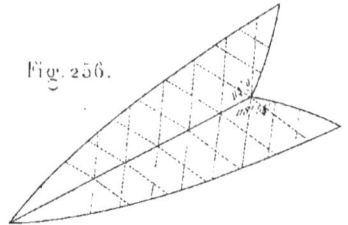

Fig. 257.

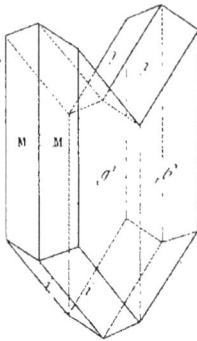

Fig. 258.

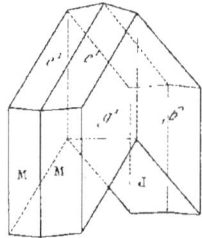

CHAUX ANHYDRO-SULFATÉE.

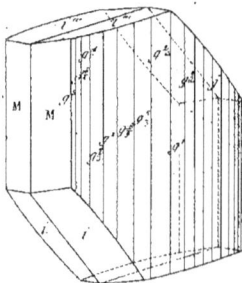

Fig. 259.

Fig. 260.

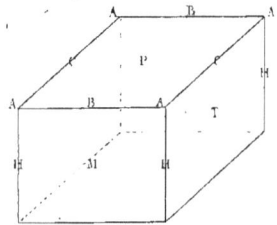

Fig. 261.

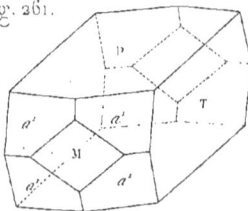

Fig. 262.

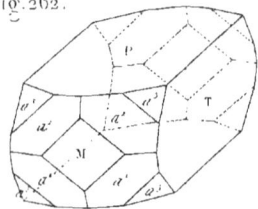

CHAUX PHOSPHATÉE.

Fig. 263.

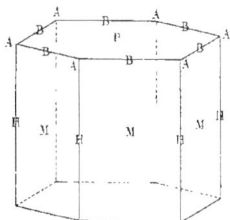

Fig. 264.

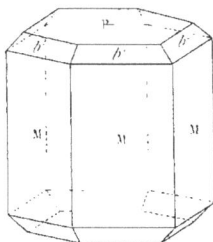

Fig. 265.

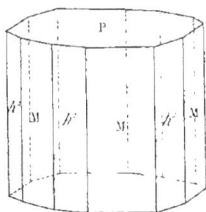

Fig. 266.

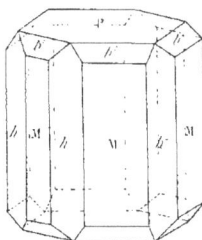

Fig. 267.

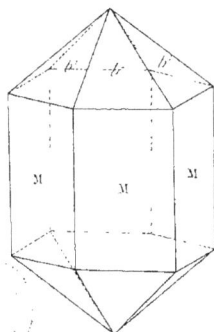

Fig. 268.

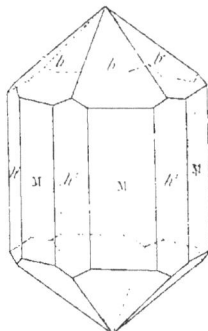

CHAUX PHOSPHATÉE.

Fig. 269.

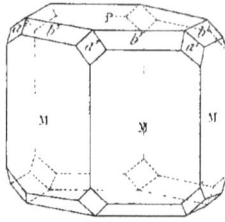

Fig. 270.

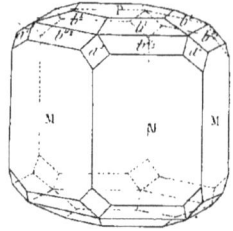

Fig. 271.

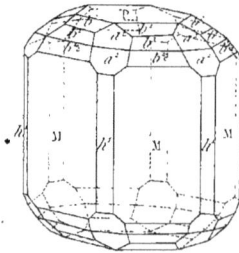

Fig. 272.

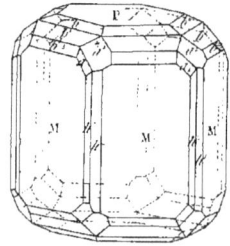

Fig. 273.

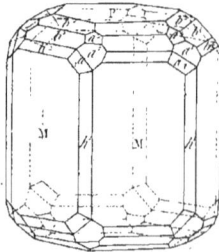

Fig. 274.

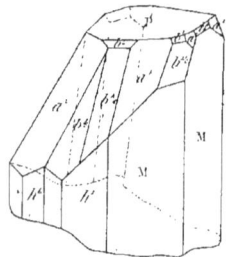

PYROCHLORE.

Fig. 275.

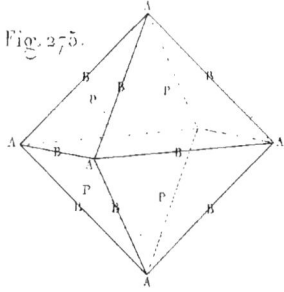

Fig. 276.

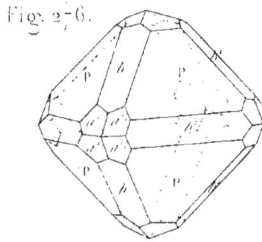

SCHÉELIN CALCAIRE.

Fig. 279.

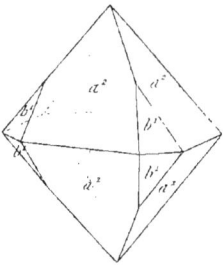

Fig. 278.

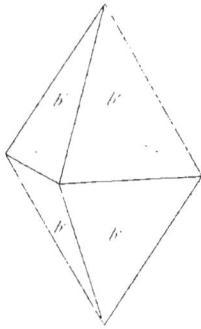

Fig. 277.

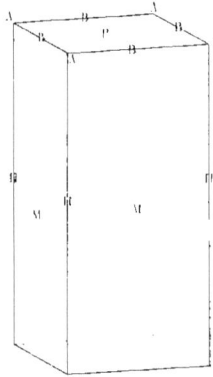

Fig. 282.

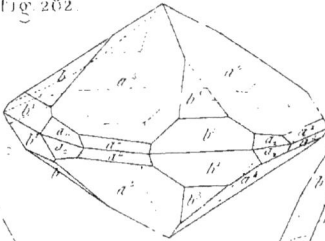

Fig. 280.

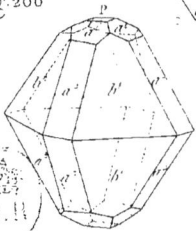

Fig. 281.

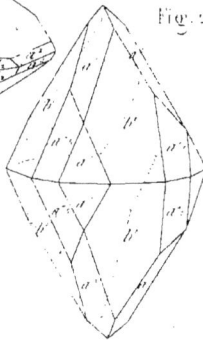

Pl. 46.   TROISIÈME CLASSE.

MAGNÉSIE HYDRATÉE.

MAGNÉSIE CARBONATÉE.

Fig. 283.

Fig. 284.

Fig. 285.

MAGNÉSIE BORATÉE.

Fig. 286.

Fig. 287.

Fig. 288.

Fig. 289.

$$i = (b^2\,b^{'2}\,b^{'3})$$

MAGNÉSIE PHOSPHATÉE
(WAGNÉRITE)

Fig. 290.

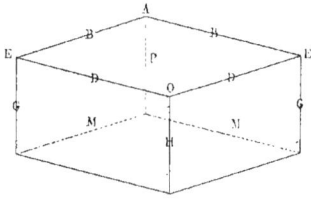

Fig. 291.

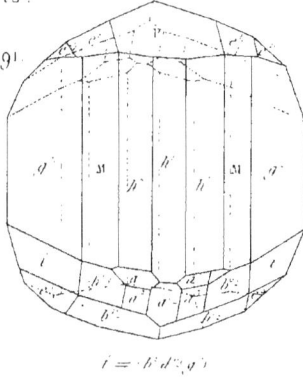

$t = b'd'^3 g'^3$

FERGUSONITE.

Fig. 292.

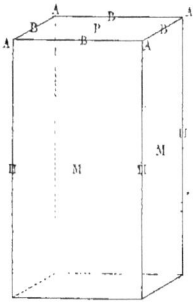

Fig. 293.

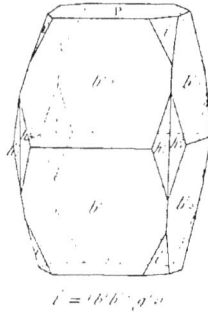

$t = b'b'^2 g'^2$

GADOLINITE.

Fig. 294.

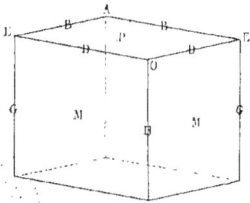

Fig. 295.

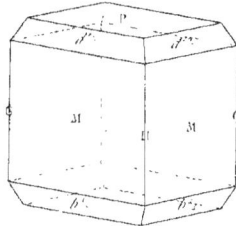

Pl. 48.   TROISIÈME CLASSE

GADOLINITE.

Fig. 296.

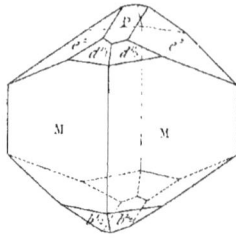

Fig. 297.

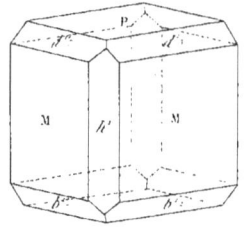

CORINDON.

Fig. 298.

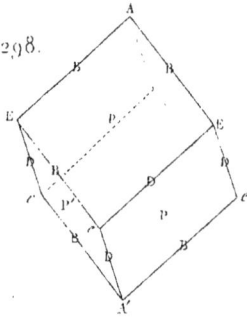

Fig. 299.

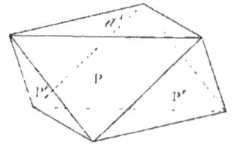

Fig. 300.

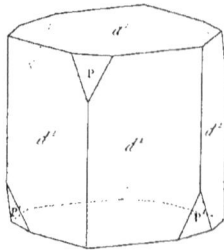

Fig. 301.

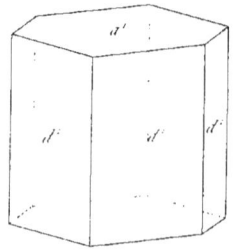

CORINDON

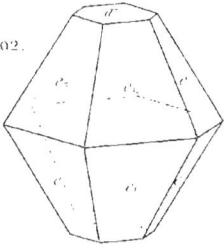

Fig. 502.

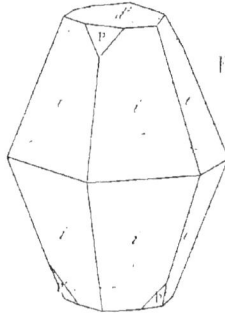

Fig. 503.

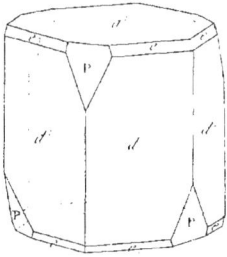

Fig. 504.

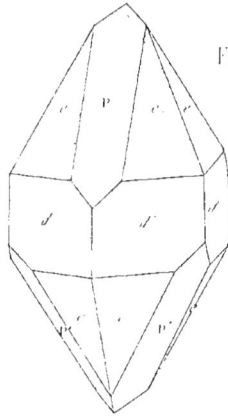

Fig. 505.

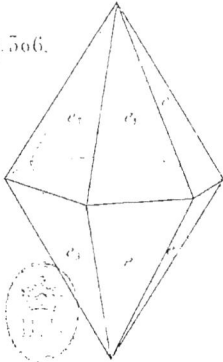

Fig. 506.

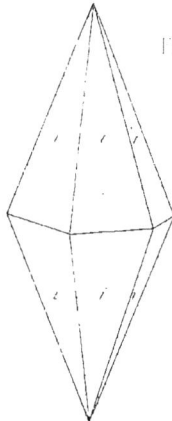

Fig. 507.

$i = d\ d'^2 b$

Pl. 50. TROISIÈME CLASSE

CORINDON.

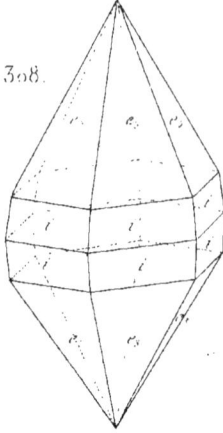

Fig. 308.

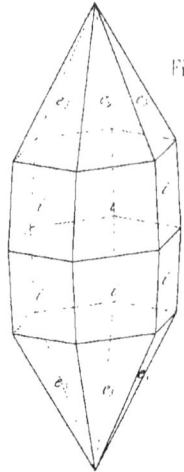

Fig. 309.

$$i = (d' \, d'^2 \, b'^2)$$

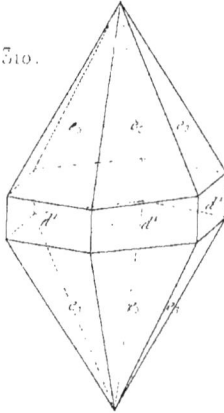

Fig. 310.

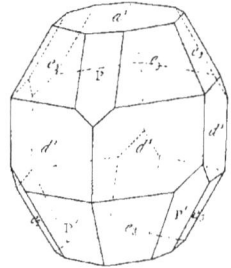

Fig. 311.

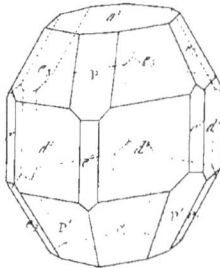

Fig. 312.

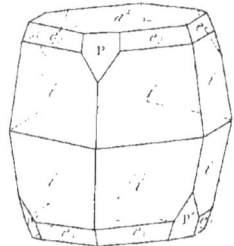

Fig. 313.

HYDRARGILLITE.

Fig. 514.

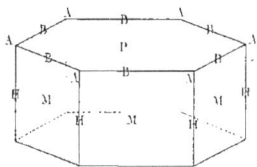

Fig. 515.

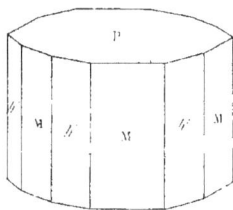

DIASPORE.

Fig. 516.

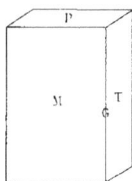

Fig. 517.

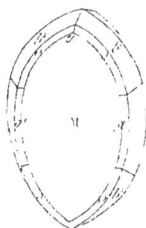

WAVELLITE.

Fig. 518.

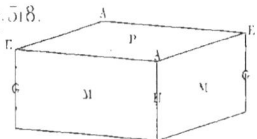

Fig. 519.

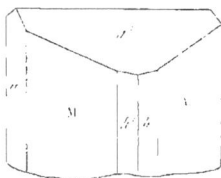

KLAPROTHINE.

Fig. 520.

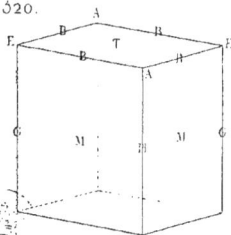

Fig. 521.

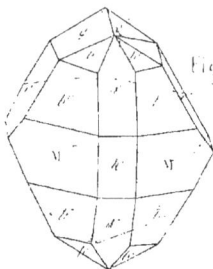

Pl. 52.   TERRES ALCALINES ET TERRES.

FLUÉLITE.

Fig. 322.

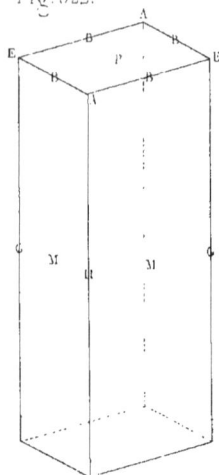

Fig. 323.

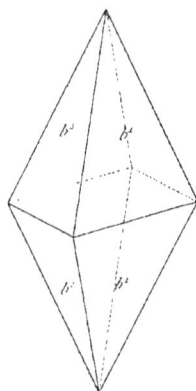

ALUNITE.

Fig. 324.

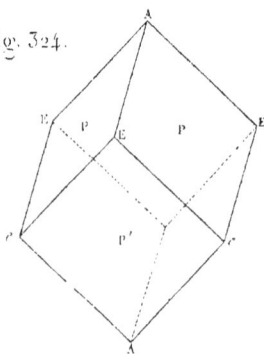

Fig. 325.

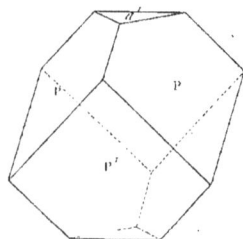

Fig. 326.

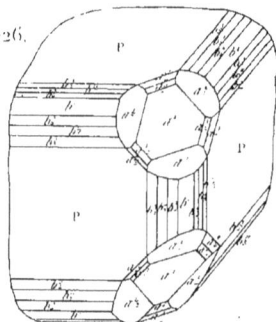

Fig. 327.

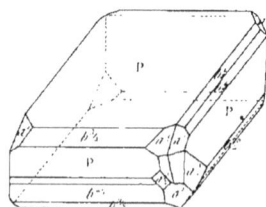

CÉRIUM PHOSPHATÉ.

Fig. 1.

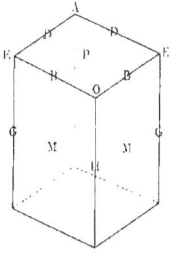

Fig. 2.

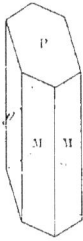

Fig. 5.

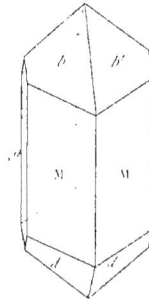

MONAZITE.

Fig. 4.

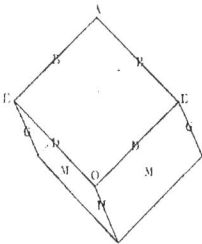

Fig. 5.

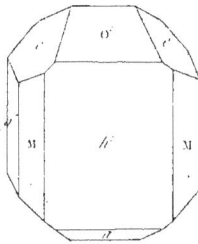

ALLANITE.

Fig. 6.

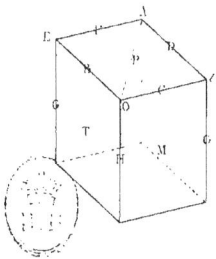

Fig. 7.

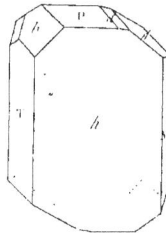

Pl. 54.   QUATRIÈME CLASSE

BRAUNITE.

Fig. 8.

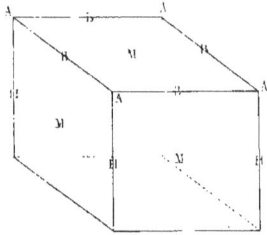

Fig. 9.

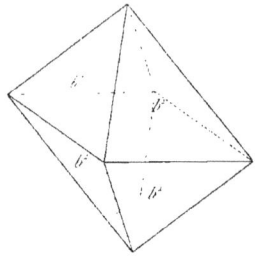

Fig. 10.

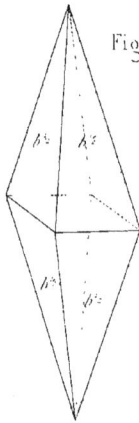

Fig. 11.

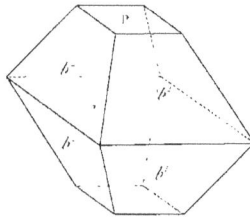

Fig. 12.

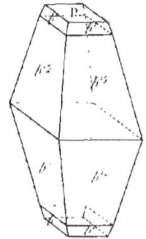

Fig. 15.

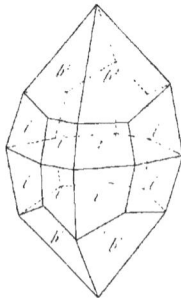

Fig. 14.

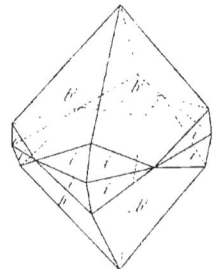

$$z = b^2 b^3 h^3$$

HAUSMANITE

Fig. 15.

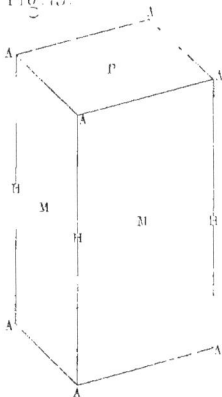

Fig. 16.

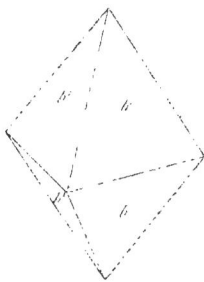

Fig. 17.

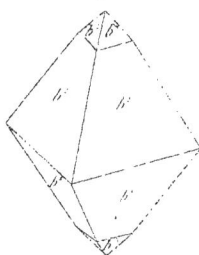

Fig. 18

PYROLUSITE

Fig. 19.

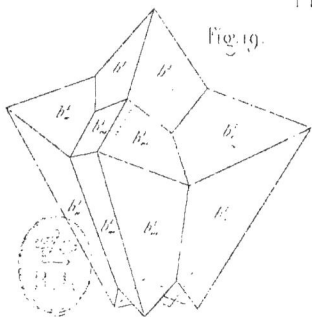

Fig. 20.

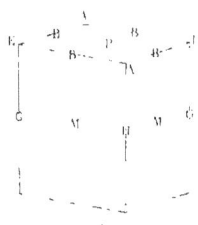

Pl. 56.

PYROLUSITE

Fig. 21.

Fig. 22.

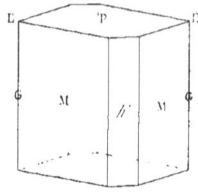

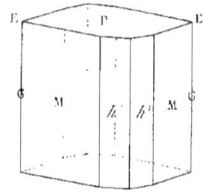

Fig. 23.

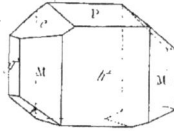

ACERDÈSE.

Fig. 24.

Fig. 25.

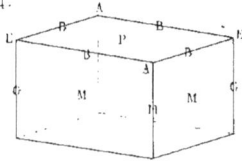

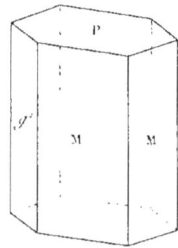

Fig. 26.

Fig. 27.

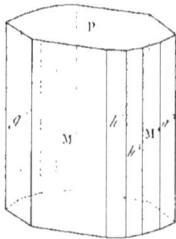

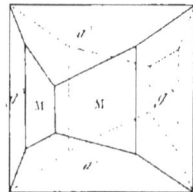

PYROLUSITE

Fig. 28.

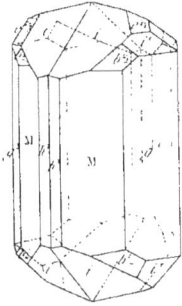

Fig. 29

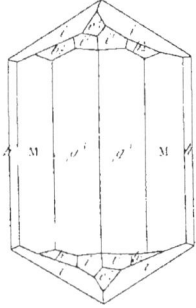

$i = b^2 b^2 h^2$
$i' = b^2 h^2 g^2$

Fig. 30.

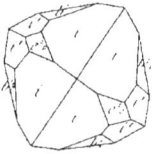

Fig. 31.

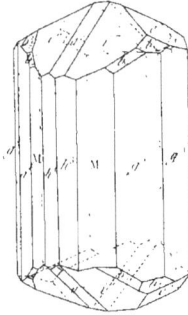

$i = b^2 b^2 h^2$

$i'' = b^2 b^2 h^2$

Fig. 32.

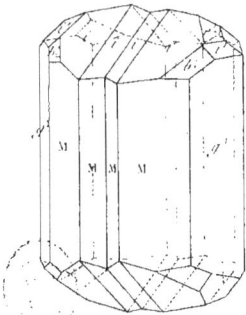

Fig. 33.

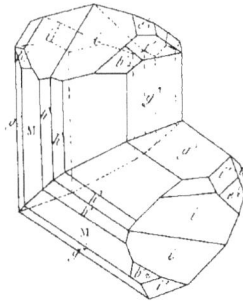

$i = b^2 b^2 g^2$

QUATRIÈME CLASSE

HURÉAULITE.

Fig. 34.

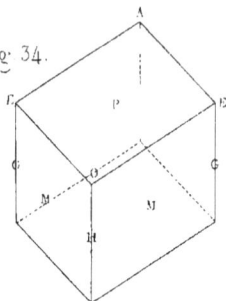

Fig. 35.

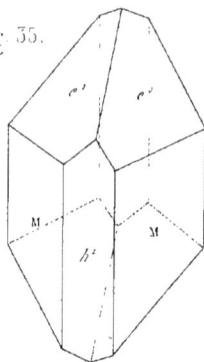

Fig. 36.

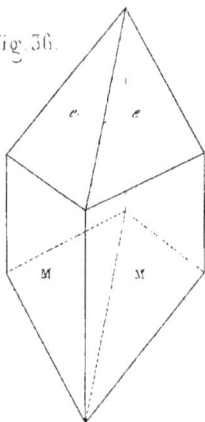

HÉTÉROZITE.

Fig. 37.

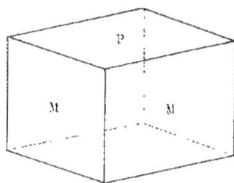

MÉTÉORITES.

PYROXÈNE.

Fig. 38.

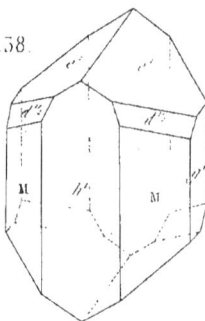

ALBITE.

Fig. 39.

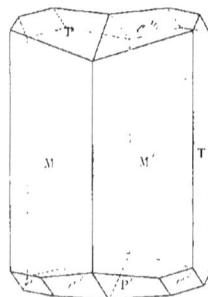

MÉTÉORITES.

Fig. 40.

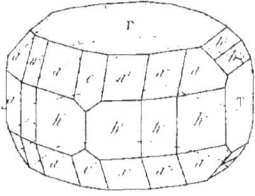

Fig. 41.

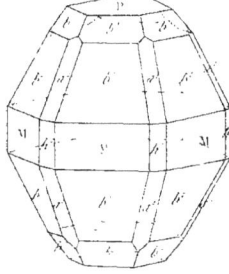

FER SULFURÉ JAUNE.

Fig. 42.

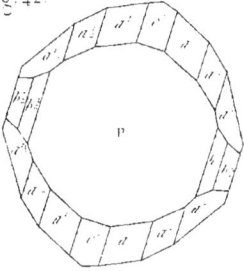

Fig. 43.

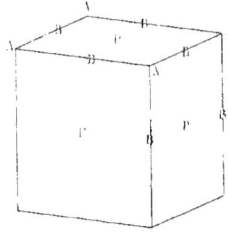

Fig. 44.

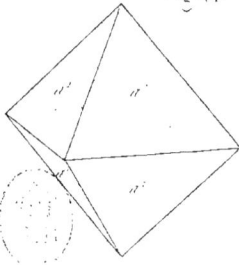

Fig. 45.

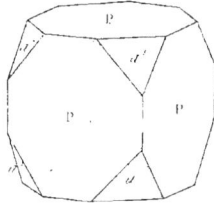

Pl. 60. QUATRIÈME CLASSE.

FER SULFURÉ JAUNE

Fig. 46.

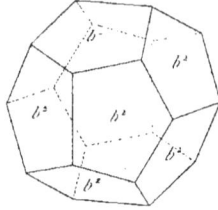

Fig. 47.

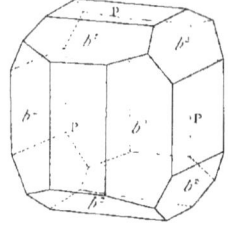

Fig. 48.

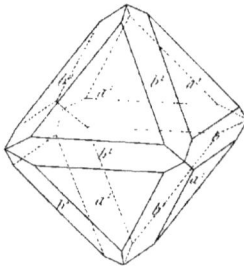

Fig. 49

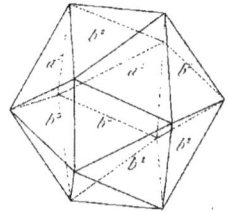

ICOSAÈDRE.

Fig. 50.

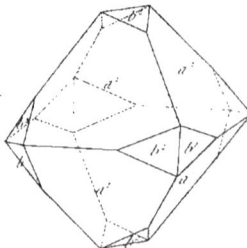

Fig. 51.

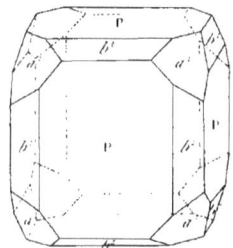

FER SULFURÉ JAUNE.

Fig. 52.

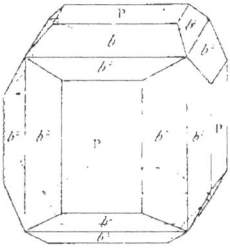

Fig. 53.

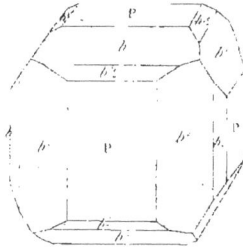

Fig. 54.

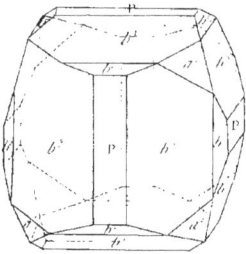

Fig. 55.

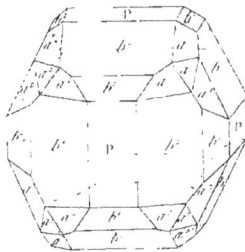

Fig. 56.

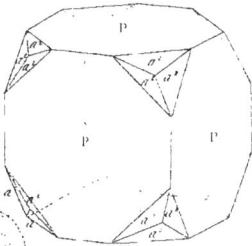

Fig. 57.

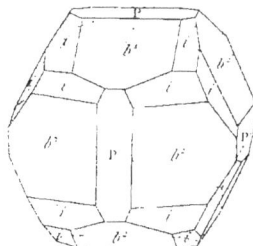

$t = b^2 b^3 b^5$

Pl. 72   QUATRIÈME CLASSE

FER SULFURÉ JAUNE

Fig. 58.

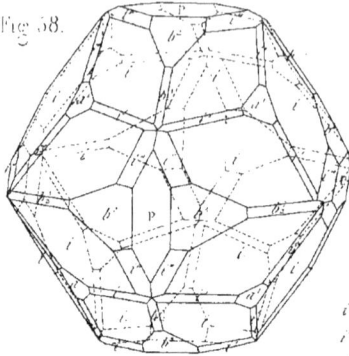

Fig. 59.

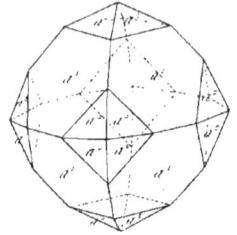

$i = (b^1 \ b^2 \ b^3)$
$i' = (b^2 \ b^4 \ b^3)$
$i'' = (b^1 \ b^3 \ b^3)$

Fig. 60.

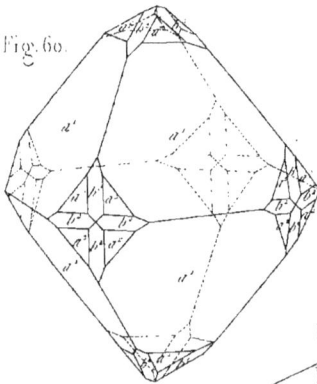

Fig. 61.

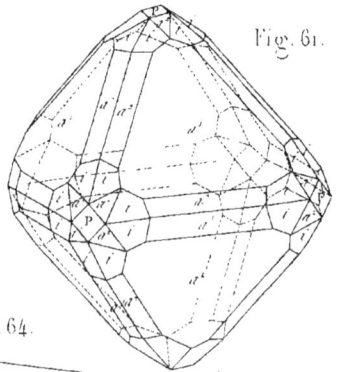

Fig. 64.

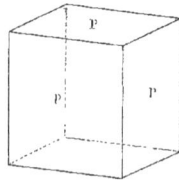

Fig. 62.

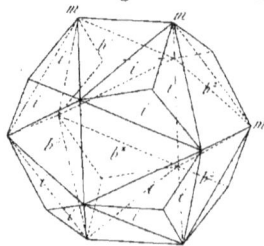

Fig. 63.

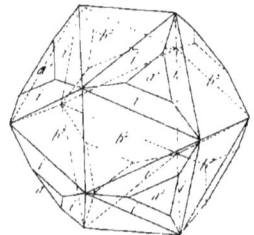

$i = (b^1 \ b^2 \ b^3)$

FER. SULFURÉ BLANC.

Fig. 65.

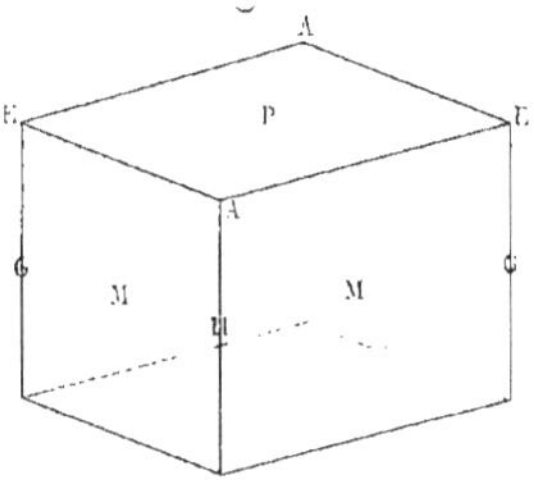

Fig. 66.

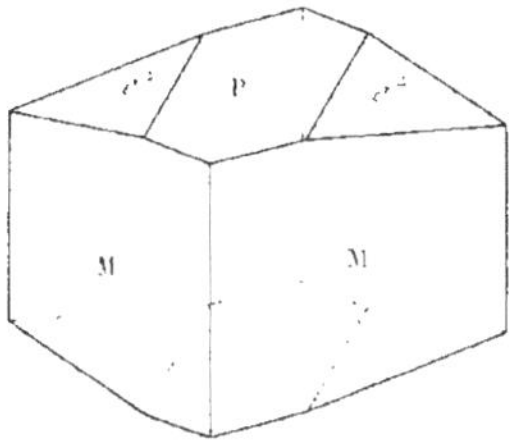

Fig. 67.

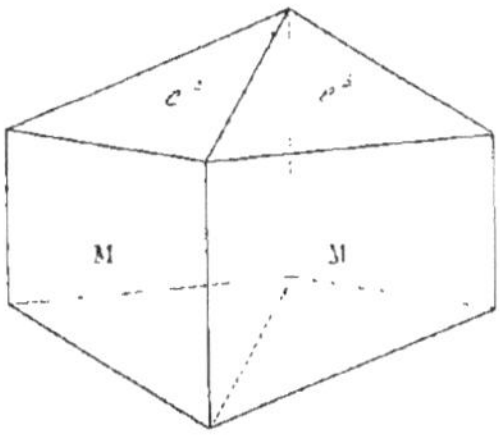

Fig. 68.

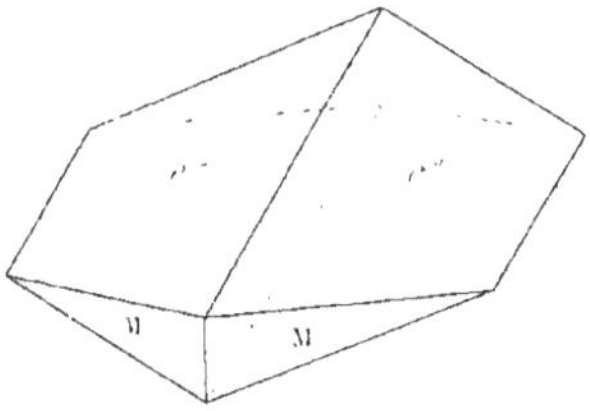

Fig. 69.

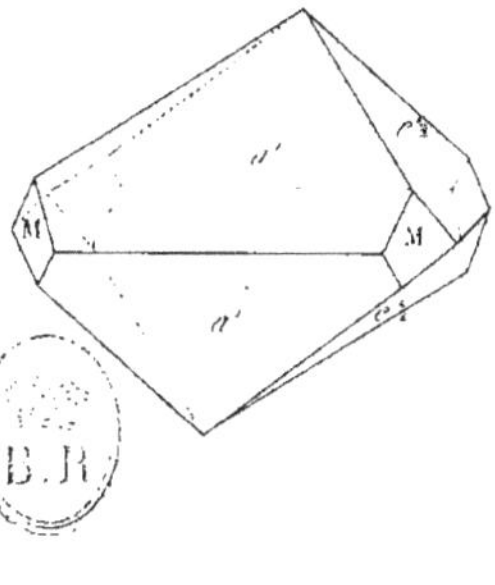

Fig. 70.

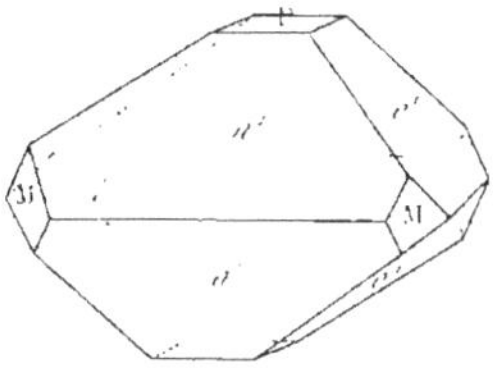

Pl. 64.   QUATRIÈME CLASSE.

FER SULFURÉ BLANC.

Fig. 71.

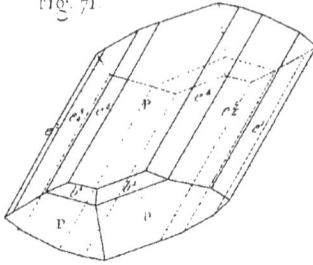

Fig. 72.

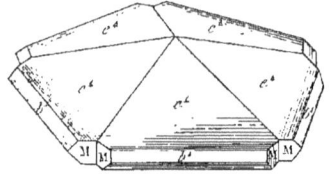

Fig. 73.

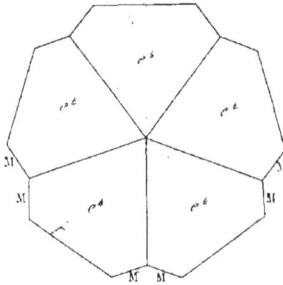

Fig. 74.

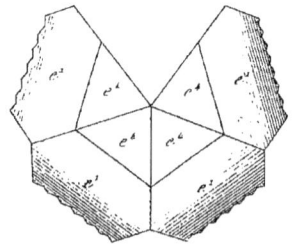

Fig. 75.

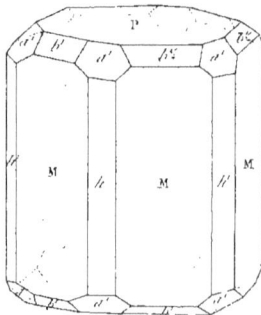

Fig. 76.

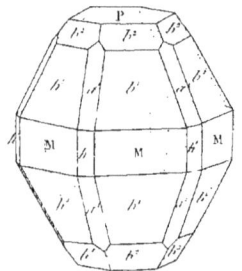

FER ARSENICAL.

Fig. 77.

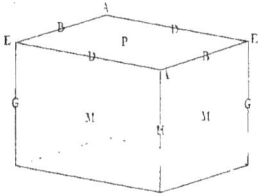

Fig. 78.

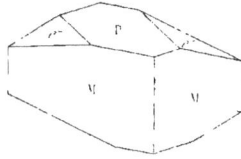

Fig. 79.

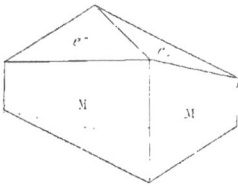

Fig. 80.

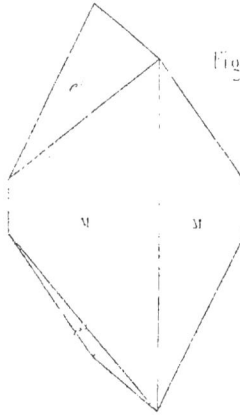

Fig. 81.

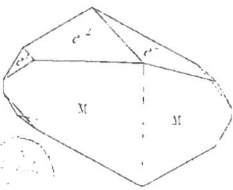

Fig. 82.

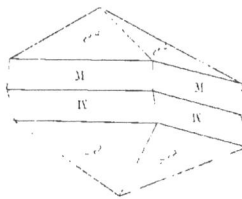

QUATRIÈME CLASSE.

FER OXIDULÉ.

Fig. 83.

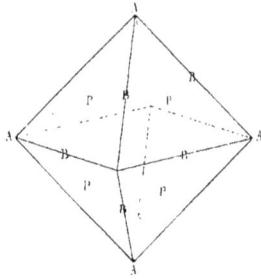

Fig. 84.

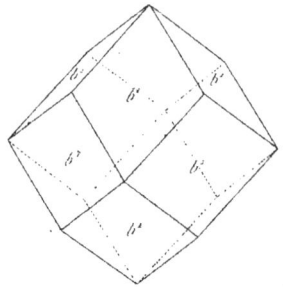

Fig. 85.

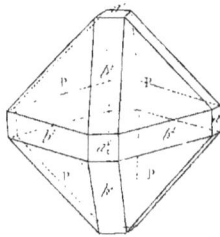

Fig. 86.

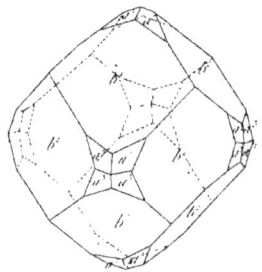

FER OLIGISTE.

Fig. 87.

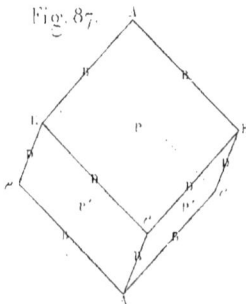

Fig. 88.

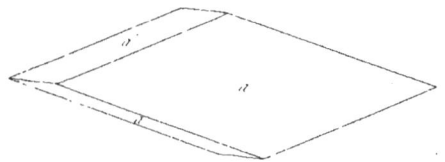

FER OLIGISTE.

Fig. 89.

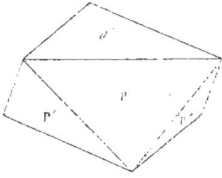

Fig. 90.

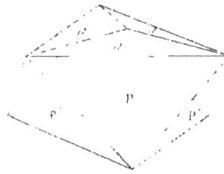

Fig. 91.

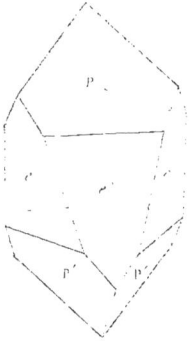

Fig. 92.

Fig. 93.

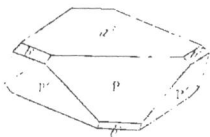

Fig. 94.

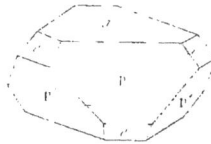

Fig. 95.

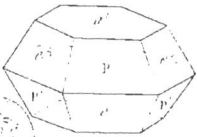

Fig. 96.

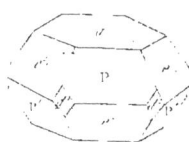

Pl. 68.

QUATRIÈME CLASSE.

FER OLIGISTE

Fig. 97.

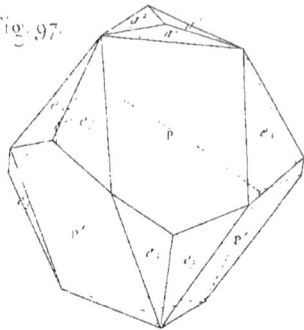

Fig. 98.

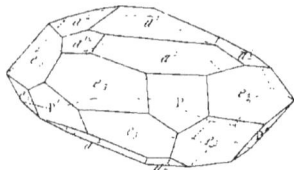

Fig. 99.

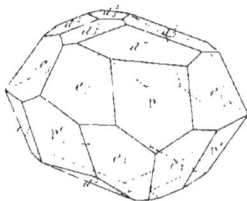

Fig. 100.

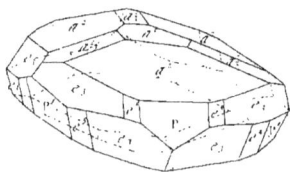

Fig. 101.

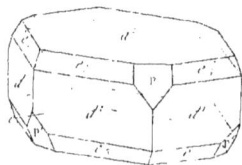

Fig. 102.

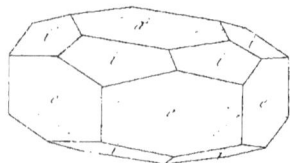

FER OLIGISTE.

Fig. 103.

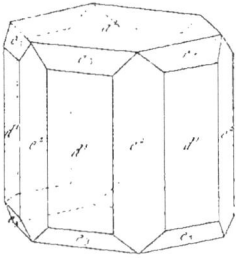

Fig. 104.

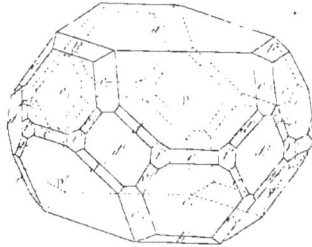

$P = P \cdot P \cdot d^3$

Fig. 105.

FER OLIGISTE.
OCTAÈDRE DU VÉSUVE.

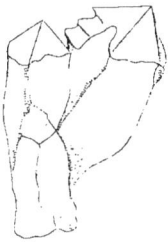

Fig. 106.

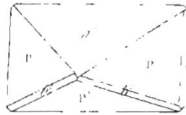

Fig. 107.

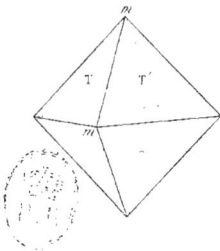

Fig. 108.

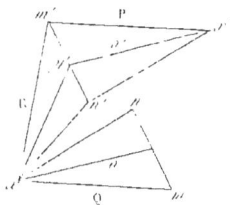

Pl. 70.   QUATRIÈME CLASSE

FER HYDROXIDÉ.

Fig. 109.

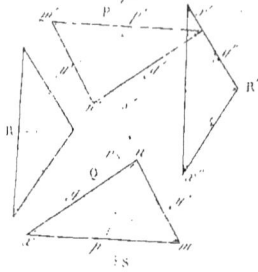

Fig. 110.

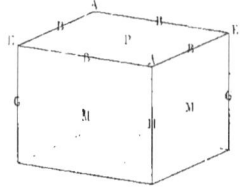

Fig. 111.

Fig. 112.

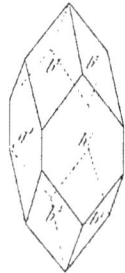

Fig. 113.

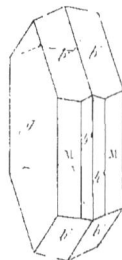

Fig. 114.

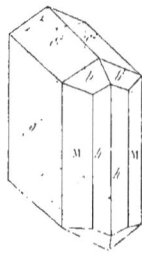

FER CARBONATÉ.

Fig. 115.

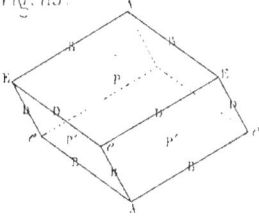

Fig. 116.

Fig. 117.

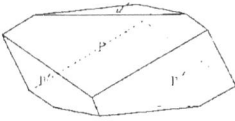

Fig. 118.

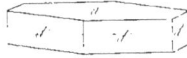

Fig. 119

Fig. 120.

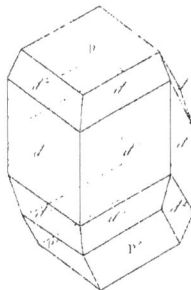

Pl. 72.

FER OLIGISTE.

Fig. 121.

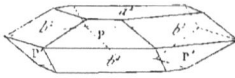

Fig. 122.

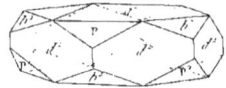

CHRICTONITE.

Fig. 123.

Fig. 124.

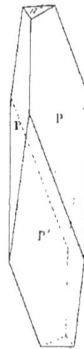

Fig. 125.

Fig. 126.

MOLISITE.

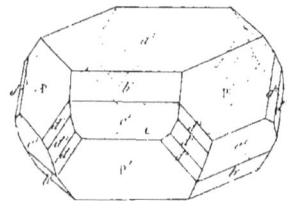

ILMÉNITE.

Fig. 127.

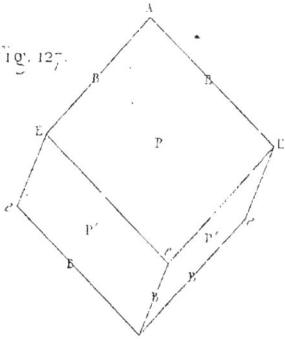

Fig. 128.

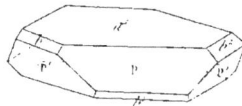

MENGITE.

Fig. 129.

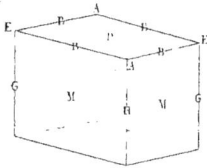

Fig. 130.

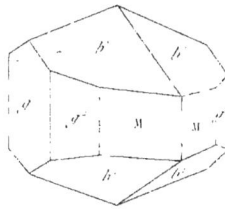

BAIERINE.

Fig. 131.

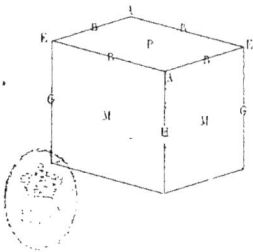

Fig. 132.

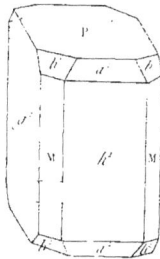

Pl. 74.

QUATRIÈME CLASSE

BAIÉRINE.

Fig. 153.

Fig. 154.

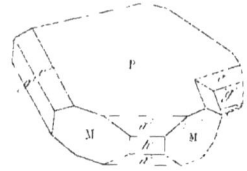

TANTALITE.

Fig. 155.

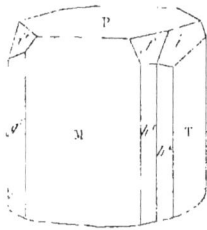

SCHÉELIN FERRUGINÉ.

Fig. 156.

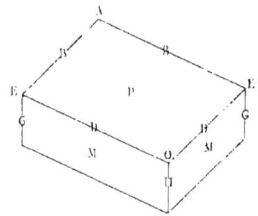

Fig. 157.

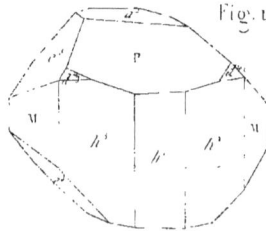

Fig. 158.

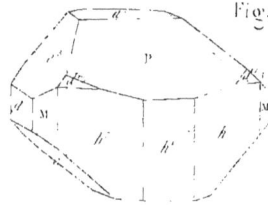

Fig. 159.

Fig. 140.

FER PHOSPHATÉ
VIVIANITE

Fig. 141.

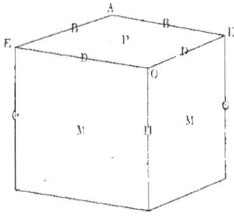

Fig. 142.

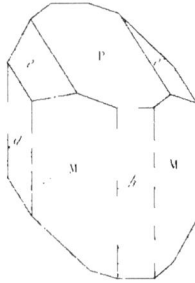

Fig. 143.

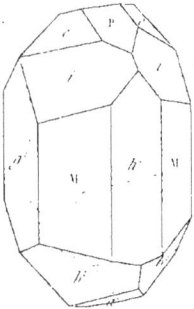

Fig. 144.

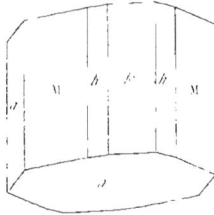

Fig. 145.

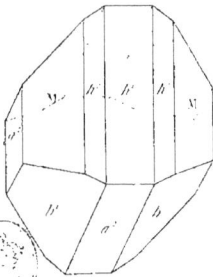

Fig. 146.

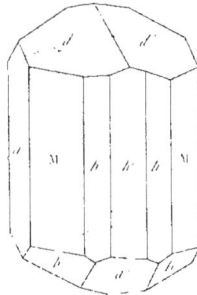

Pl. 76.

QUATRIÈME CLASSE

FER PHOSPHATÉ.

Fig. 147.

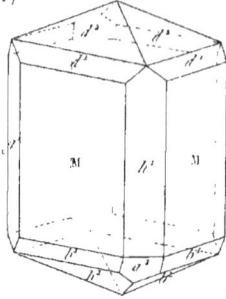

FER ARSENIATÉ.

Fig. 148.

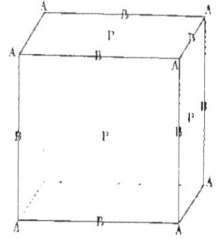

Fig. 149.

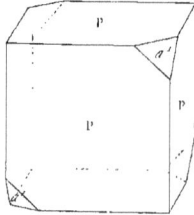

Fig. 150.

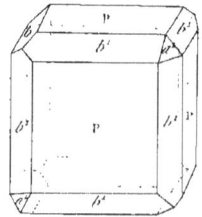

SCORODITE.

Fig. 151.

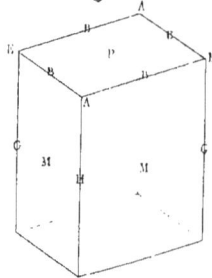

Fig. 152.

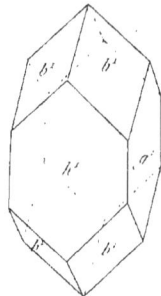

SCORODITE

Fig. 153.

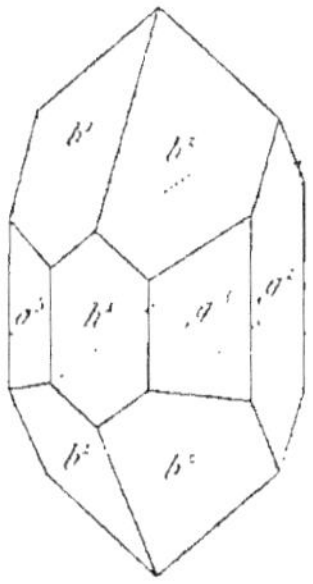

Fig. 154.

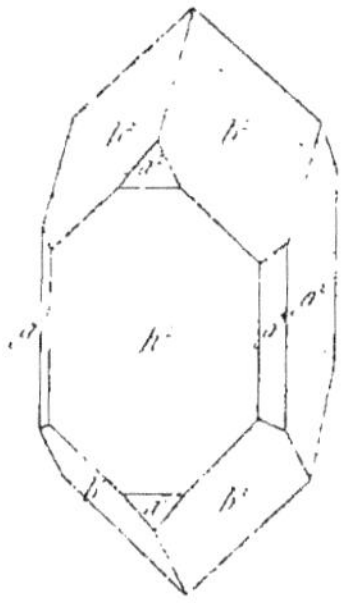

Fig. 155.

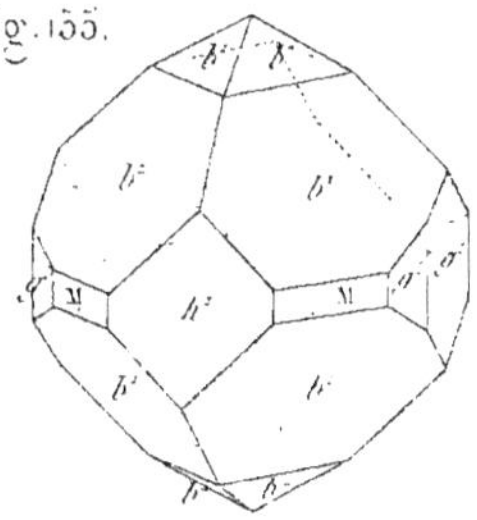

COBALT ARSENICAL.

Fig. 156.

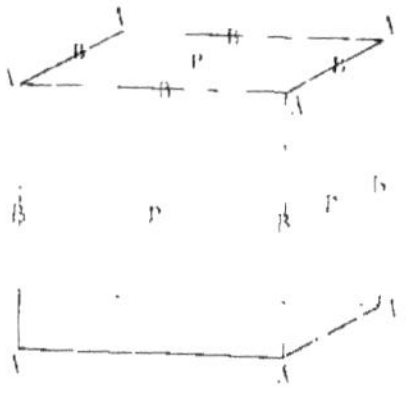

Fig. 157.

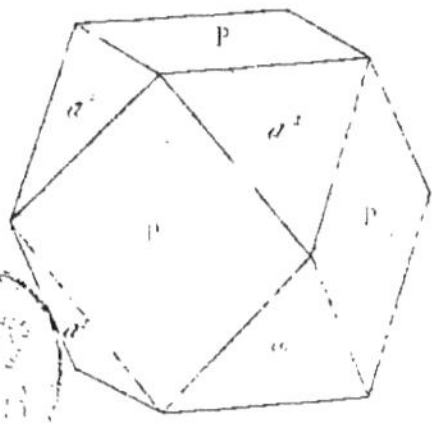

Fig. 158.

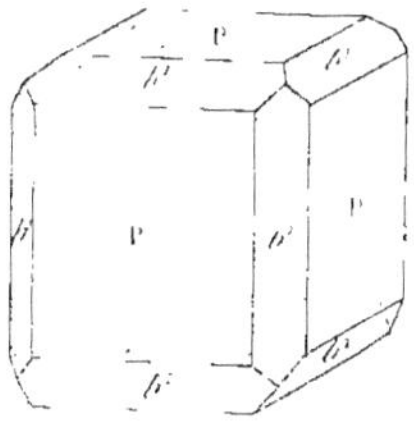

Pl. 78.

QUATRIÈME CLASSE

COBALT ARSENICAL.

Fig. 159.

Fig. 160.

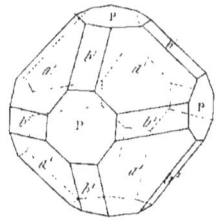

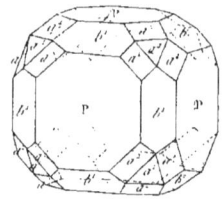

COBALT GRIS.

Fig. 161.

Fig. 162.

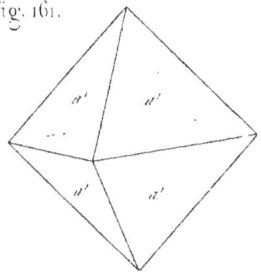

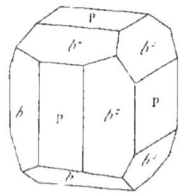

Fig. 163.

Fig. 164.

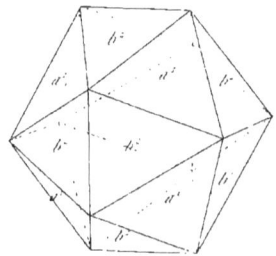

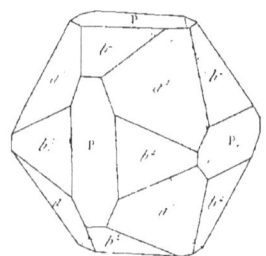

COBALT ARSENIATÉ.

Fig. 165.

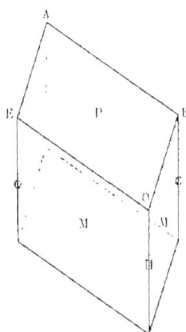

Fig. 166.

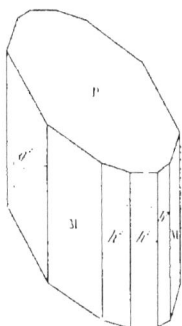

ROSÉLITE.

Fig. 167.

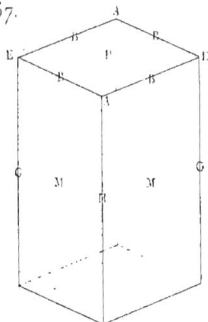

Fig. 168.

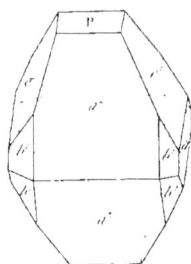

ZINC SULFURÉ.

BLENDE.

Fig. 169.

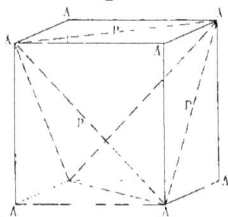

Fig. 170.

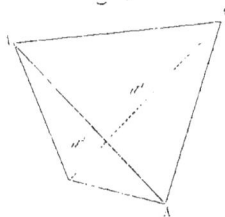

Pl. 80.　　　　QUATRIÈME CLASSE

ZINC SULFURÉ.

BLENDE.

Fig. 171.

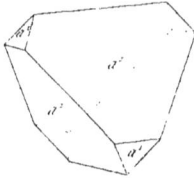

Fig. 172.

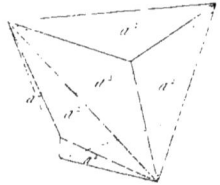

Fig. 173.

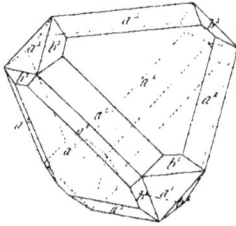

Fig. 174.

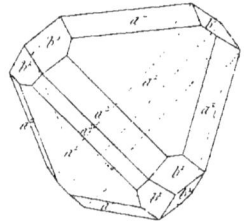

Fig. 175.

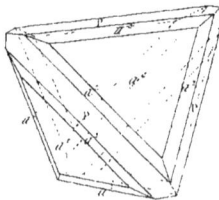

Fig. 176.

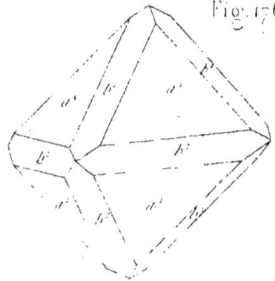

ZINC SULFURÉ.

Fig. 177.

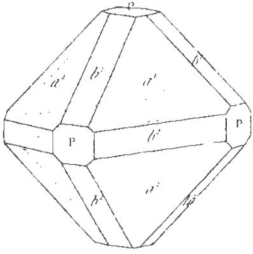

Fig. 178.

Fig. 179.

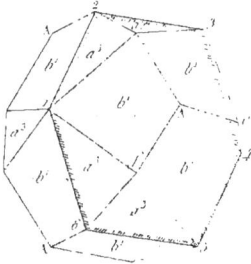

Fig. 180.

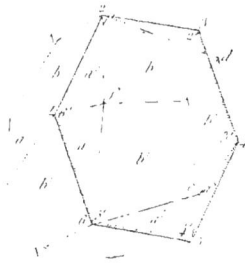

Fig. 181.

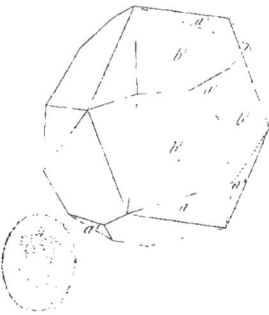

Fig. 182.

Pl. 82.

QUATRIÈME CLASSE

ZINC SULFURÉ.

Fig. 183.

Fig. 184.

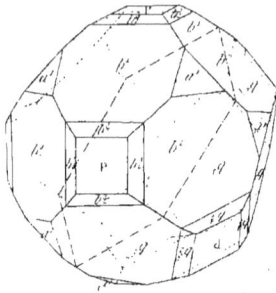

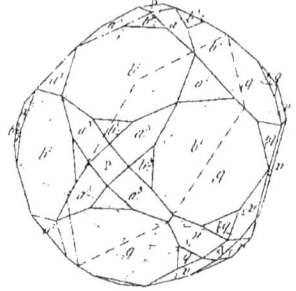

ZINC CARBONATÉ.

Fig. 185.

Fig. 186.

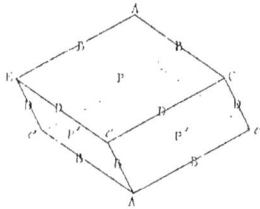

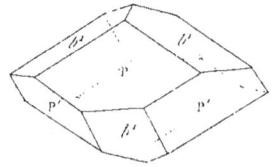

Fig. 187.

Fig. 188.

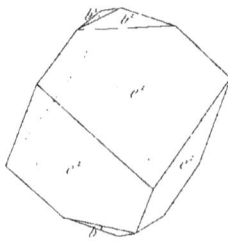

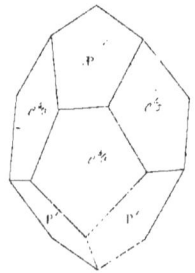

ZINC CARBONATÉ.

Fig. 189.

Fig. 190.

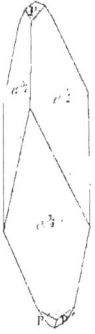

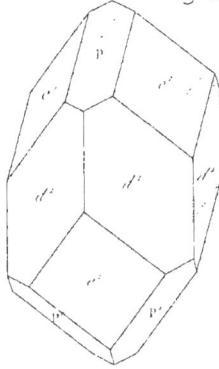

ZINC SILICATÉ.

Fig. 191.

Fig. 192.

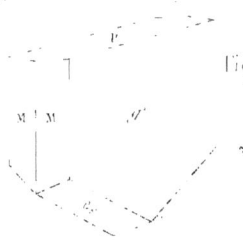

Fig. 193.

Fig. 194.

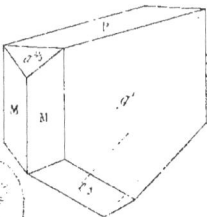

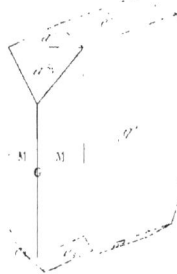

Pl. 84.

QUATRIÈME CLASSE

ZINC SILICATÉ.

Fig. 195.

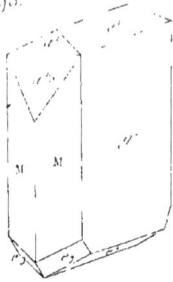

Fig. 196.

Fig. 197.

Fig. 198.

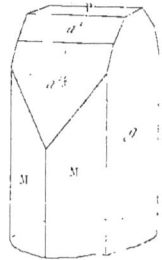

Fig. 199.

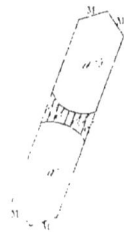

Fig. 198.*

ZINC SILICATÉ.

Fig. 200.

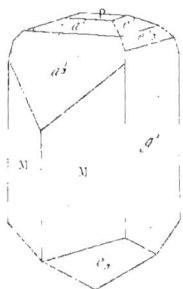

Fig. 201.

Fig. 202.

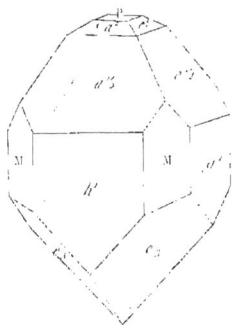

Fig. 203.

Fig. 202.*

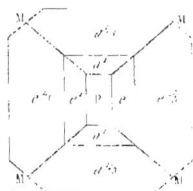

PLAN.

Fig. 203.*

PLAN.

Pl. 86.   QUATRIÈME CLASSE

ZINC SILICATÉ.

Fig. 204.

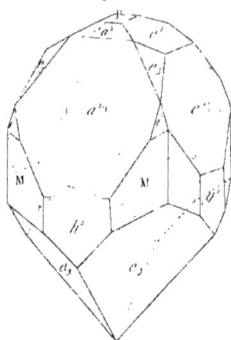

Fig. 205.

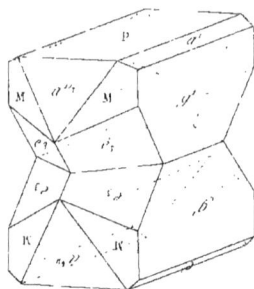

Fig. 204.bis

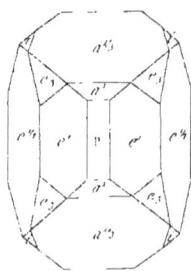

PLAN

WILLÉMITE.

Fig. 205.a

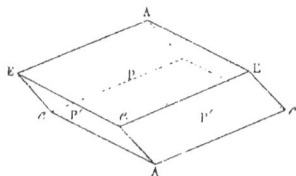

Fig. 206.

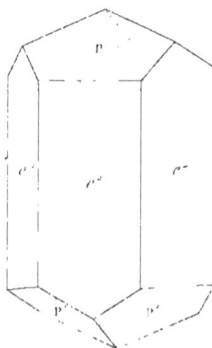

HOPÉITE

Fig. 207.

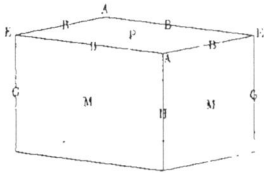

Fig. 208.

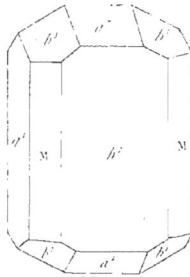

Fig. 209.

TELLURE AURO-PLOMBIFÈRE.

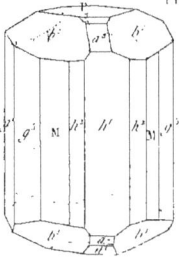

Fig. 210.

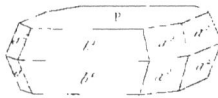

CADMIUM SULFURÉ

GRÉENOCKITE.

Fig. 211.

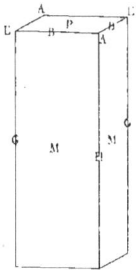

Fig. 212.

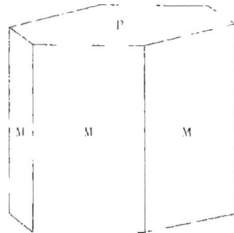

Fig. 213.

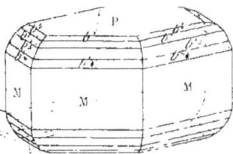

Fig. 214.

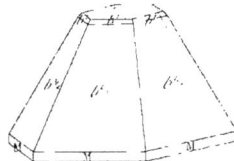

Pl. 88.

ANTIMOINE SULFURÉ.

Fig. 215.

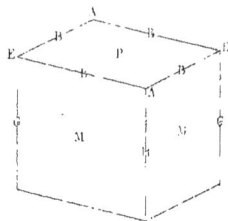

Fig. 216.

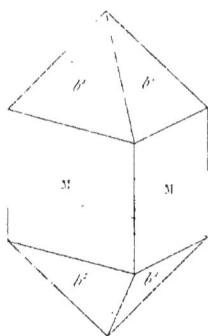

Fig. 217.

Fig. 218.

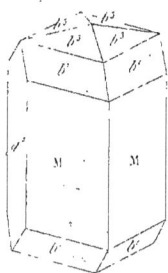

Fig. 219.

Fig. 220.

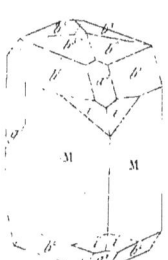

ZINKÉNITE.

Fig. 221.

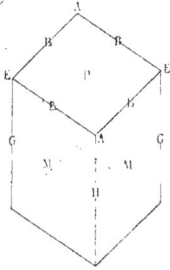

Fig. 222.

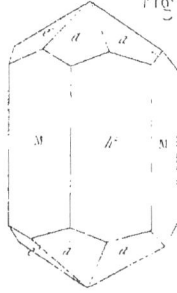

PLAGIONITE.

Fig. 223.

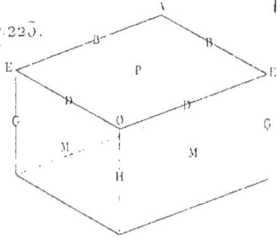

Fig. 224.

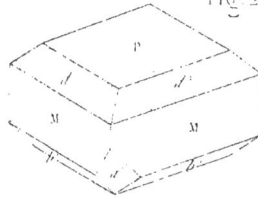

MERCURE SULFURÉ.

Fig. 225.

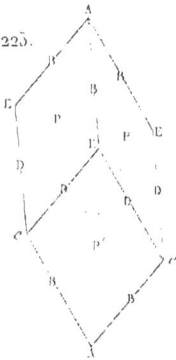

Fig. 226.

Fig. 227.

Fig. 228.

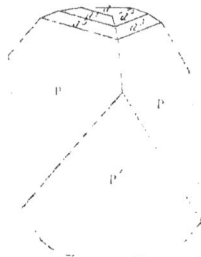

Pl. 90. QUATRIÈME CLASSE

MERCURE SULFURÉ.

Fig. 229.

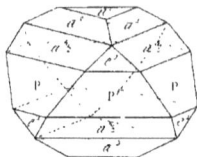

Fig. 230.

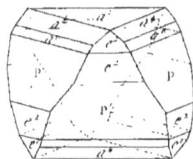

MERCURE CHLORURÉ.

Fig. 231.

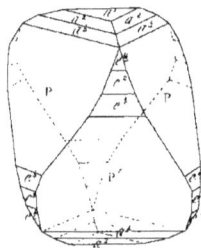

Fig. 232.

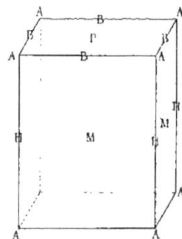

Fig. 233.

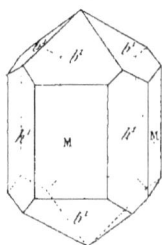

Fig. 234.

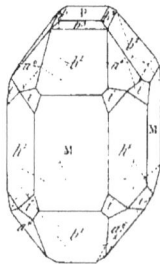

RUTILE.

Fig. 255.

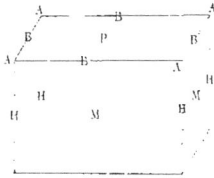

Fig. 256.

Fig. 257.

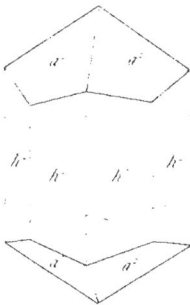

Fig. 258.

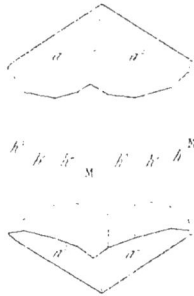

Fig. 259.

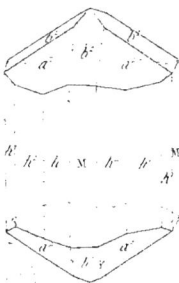

Fig. 240.

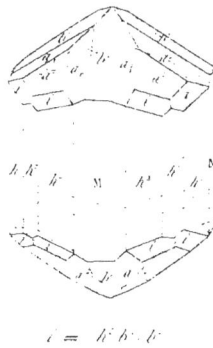

$l = h^5 h^1 b^1$

QUATRIÈME CLASSE

RUTILE.

Fig. 241.

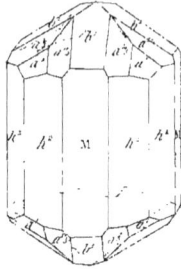

Fig. 242.

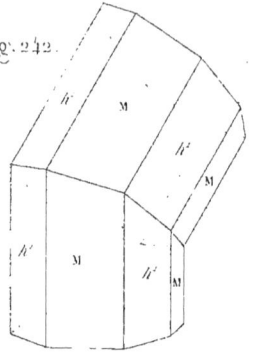

Fig. 243.

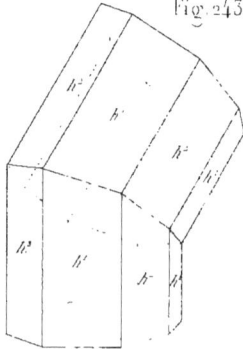

Fig. 244.

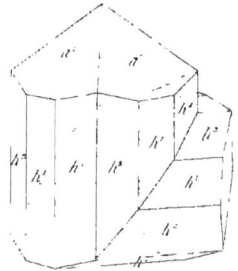

Fig. 245.

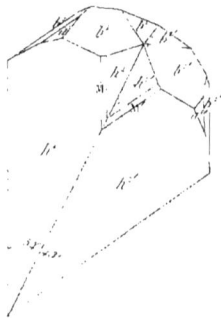

ANATASE.

Fig. 246.

Fig. 247.

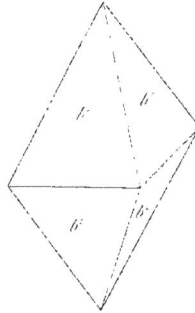

Fig. 248.

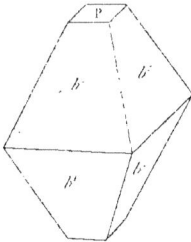

Fig. 249.

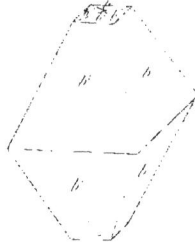

Fig. 250.

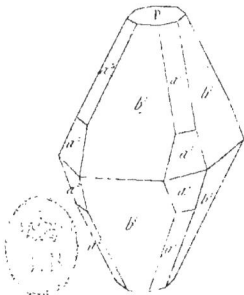

Fig. 251.

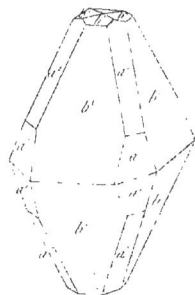

Pl. 94.

ANATASE.

Fig. 252.

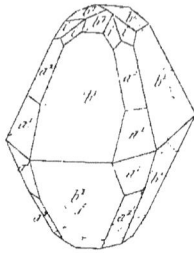

Fig. 253.

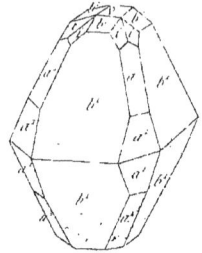

$t = (b^3 \, b^3 \, h^3 \, z)$

Fig. 254.

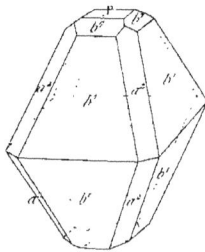

Fig. 255.

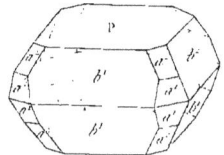

Fig. 256.

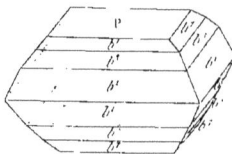

Fig. 257.

$t = (b^3 \, h \, h^3 \, z)$

BROOKITE.

Fig. 258.

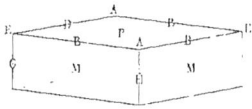

Fig. 259.

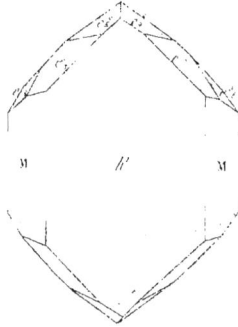

Fig. 260.

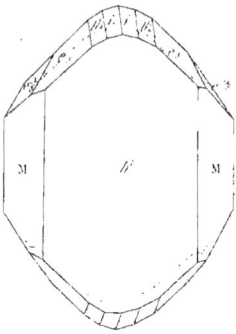

Fig. 261.

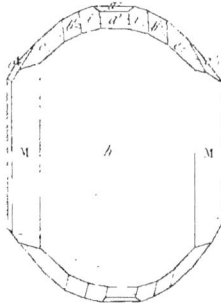

$t = h^5 \, b^{1/2} \, h^{1/2}$

Fig. 262.

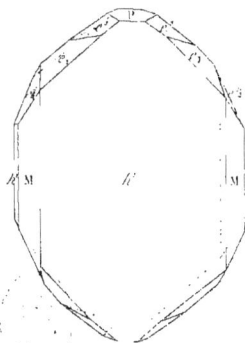

Fig. 265.

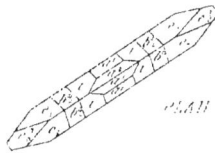

$t = b^5 \, b^{1/2} \, h^{1/2}$

Pl. 96.   QUATRIÈME CLASSE

PLOMB SULFURÉ.
GALÈNE.

Fig. 264.

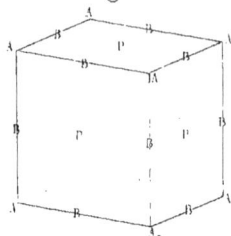

Fig. 265.

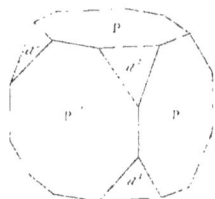

Fig. 266.

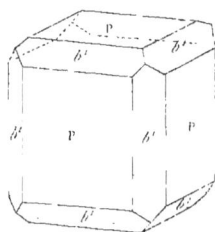

Fig. 267.

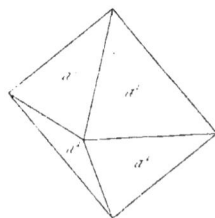

Fig. 268.

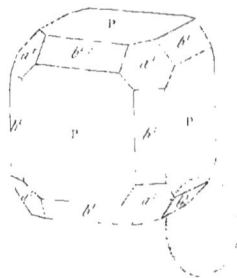

Fig. 269.

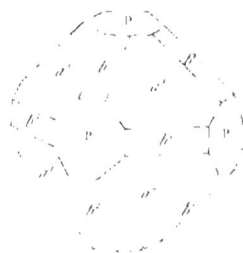

PLOMB SULFURÉ.

Fig. 270.

Fig. 271.

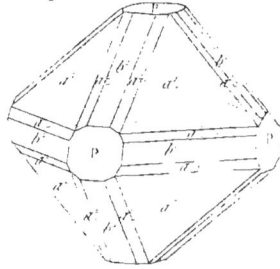

BOURNONITE

Fig. 272.

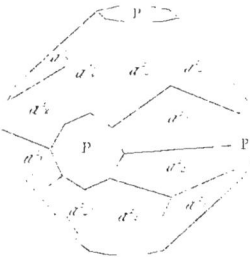

Fig. 273.

Fig. 274.

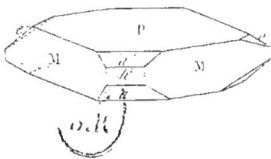

Fig. 275.

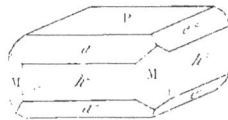

Pl. 98.

BOURNONITE.

Fig. 276.

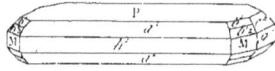

Fig. 277.

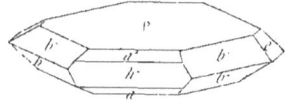

Fig. 278.

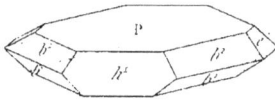

Fig. 279.

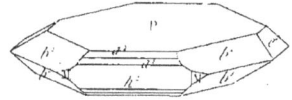

Fig. 280.

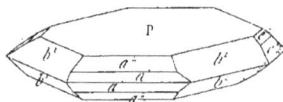

Fig. 281.

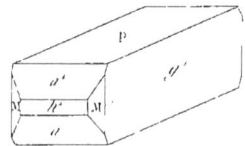

Fig. 282.

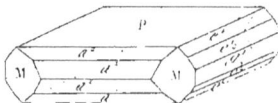

Fig. 283.

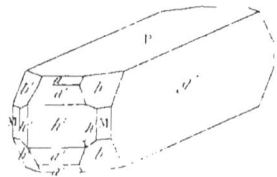

BOURNONITE.

Fig. 284

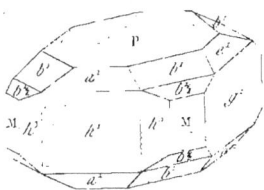

Fig. 285

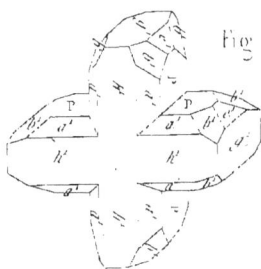

PLOMB CARBONATÉ.

Fig. 286.

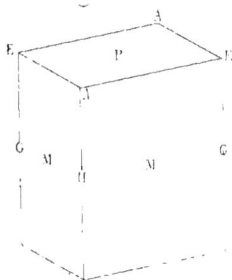

Fig. 287.

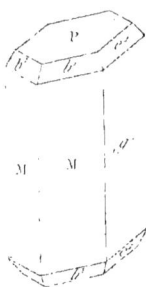

Fig. 288.

Fig. 289

Pl. 100.   QUATRIÈME CLASSE

PLOMB CARBONATÉ

Fig. 290

Fig. 291

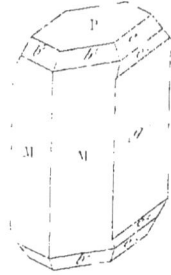

Fig. 292.

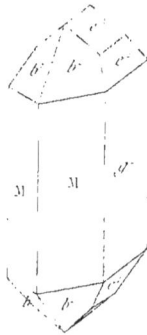

Fig. 293.

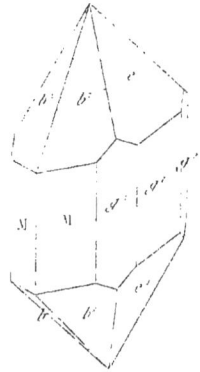

Fig. 294.

Fig. 295.

PLOMB CARBONATÉ.

Fig. 296.

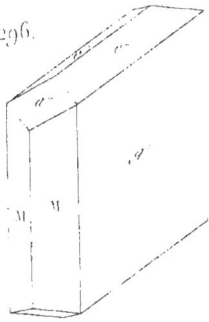

Fig. 297.

Fig. 298.

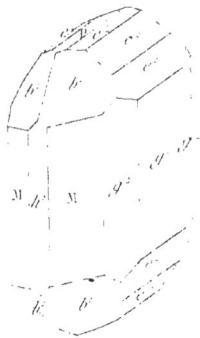

Fig. 299.

Fig. 300.

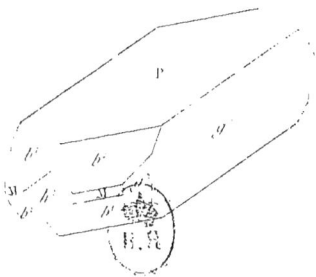

Fig. 301.

Pl. 102.   QUATRIÈME CLASSE

PLOMB CARBONATÉ.

Fig. 502.

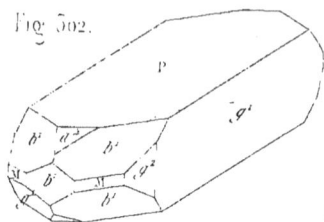

Fig. 503.

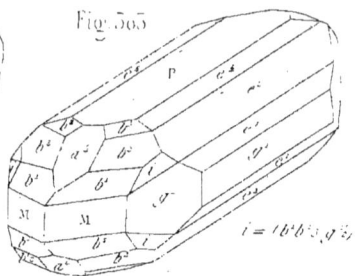

$i = 16^b b^3 : g^3$

Fig. 504.

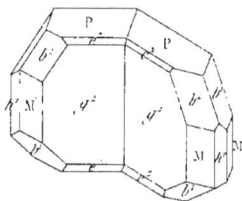

Fig. 505.

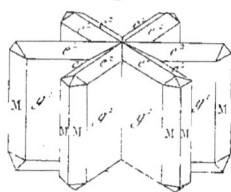

PLOMB SULFATO-TRICARBONATÉ.

Fig. 506

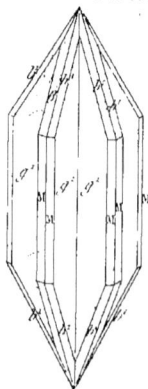

Fig. 507.

Fig. 508.

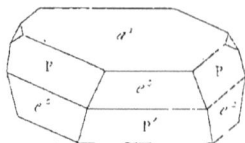

Fig. 509.

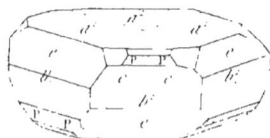

PLOMB SULFATÉ.

Fig. 510

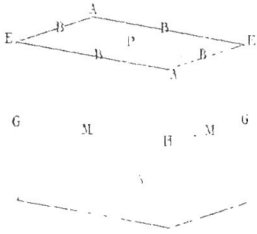

Fig. 511

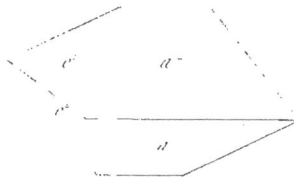

Fig. 512

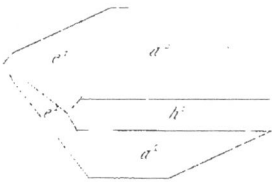

Fig. 513.

Fig. 514

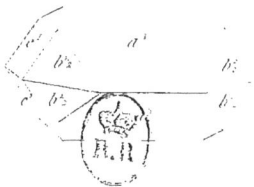

Fig. 515

Pl. 104.   QUATRIEME CLASSE

PLOMB SULFATÉ.

Fig. 516.

Fig. 517.

Fig. 518

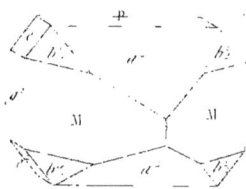

Fig. 519.

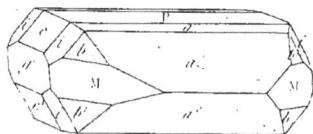

Fig. 520

Fig. 521

PLOMB SULFATÉ

Fig. 522.

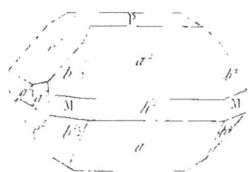

Fig. 525.

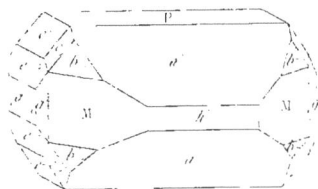

Fig. 524.

Fig. 525.

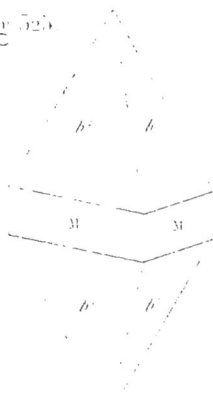

Fig. 526.

Fig. 527.

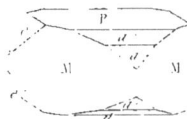

Fig. 528.

Fig. 529.

Pl. 106.

PLOMB SULFATO CARBONATÉ CUPRIFÈRE.

Fig. 350.

Fig. 351.

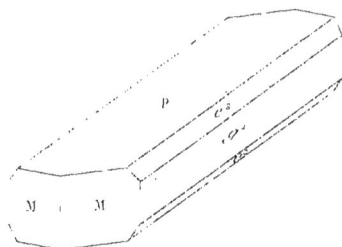

PLOMB SULFATÉ CUPRIFÈRE.

Fig. 352.

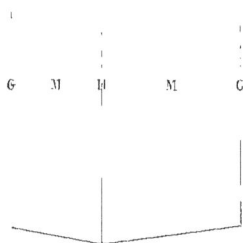

Fig. 353.

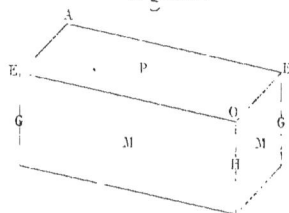

Fig. 334.

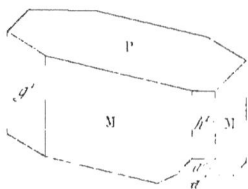

Fig. 355.

PLOMB PHOSPHATÉ.

Fig. 336.

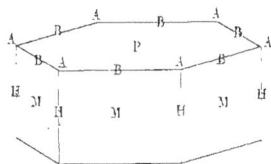

Fig. 337.

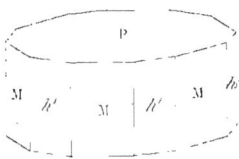

Fig. 338.

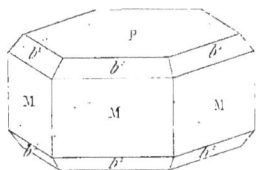

Fig. 339.

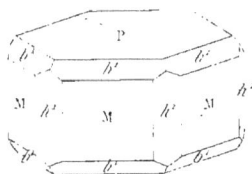

PLOMB ARSENIATÉ.

Fig. 340.

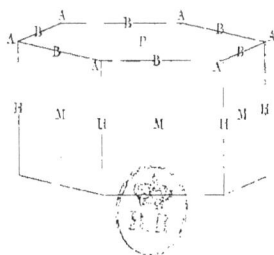

Fig. 341.

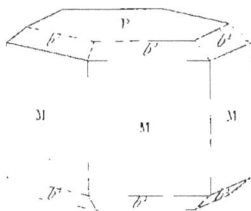

Pl. 108.   QUATRIÈME CLASSE.

PLOMB ARSÉNIATÉ.

Fig. 542.

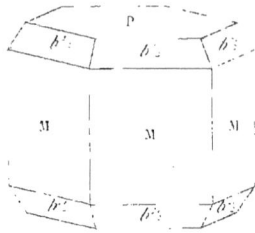

Fig. 543.

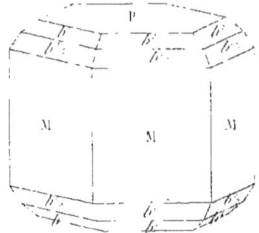

Fig. 544.

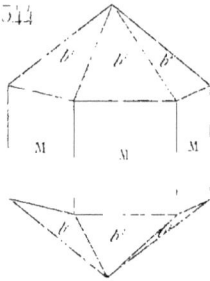

Fig. 545.

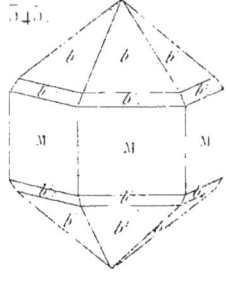

PLOMB CHLORO CARBONATÉ.

Fig. 546.

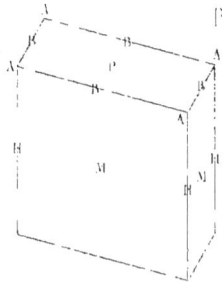

Fig. 547.

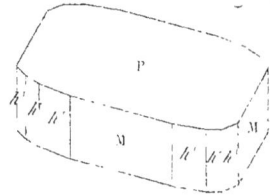

Fig. 549.

Fig. 550.

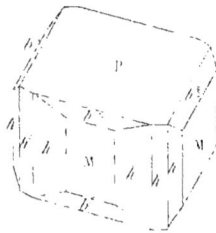

PLOMB CHROMATÉ.

Fig. 551.

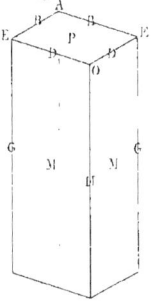

Fig. 552.

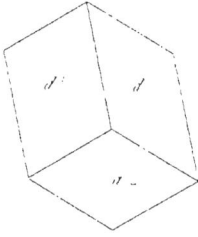

Fig. 548.   PLOMB CHLORO CARBONATÉ

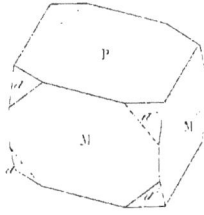

Fig. 553.

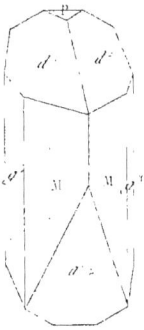

Fig. 554.

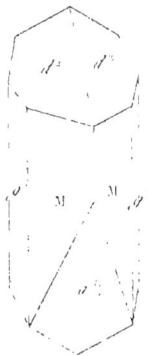

Fig. 555.

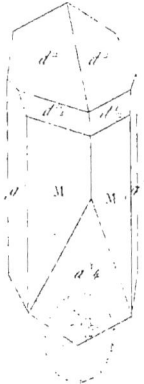

Fig. 556.

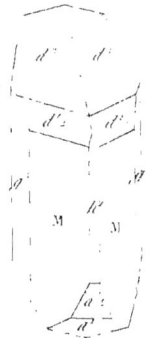

PLOMB CHROMATÉ.

Fig. 357.

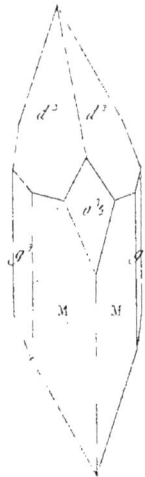

Fig. 358

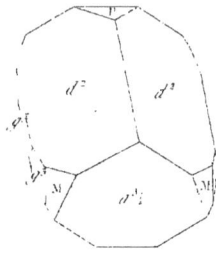

Fig. 359.

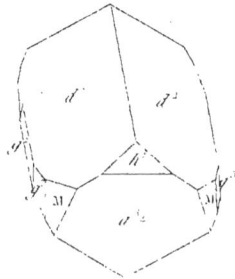

Fig. 360.

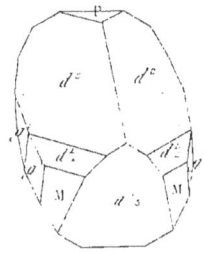

Fig. 361.

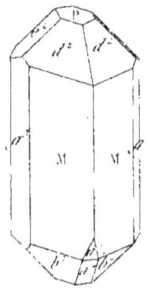

Fig. 362.

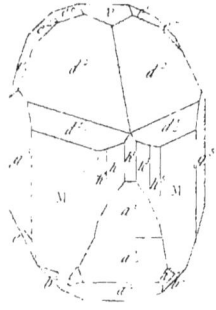

$i = b\,b\,b$.

VAUQUELINITE.

PLOMB CHROMÉ.

Fig. 563.

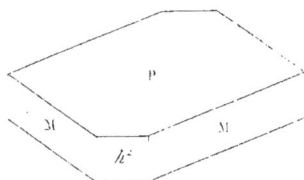

Fig. 564.

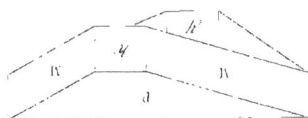

PLOMB MOLYBDATÉ

Fig. 565.

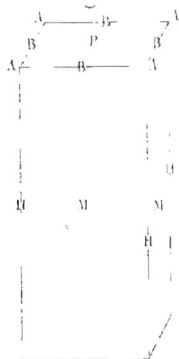

Fig. 566.

Fig. 567.

Fig. 568.

PLOMB MOLYBDATÉ

Fig. 569.

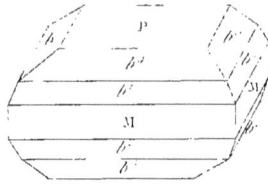

Fig. 570.

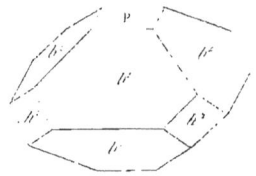

Fig. 571.

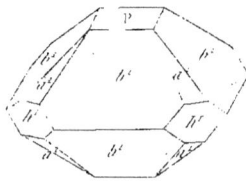

Fig. 572.

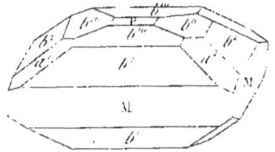

PLOMB TUNGSTATÉ.

Fig. 573.

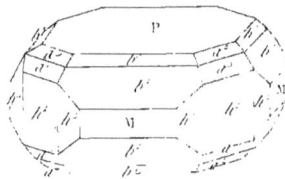

Fig. 574.

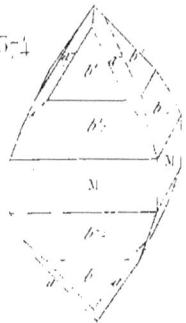

ÉTAIN OXIDÉ

Fig. 575.

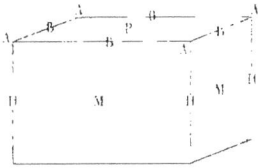

Fig. 576.

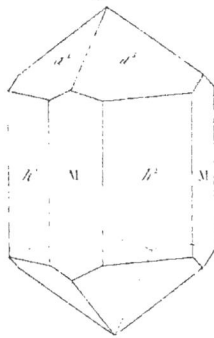

Fig. 577.

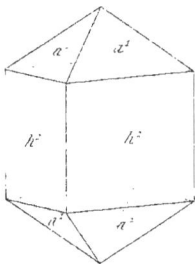

Fig. 578.

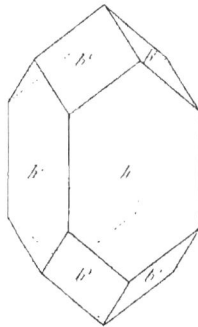

Fig. 579.

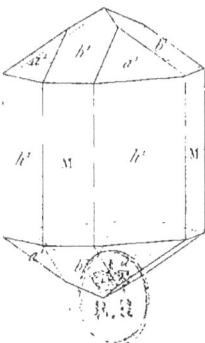

Fig. 580.

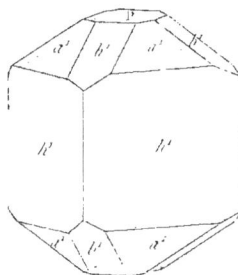

Pl. 114   QUATRIÈME CLASSE

ÉTAIN OXIDÉ.

Fig. 381.

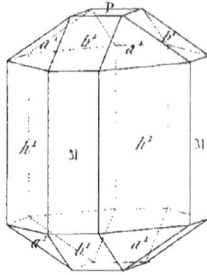

Fig. 582

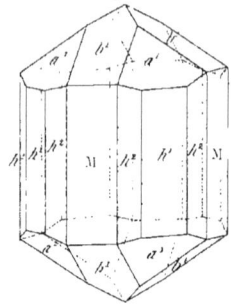

Fig. 383.

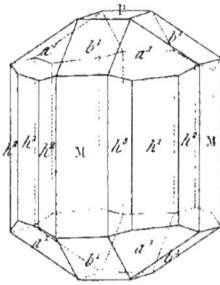

Fig. 384.

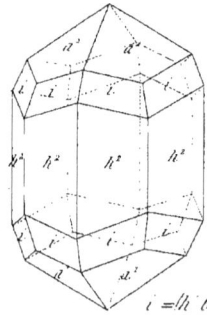

$i = h'b'$: b'

Fig. 585.

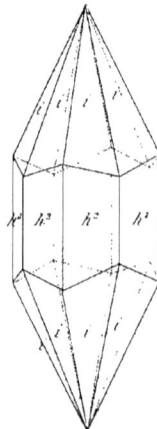

$i =$ $h^2 b'$: b^3

Fig. 386

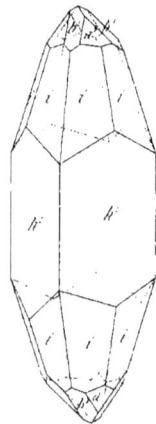

$i = h\ b'$: b'

ÉTAIN OXIDÉ.

Fig. 587.

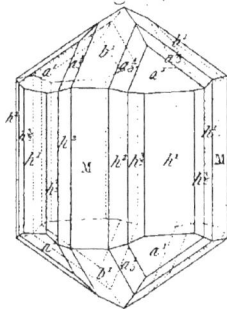

Fig. 588.

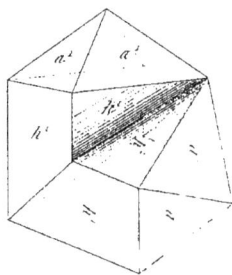

Fig. 589.

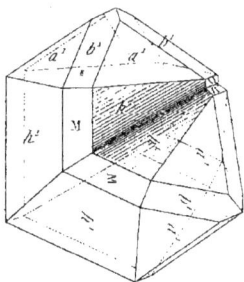

Fig. 590.

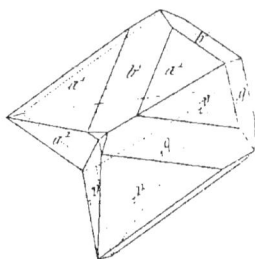

BISMUTH SILICATÉ.

Fig. 591.

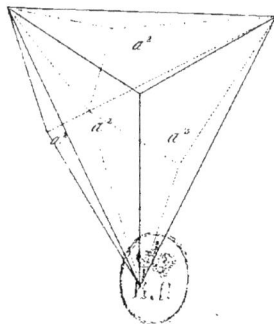

Fig. 592.

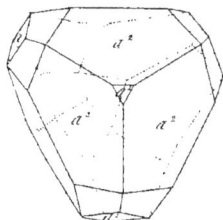

Pl. 116.

QUATRIÈME CLASSE

URANE PHOSPHATÉ

Fig. 593.

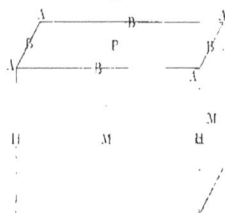

Fig. 594.

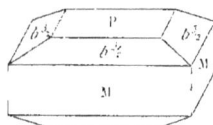

Fig. 595.

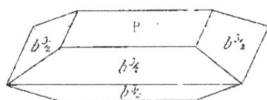

Fig. 596.

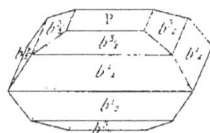

Fig. 597.

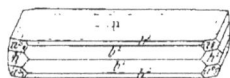

Fig. 598.

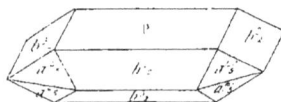

Fig. 599.

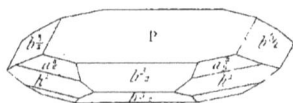

Fig. 400.

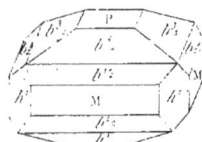

Pl. 117.

CUIVRE NATIF.

Fig. 401.

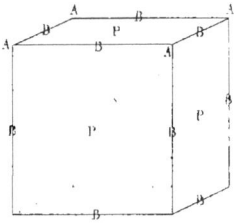

Fig. 402.

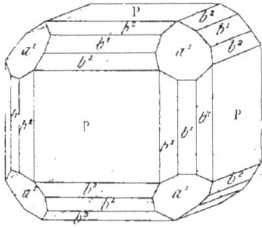

Fig. 403.

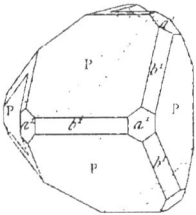

Fig. 404.

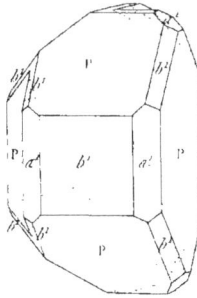

Fig. 405.

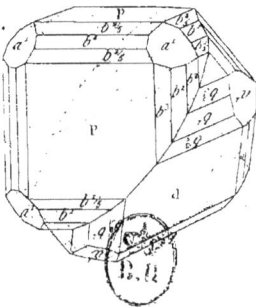

Fig. 406.

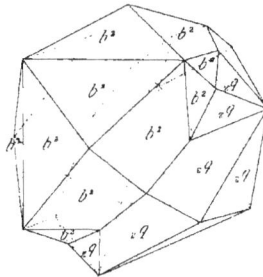

QUATRIÈME CLASSE

CUIVRE NATIF.

Fig. 407.

Fig. 408.

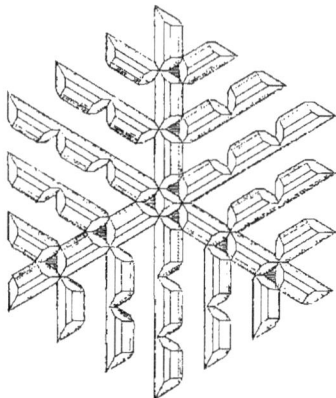

GROUPEMENT RÉGULIER DES CRISTAUX DE CUIVRE NATIF.

Fig. 407.bis

Fig. 408.bis

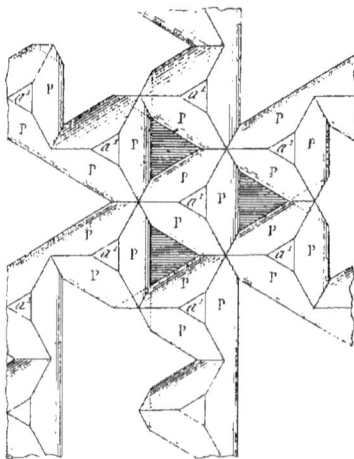
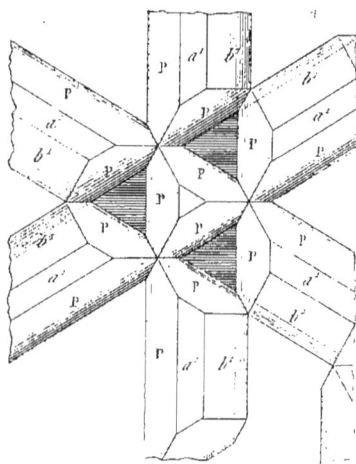

DÉTAIL MONTRANT LA POSITION RELATIVE DES CRISTAUX ACCOLÉS

CUIVRE SULFURÉ.

Fig. 409.

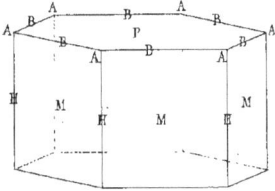

Fig. 410.

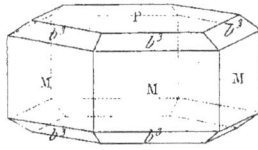

Fig. 411.

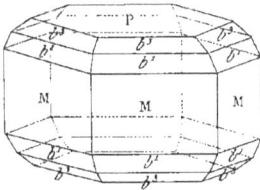

Fig. 412.

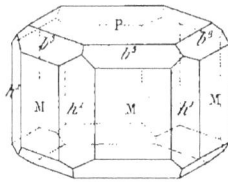

Fig. 413.

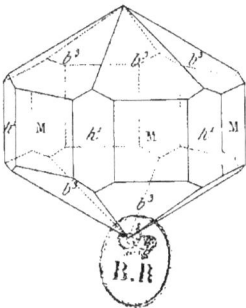

Fig. 414.

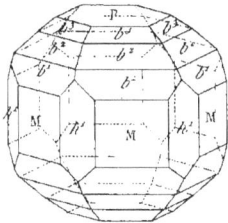

Lanmere del. Sc.

Pl. 120.   QUATRIÈME CLASSE

STROMÉYÉRINE

Fig. 415.

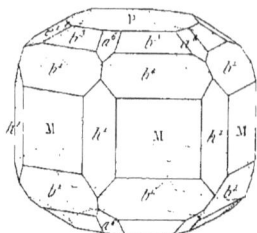

Fig. 416.

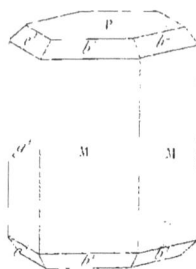

PHILLIPSITE.

Fig. 417

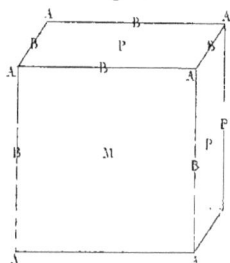

Fig. 418.

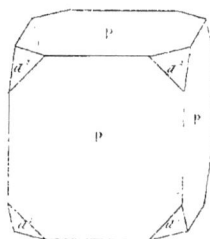

Fig. 419.

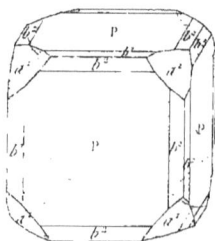

Fig. 420

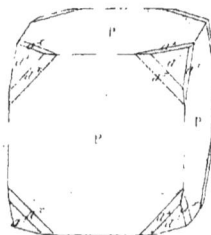

CUIVRE PYRITEUX.

Fig. 421.

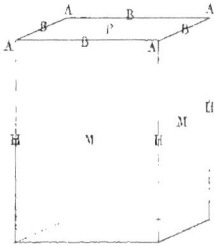

Fig. 422.

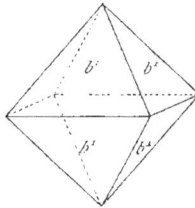

Fig. 423.

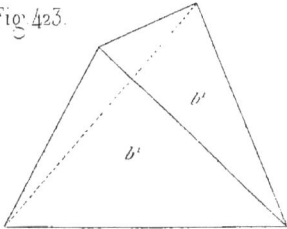

Fig. 424.

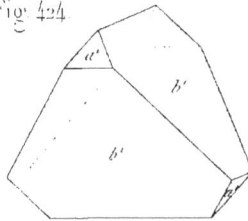

Fig. 425

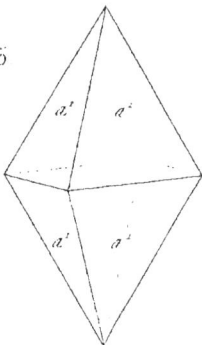

Fig. 426.

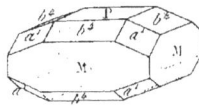

Fig. 427

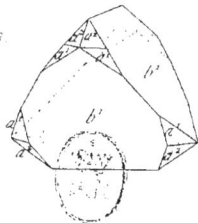

Fig. 428.

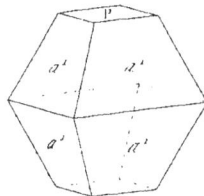

Pl.122.

QUATRIÈME CLASSE

CUIVRE PYRITEUX.

Fig.429

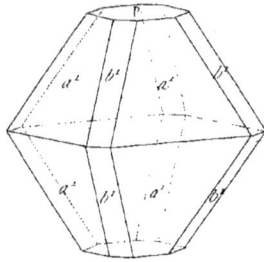

Fig.430.

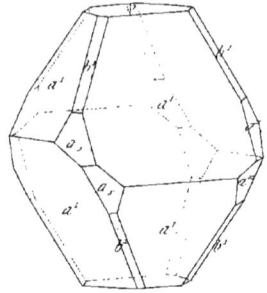

CUIVRE GRIS.

Fig.431.

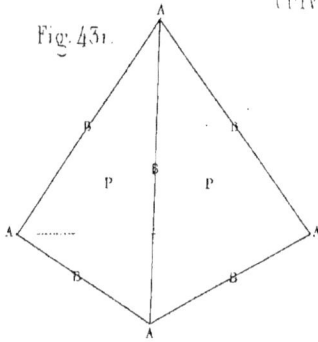

Fig.432.

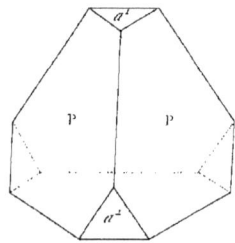

Fig.433.

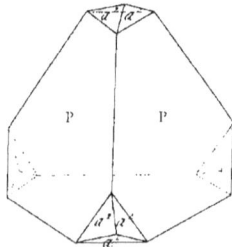

Fig.434.

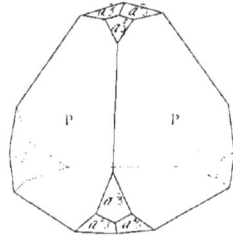

CUIVRE GRIS.

Fig. 435.

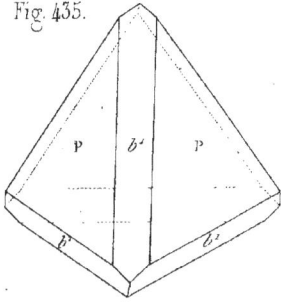

Fig. 436.

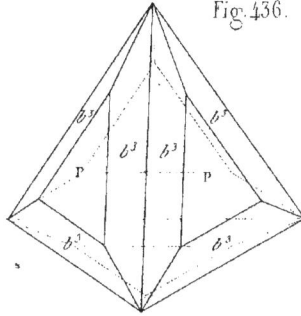

Fig. 437.

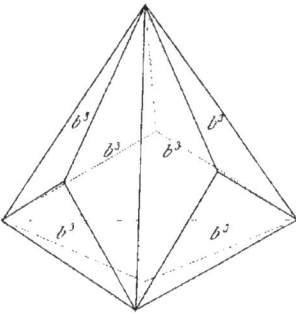

Fig. 438.

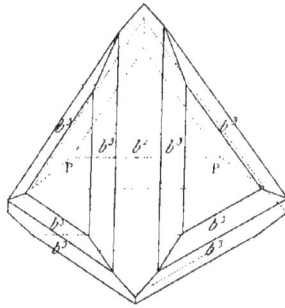

Fig. 439.

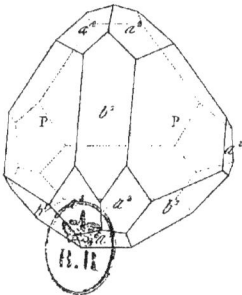

Fig. 440.

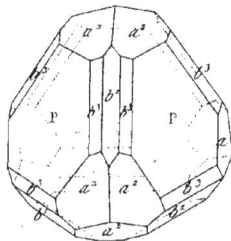

Pl. 124.   QUATRIÈME CLASSE

CUIVRE GRIS.

Fig. 441.

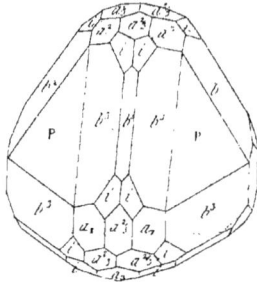

Fig. 442

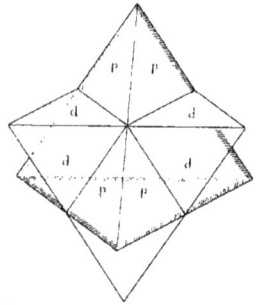

TENNANTITE

Fig. 445.

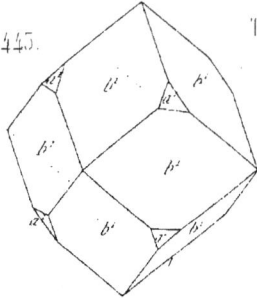

Fig. 444

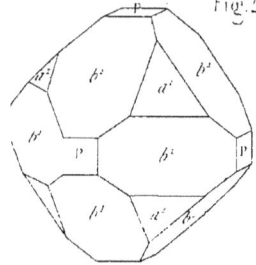

Fig. 443.

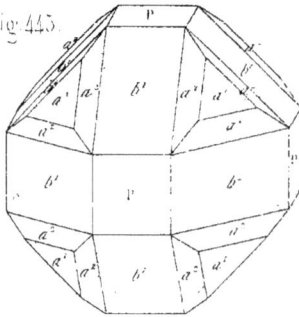

Fig. 446

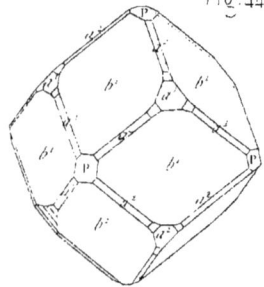

CUIVRE OXIDULÉ

Fig. 447

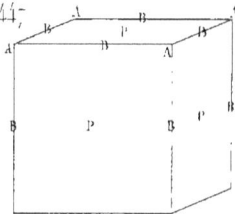

Fig. 448.

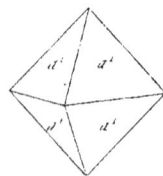

CUIVRE OXIDULÉ

Fig. 449

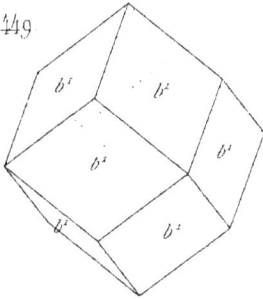

Fig. 450.

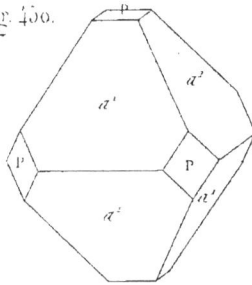

Fig. 451.

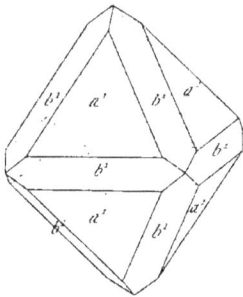

Fig. 452.

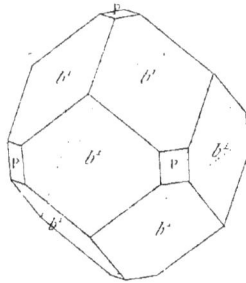

Fig. 453.

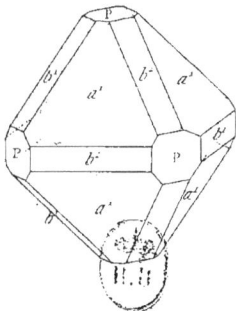

Fig. 454.

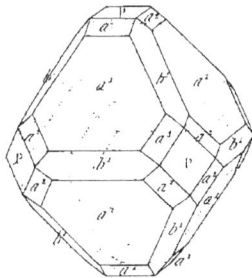

Lemaure del & sc.

Pl.126.

CUIVRE CARBONATÉ BLEU.

Fig.455.

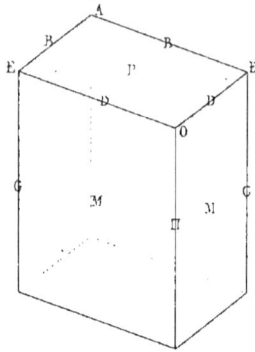

Fig.456.

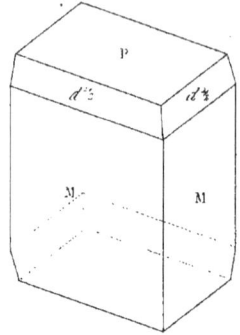

Fig.457.

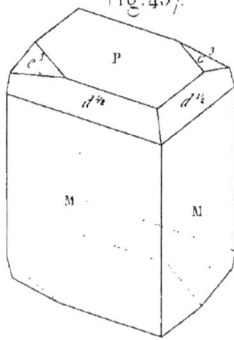

Fig.458.

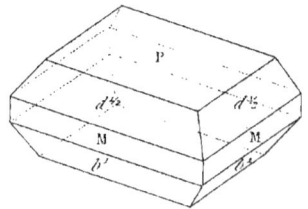

Fig.459.

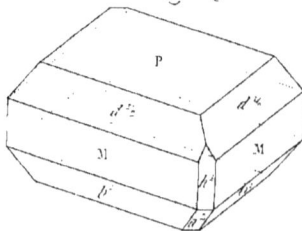

Fig.460.

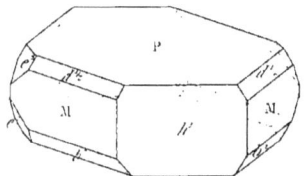

CUIVRE CARBONATÉ BLEU.

Fig. 461.

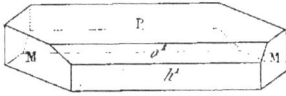

Fig. 462.

Fig. 463.

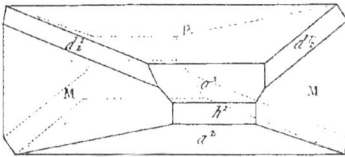

Fig. 464.

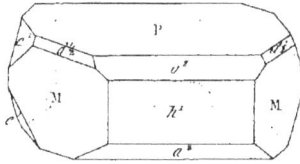

Fig. 465.

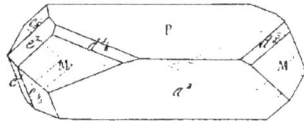

Fig. 466.

Fig. 467.

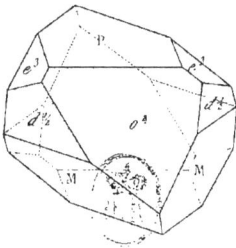

Fig. 468.

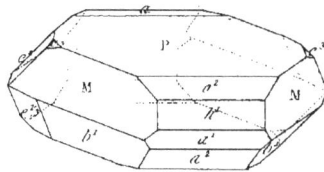

Lemaître del à sc.

Pl. 128.   QUATRIÈME CLASSE.

CUIVRE CARBONATÉ BLEU.

Fig. 469.

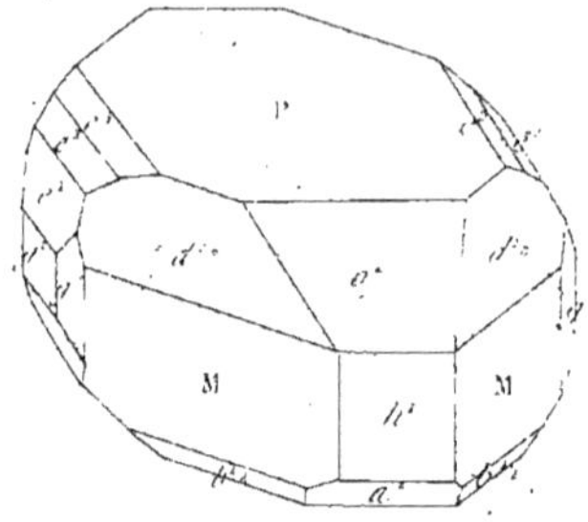

Fig. 470.

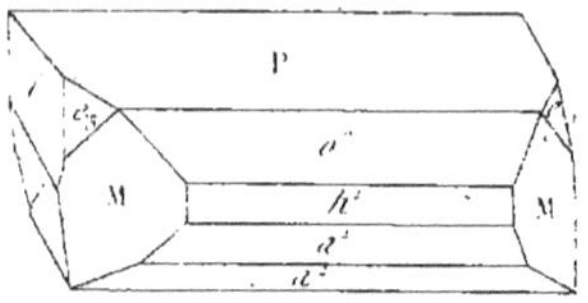

$i' = (b'^{.3} d'^{.3} q'^{.3})$

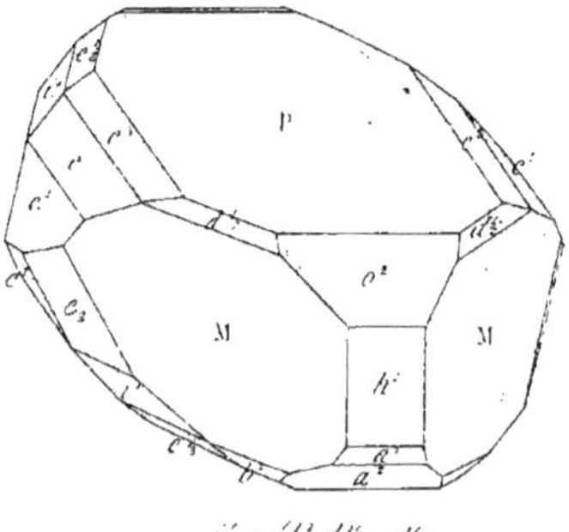

Fig. 471.

Fig. 472.

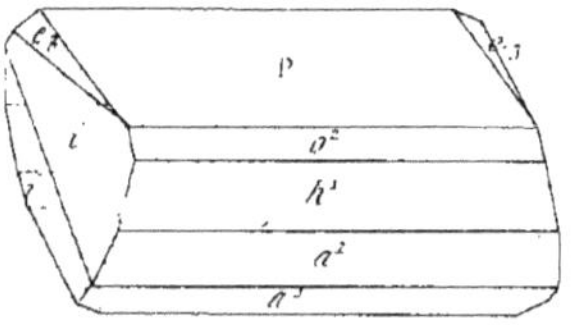

$i = (b'^{.3} d'^{.3} q'^{.3})$

$i'' = (b'' d'^{.3} q'^{.3})$

Fig. 473.

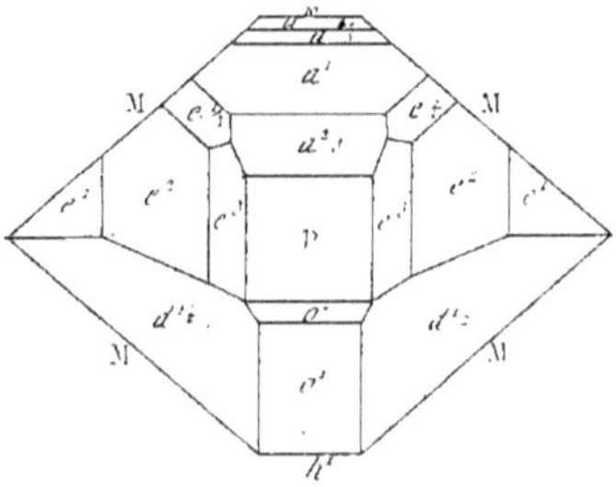

Fig. 474.

PLAN

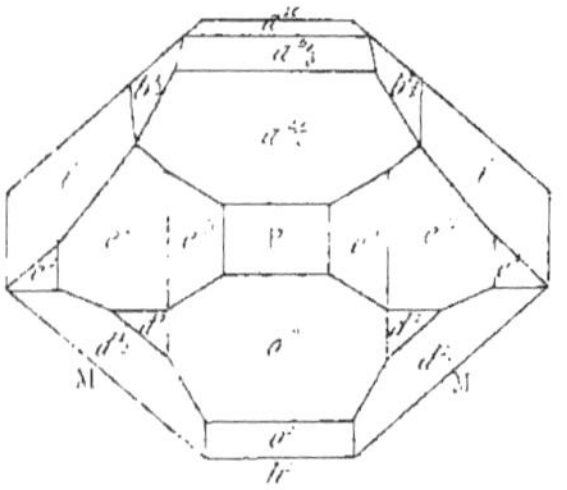

PLAN

CUIVRE CARBONATÉ VERT.
MALACHITE

Fig. 475.

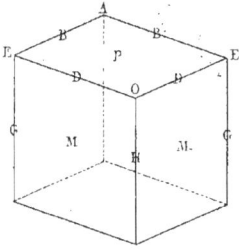

Fig. 476.

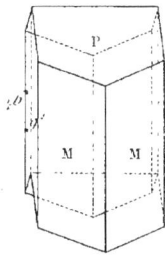

CUIVRE CHLORURÉ

Fig. 477.

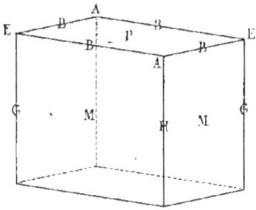

Fig. 478.

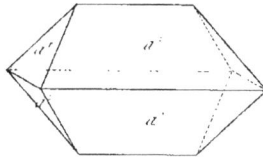

CUIVRE PHOSPHATÉ.

Fig. 480.

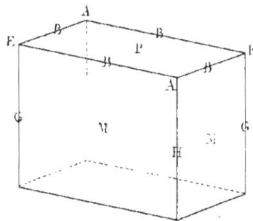

Fig. 479.

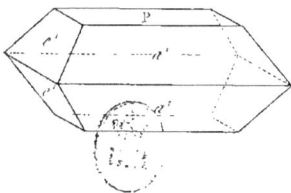

CUIVRE PHOSPHATÉ.

Fig. 481.

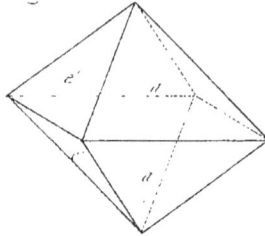

Fig. 482

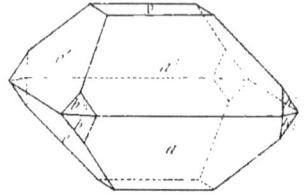

CUIVRE HYDRO-PHOSPHATÉ.

Fig. 483.

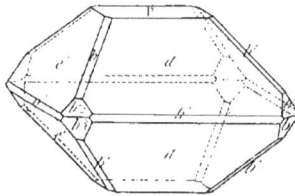

Fig. 484.

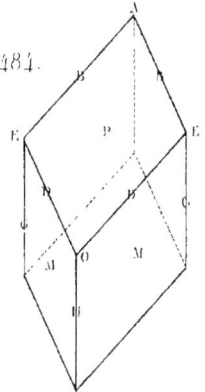

Fig. 485.

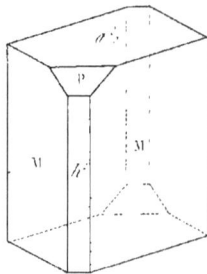

Fig. 486.

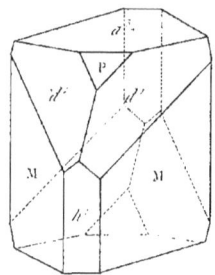

OLIVÉNITE

Fig. 487.

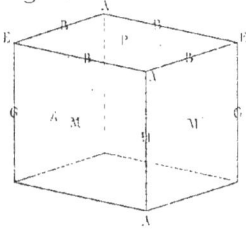

Fig. 488.

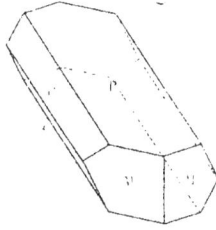

Fig. 489.

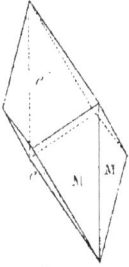

Fig. 490.

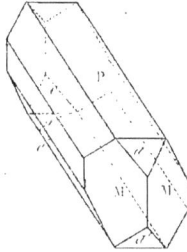

ÉRINITE.

Fig. 491.

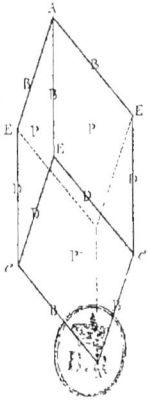

Fig. 492.

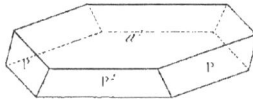

Pl 152   QUATRIÈME CLASSE.

ERINITE

Fig. 493.

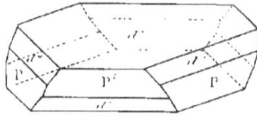

Fig. 494.

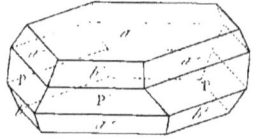

LIROCONITE.

Fig. 495.

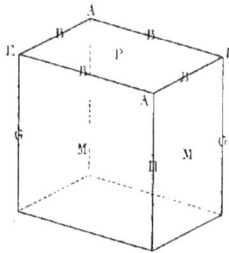

Fig. 496.

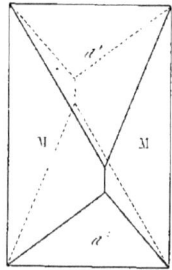

APHANÈSE

Fig. 497.

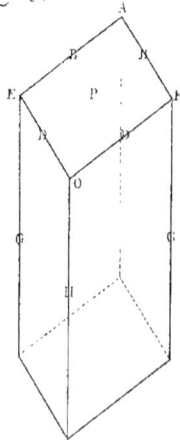

Fig. 498.

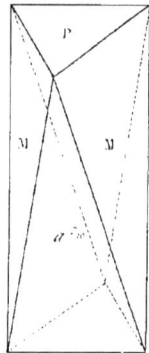

Fig. 499.

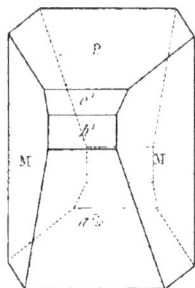

Fig. 500.

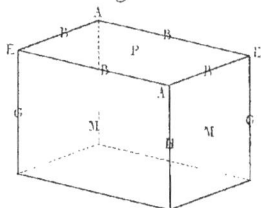

Fig. 501.

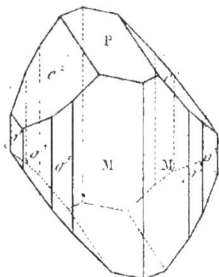

CUIVRE DIOPTASE.

Fig. 502.

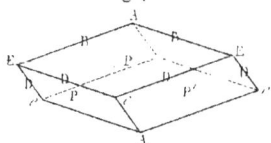

Fig. 503.

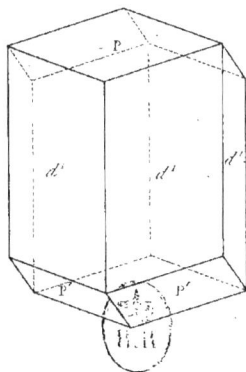

Fig. 504.

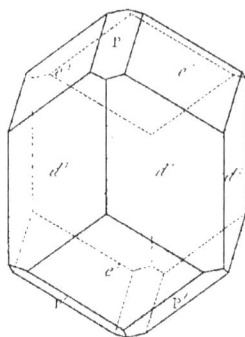

Pl. 154.   QUATRIÈME CLASSE.

BROCHANTITE.

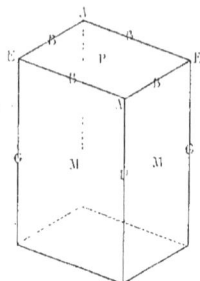

Fig. 505.

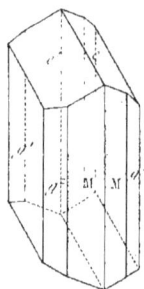

Fig. 506.

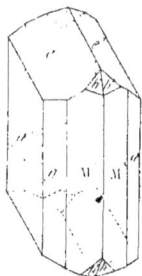

Fig. 507.

ARGENT NATIF.

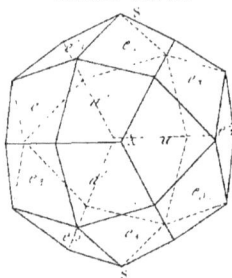

Fig. 508.

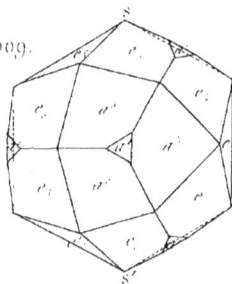

Fig. 509.

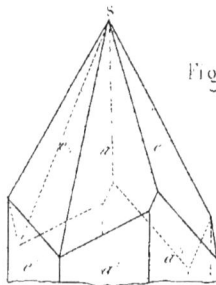

Fig. 510.

ARGENT AMALGAMÉ.

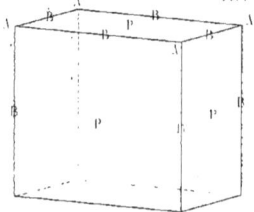

Fig. 511.

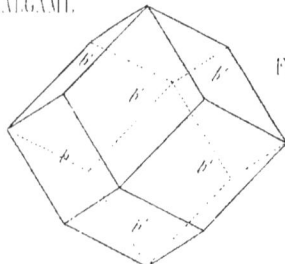

Fig. 512.

ARGENT AMALGAMÉ.

Fig. 513.

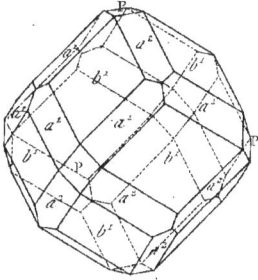

Fig. 514.

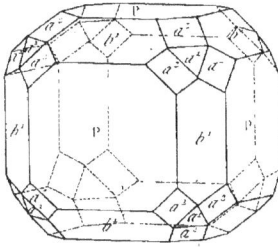

Fig. 515.

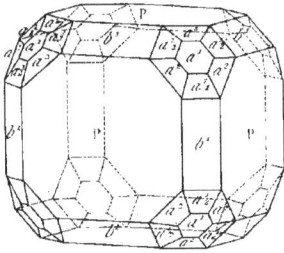

ARGENT ANTIMONIAL.

Fig. 516.

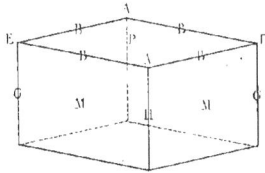

Fig. 517.

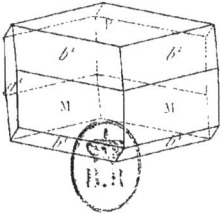

Fig. 518.

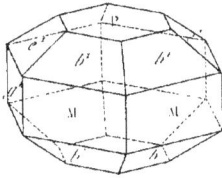

ARGENT SULFURÉ.

Fig. 519.

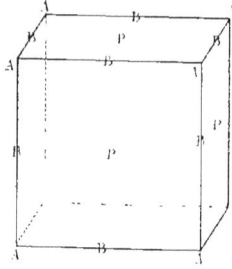

Fig. 520.

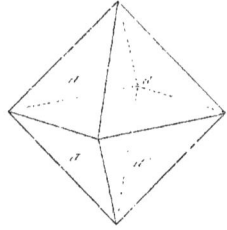

Fig. 521.

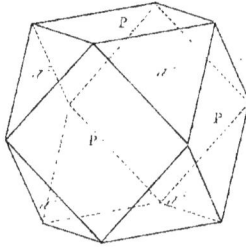

Fig. 522.

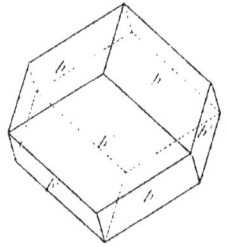

Fig. 523.

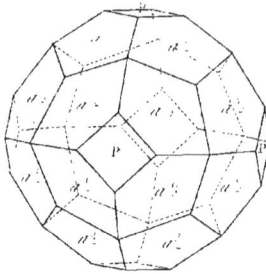

Fig. 524.

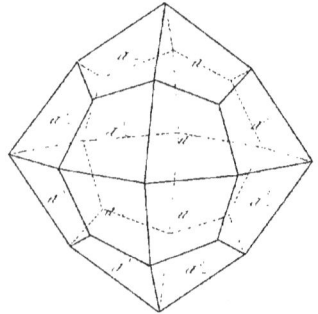

ARGENT SULFURÉ.

Fig. 525.

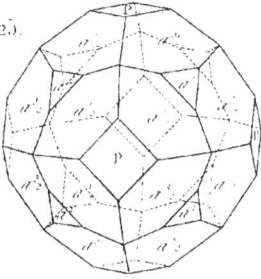

Fig. 526.

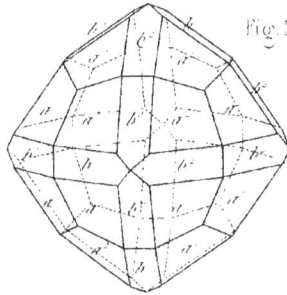

Fig. 527. ARGENT SULFURÉ FRAGILE.

SPRÖDGLASERZ.

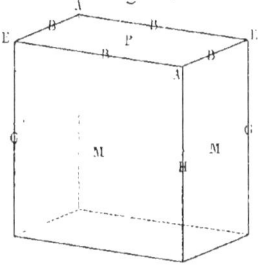

Fig. 528.

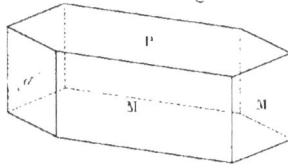

Fig. 529.

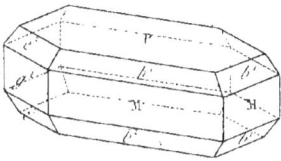

Fig. 530.

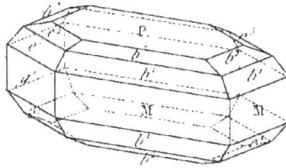

Fig. 531.

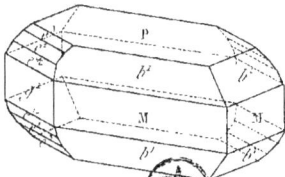

Fig. 532.

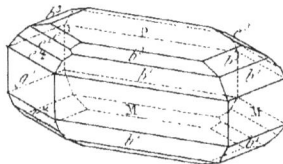

ARGENT SULFURÉ ANTIMONIFÈRE.

SCHILFGLASERZ

Fig. 533.

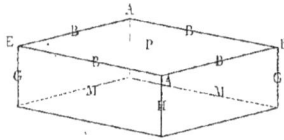

Fig. 554.

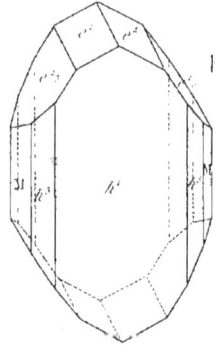

Fig. 555.

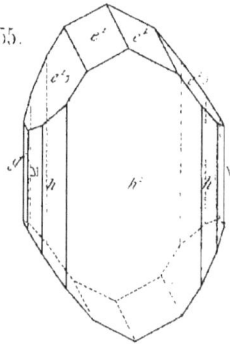

Fig. 556.

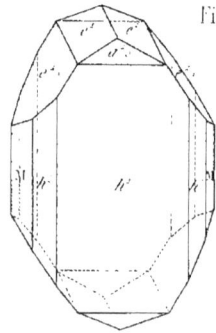

Fig. 557.

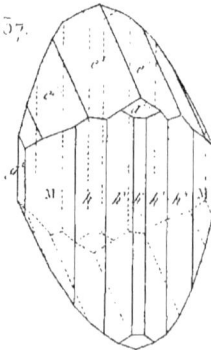

Fig. 558.

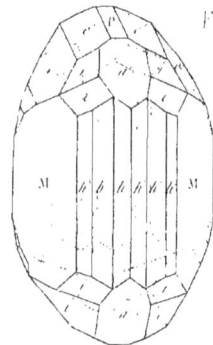

ARGENT SULFURÉ FLEXIBLE.

Fig. 539.

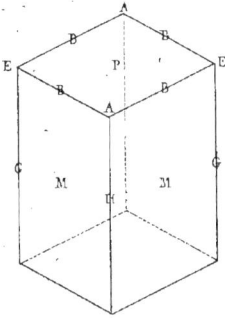

Fig. 540.

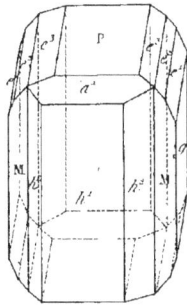

STERNBERGITE.

Fig. 541.

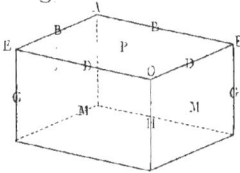

Fig. 542.

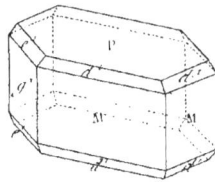

ARGENT ANTIMONIÉ SULFURÉ.

ARGENT ROUGE

Fig. 543.

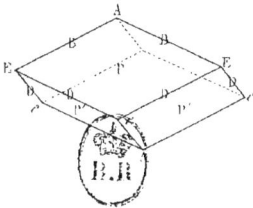

Fig. 544.

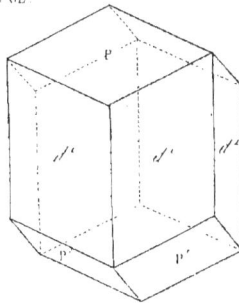

Pl. 140   QUATRIÈME CLASSE.

ARGENT ANTIMONIÉ SULFURÉ.

Fig. 545.
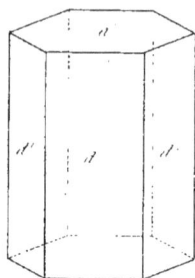

Fig. 546.
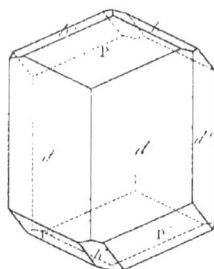

Fig. 547.
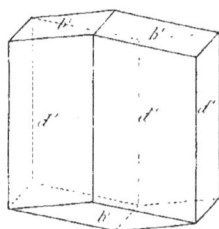

Fig. 548.
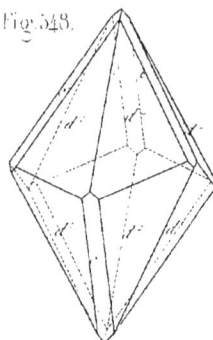

Fig. 549.
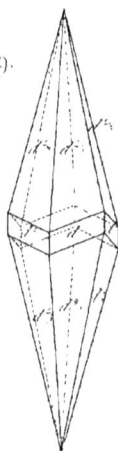

Fig. 550.
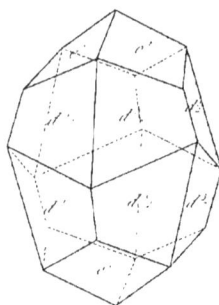

ARGENT ANTIMONIÉ SULFURÉ.

Fig. 551.

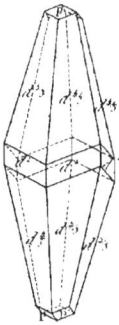

Fig. 552.

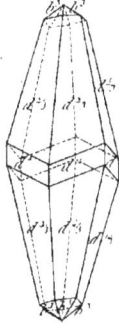

Fig. 553.

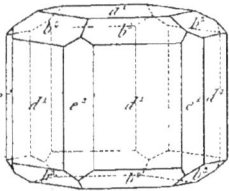

Fig. 554.

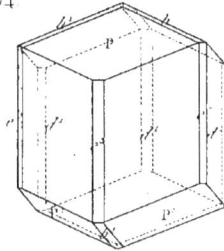

Fig. 555.

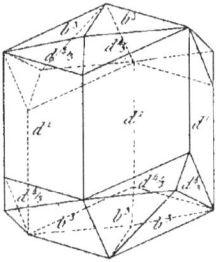

Fig. 556.

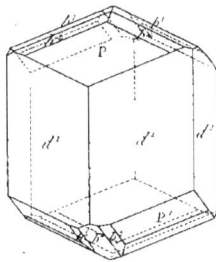

Fig. 557.

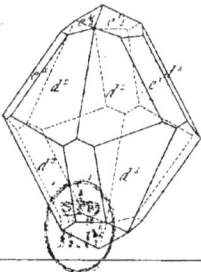

Fig. 558.

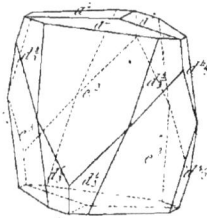

Pl. 142.   QUATRIÈME CLASSE.

ARGENT ANTIMONIÉ SULFURÉ

Fig. 559.

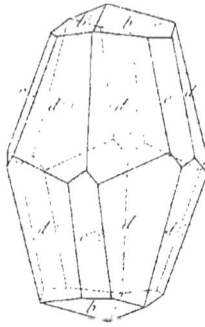

Fig. 560.

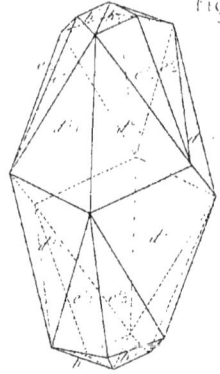

Fig. 561.

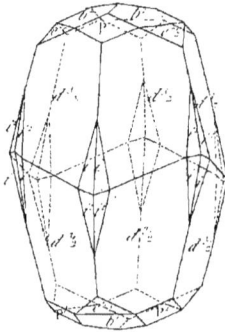

Fig. 562.

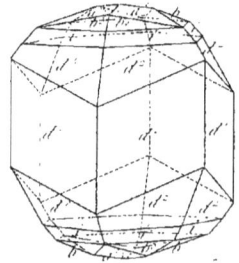

Fig. 563.

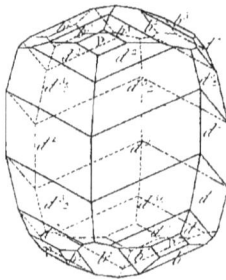

Fig. 564.

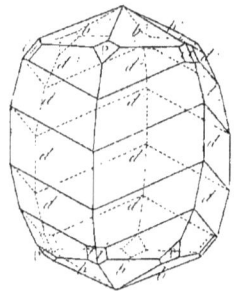

MIARGYRITE

ARGENT CHLORURÉ

Fig. 565.

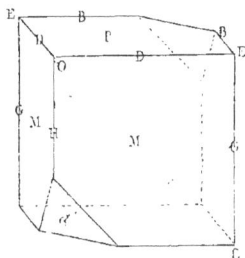

Fig. 566.

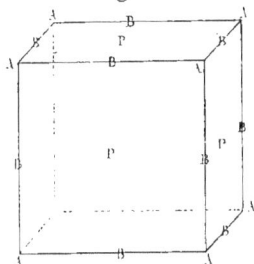

Fig. 567.

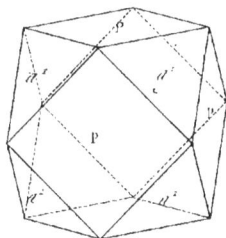

Fig. 568.

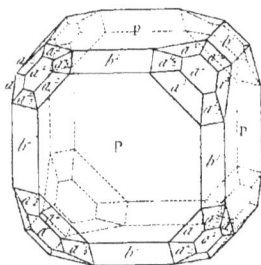

OR NATIF.

Fig. 569.

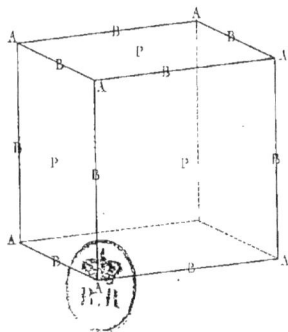

Fig. 570.

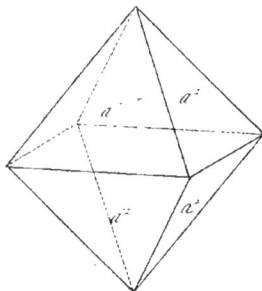

Pl. 144.   QUATRIÈME CLASSE.

OR NATIF.

Fig. 571.

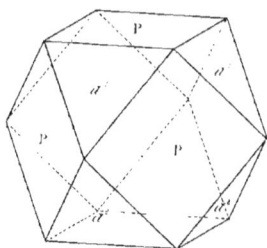

Fig. 572.

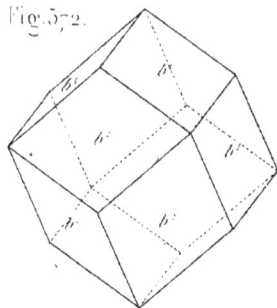

Fig. 573.

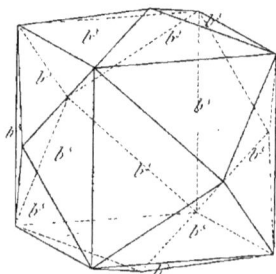

Fig. 574.

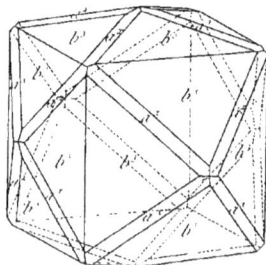

Fig. 575.

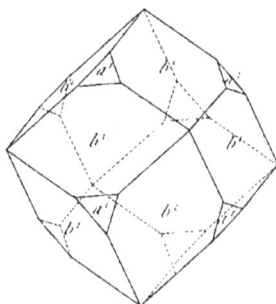

Fig. 576.

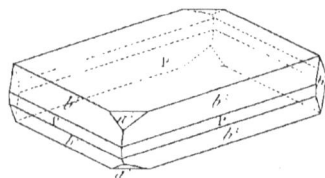

OR NATIF.

Fig. 577.

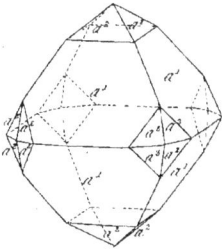

Fig. 578.

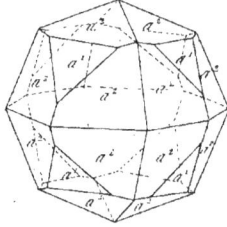

Fig. 579.

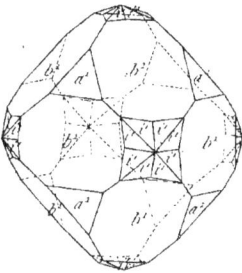

Fig. 580.

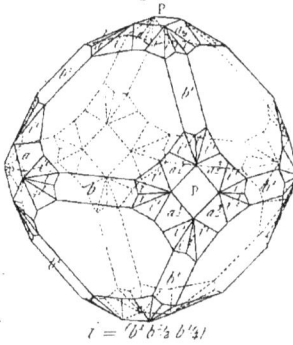

$$t = (b^2 \, b^{\frac{2}{3}}, \, b^4/3)$$

Fig. 581.

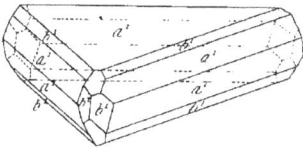

Fig. 582.

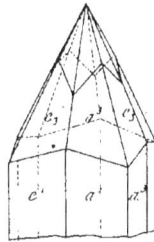

IRIDIUM NATIF.

Fig. 583.

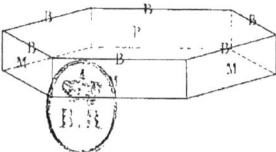

Fig. 584.

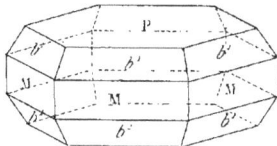

DIS. H .NE.

Fig. 1.
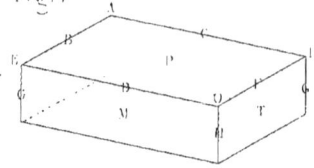

Fig. 2.
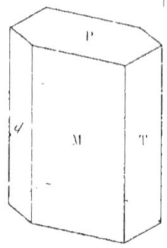

Fig. 3.
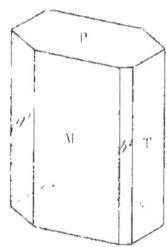

Fig. 4.
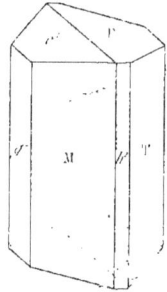

Fig. 5.
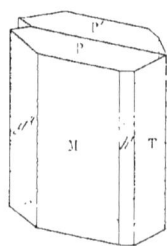

ANDALOUSITE.

Fig. 6.
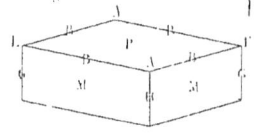

Fig. 7.
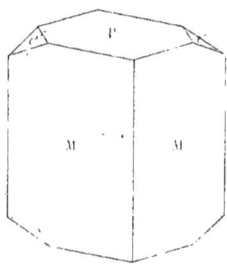

Fig. 8.
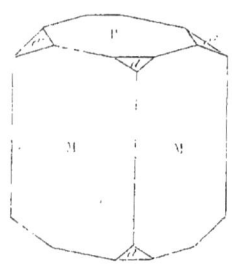

ANDALOUSITE.

Fig. 9.

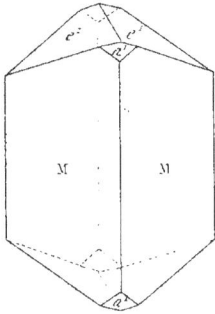

Fig. 10.

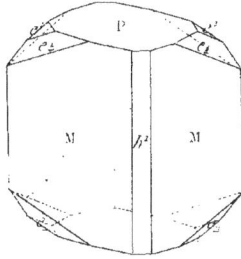

MACLES.

Fig. 11.

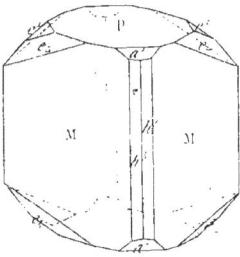

Fig. 12.

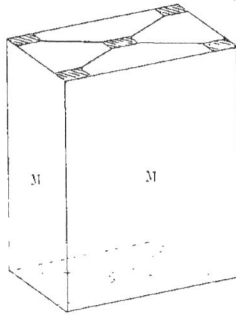

Fig. 13.

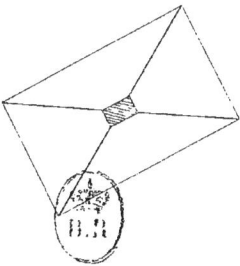

Fig. 12*.

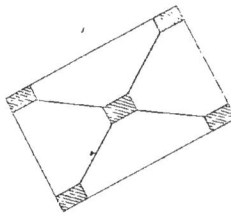

Pl. 148.

CINQUIÈME CLASSE.

MACLES.

Fig. 13.

Fig. 14.

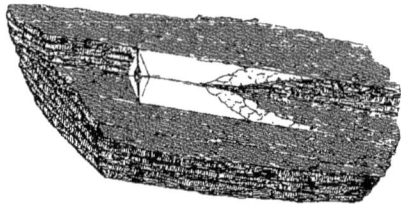
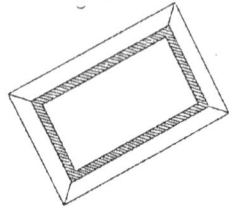

STAUROTIDE.

Fig. 16.

Fig. 17.

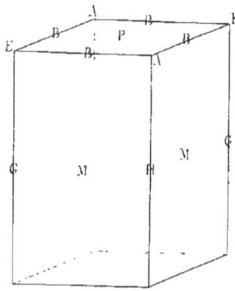
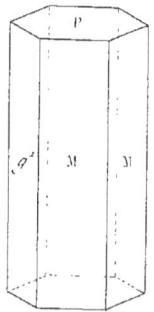

Fig. 18.

Fig. 19.

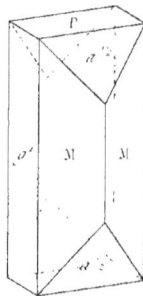
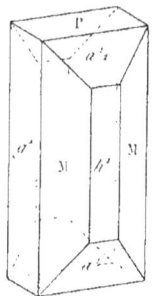

STAUROTIDE.

Fig. 20.

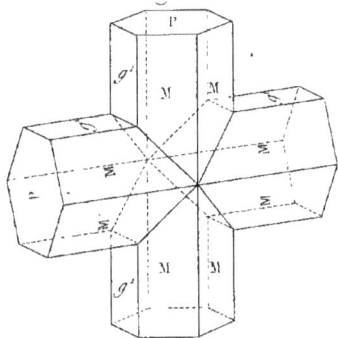

Fig. 21.

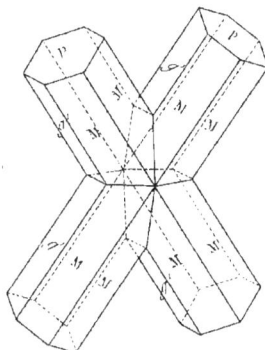

GRENATS.

Fig. 22.

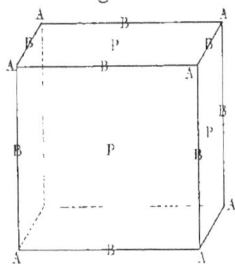

Fig. 23.

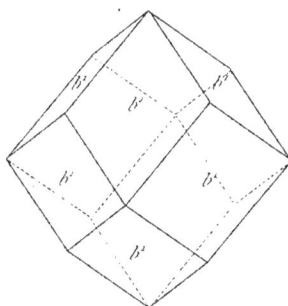

Fig. 24.

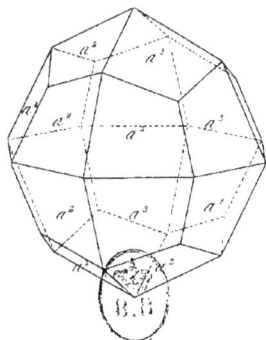

Fig. 25.

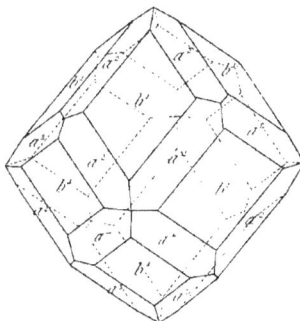

GRENATS.

Fig. 26.

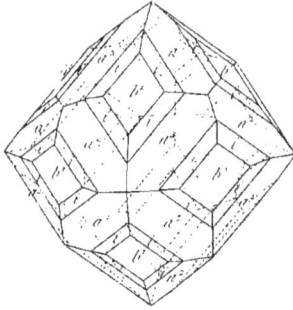

$t = (b^3 b^2 b^3)$

Fig. 27.

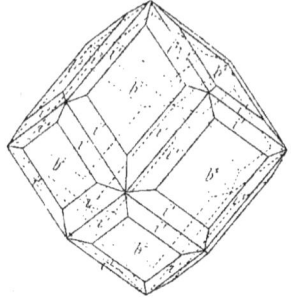

$t = (b^3 b^2 b^2)$

Fig. 28.

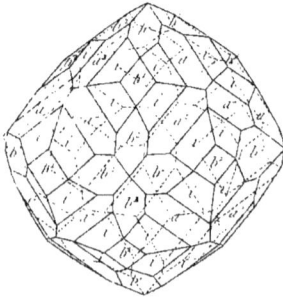

$t = (b^3 b^2 b^3)$

Fig. 29.

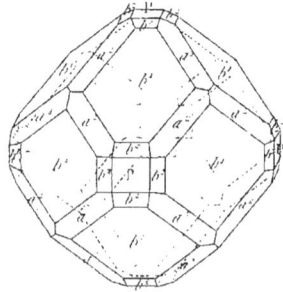

IDOCRASE.

Fig. 50.

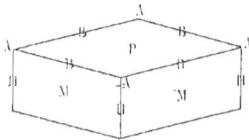

Fig. 51.

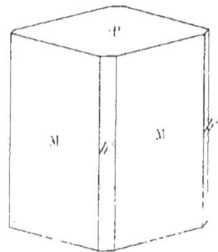

IDOCRASE.

Fig. 52.

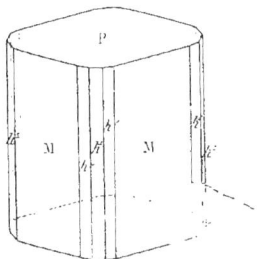

Fig. 53.

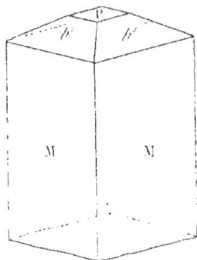

Fig. 54.

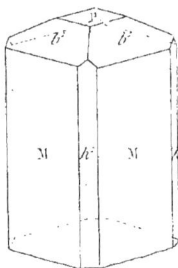

Fig. 55.

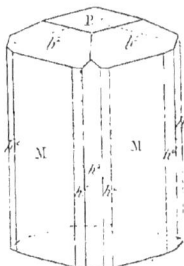

Fig. 56.

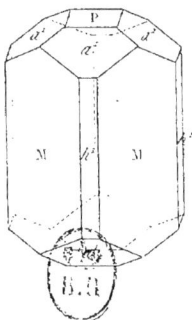

Fig. 57.

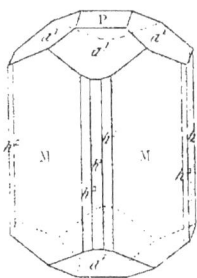

IDOCRASE.

Fig. 58.

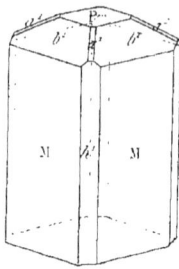

Fig. 59.

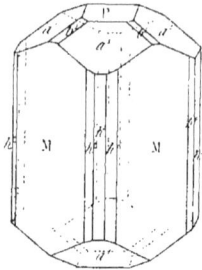

Fig. 40.

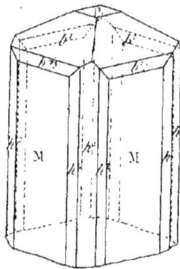

Fig. 41.

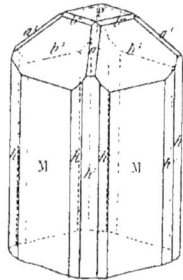

Fig. 42.

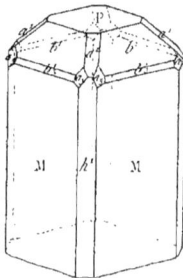

Fig. 45.

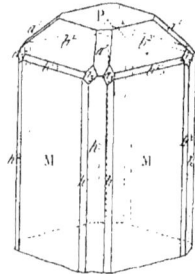

IDOCRASE.

Fig. 44.

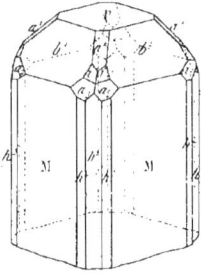

$i = (b' b'^2 h'^2)$

Fig. 45.

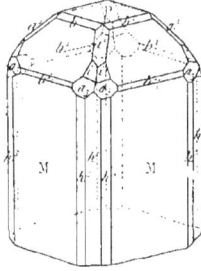

$i = b' b'^2 h'^2$

Fig. 46.

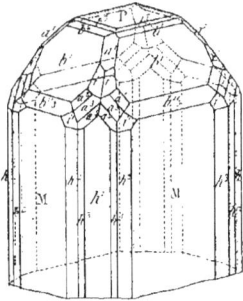

$i = (b' b'^2 h'^2)$
$i' = (b'^2 b'^3 h'^2)$

BUCKLANDITE.

Fig. 47.

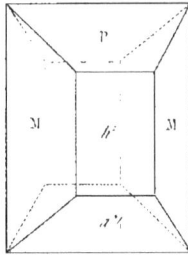

Fig. 46bis

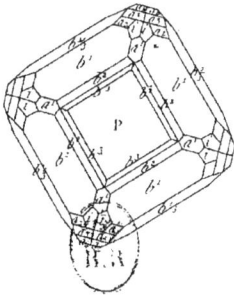

Fig. 48.

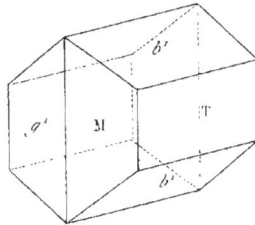

EPIDOTE.

Fig. 49

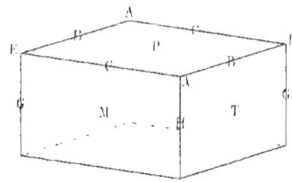

Fig. 50.

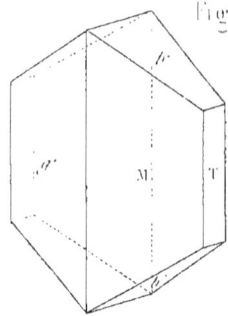

Fig. 51.

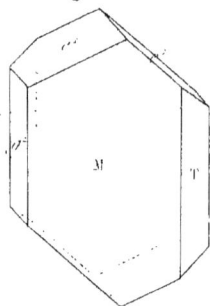

Fig. 52.

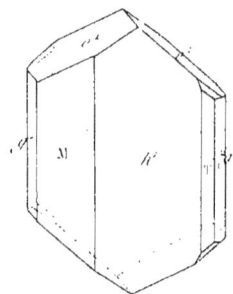

Fig. 53.

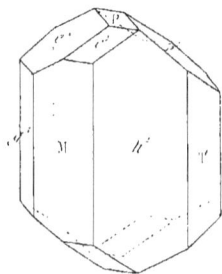

Fig. 54.

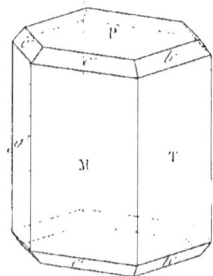

EPIDOTE.

Fig. 55.

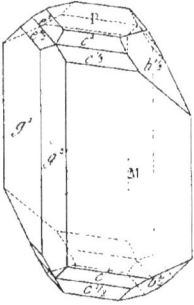

Fig. 56.

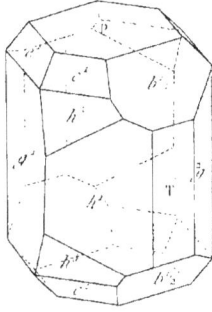

Fig. 57.

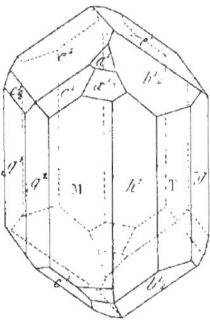

Fig. 58.

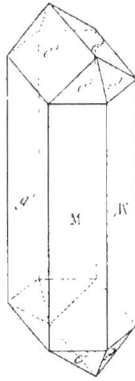

Fig. 59.

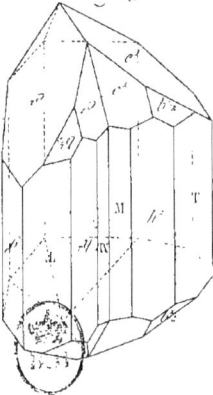

Fig. 60.

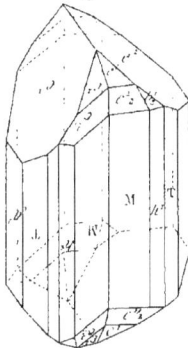

EPIDOTE.

Fig. 61.   Fig. 62.

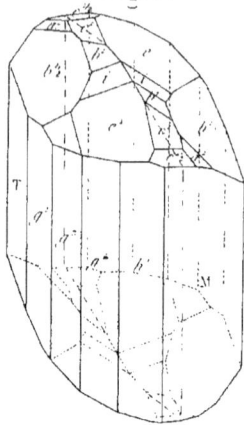

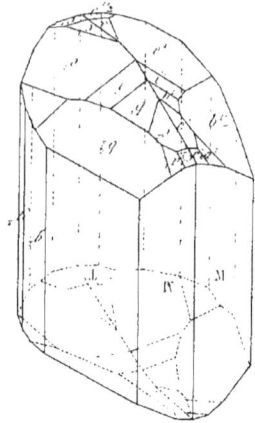

$t = (b^1 e^1 h^1)$

WERNÉRITE

PARANTHINE

Fig. 63.   Fig. 64.

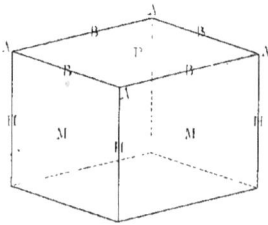

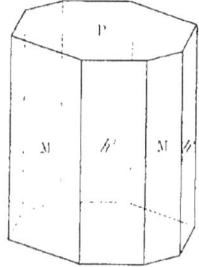

Fig. 65.   Fig. 66.

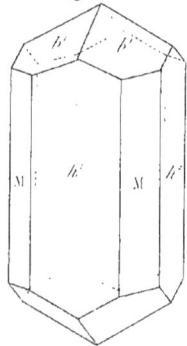

WERNÉRITE.

PARANTHINE

Fig. 67.

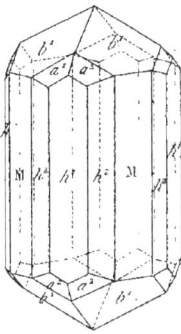

Fig. 68.

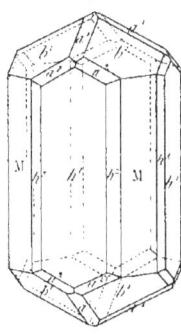

CORDIERITE.

DICHROÏTE

Fig. 69.

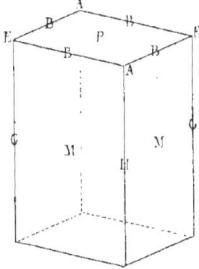

Fig. 70.

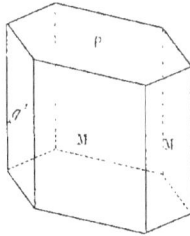

Fig. 71.

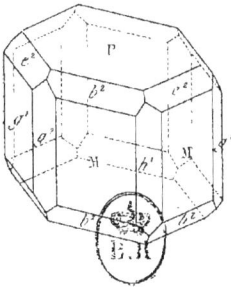

Fig. 72.

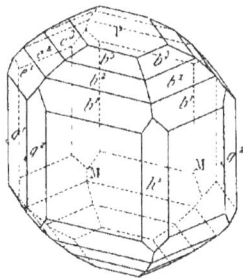

EMERAUDE

Fig. 73.

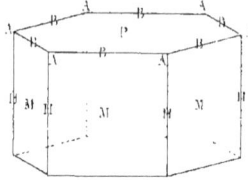

Fig. 74.

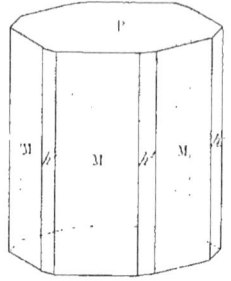

Fig. 75.

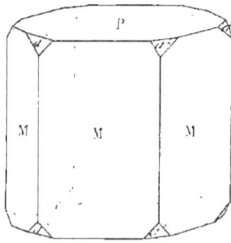

Fig. 76.

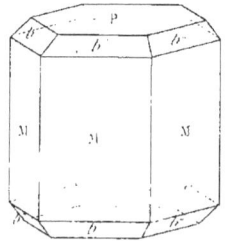

Fig. 77.

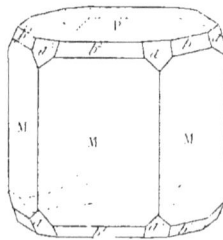

Fig. 78.

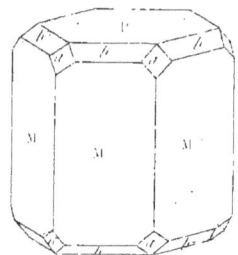

EMERAUDE.

Fig. 79.

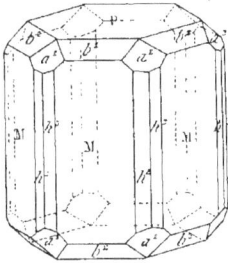

Fig. 80.

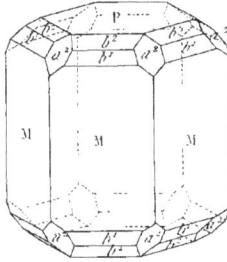

Fig. 81.

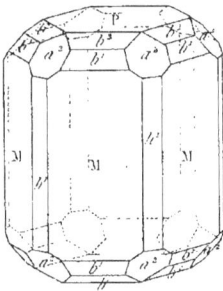

Fig. 82.

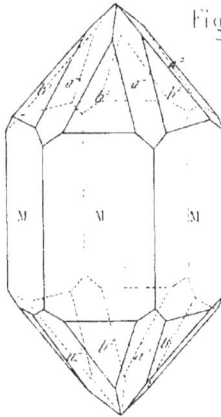

Fig. 83.

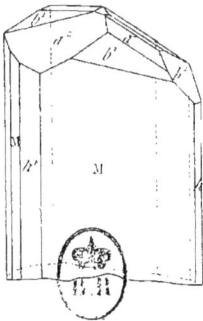

EUCLASE.

Fig. 84.

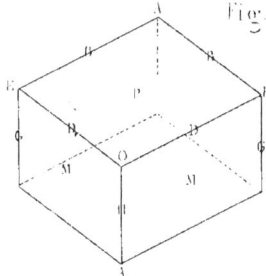

Pl. 160 . CINQUIÈME CLASSE.

EUCLASE.

Fig. 85.

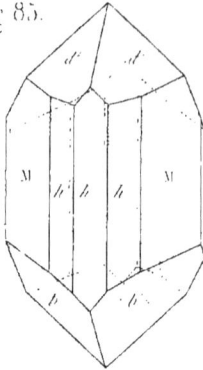

Fig. 86.

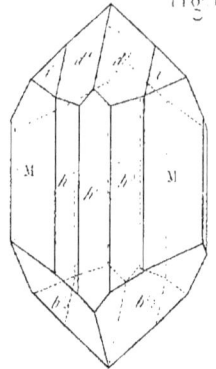

$t' = d' b' q'_2$

Fig. 87.

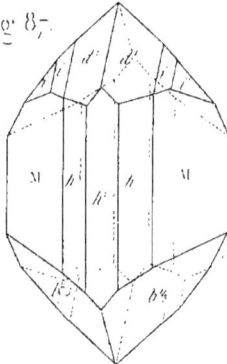

Fig. 88.

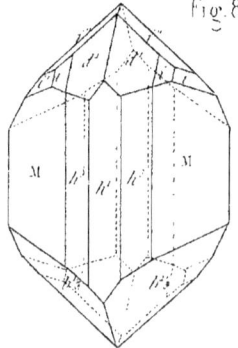

$t' = d' b' q'_2$

$t' = b' d' q'_2$

Fig. 89.

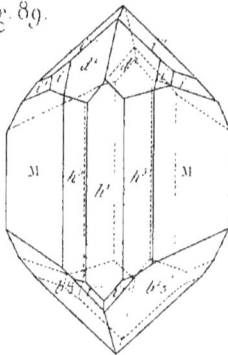

Fig. 90.

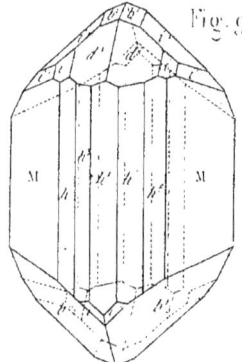

$t' = b' h^3 h^2$

$t = b' d'_2 q$

Fig. 91.

Fig. 92.

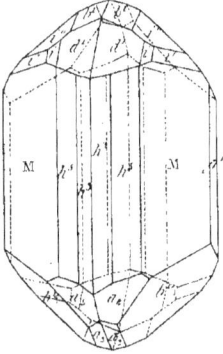

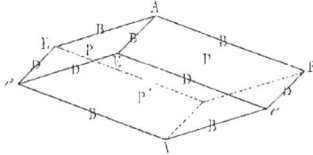

Fig. 93.

Fig. 94.

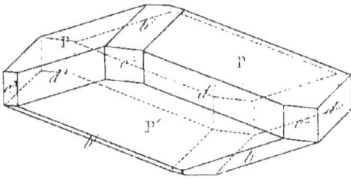

Fig. 95.

Fig. 96.

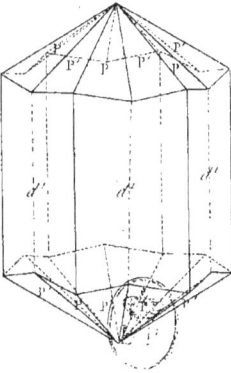

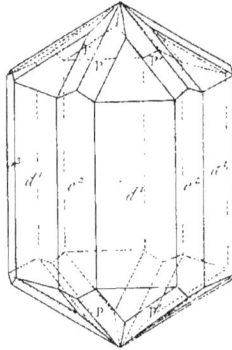

Pl. 162.   CINQUIÈME CLASSE.

FELDSPATH.
ORTHOSE

Fig. 97.

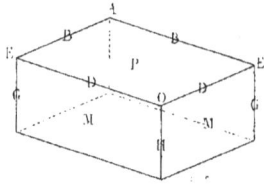

Fig. 98

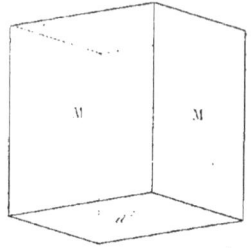

Fig. 99.

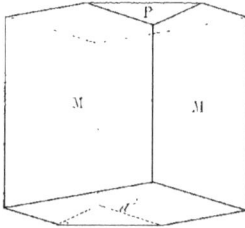

Fig. 100

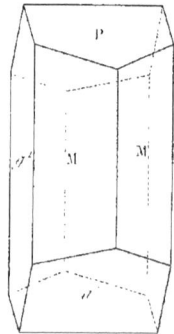

Fig. 101.

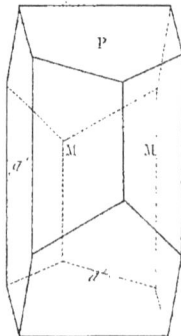

Fig. 102

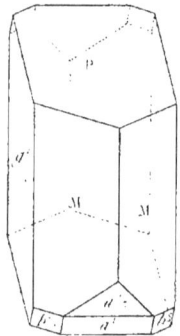

FELDSPATH.

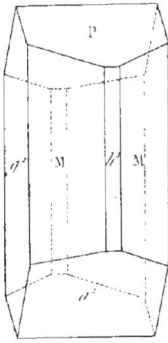

Fig. 103.

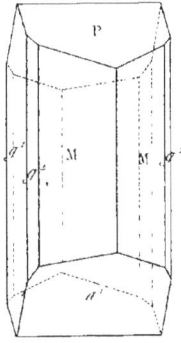

Fig. 104.

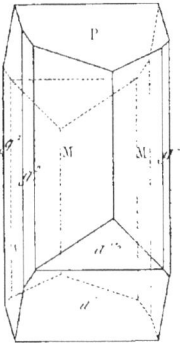

Fig. 105.

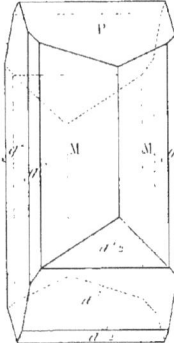

Fig. 106.

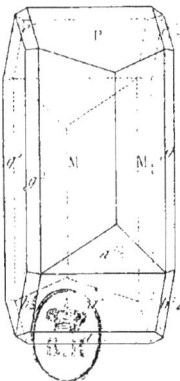

Fig. 107.

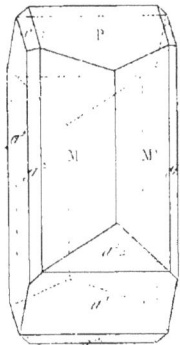

Fig. 108.

Pl 164.　　　　　CINQUIÈME CLASSE.

FELDSPATH.

Fig. 109.

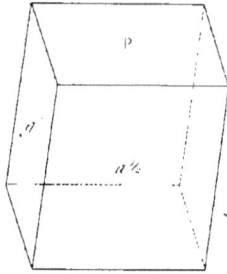

Fig. 110

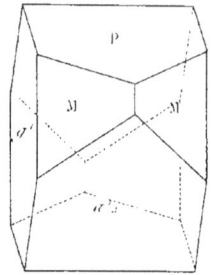

Fig. 111.

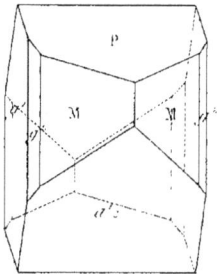

Fig. 112.

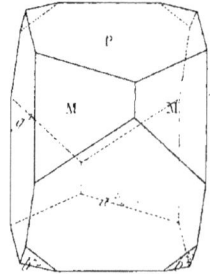

Fig. 113.

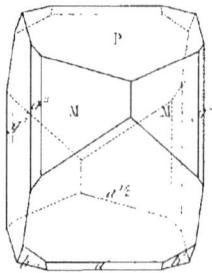

Fig. 114

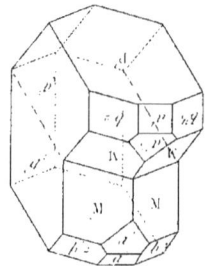

FELDSPATH.

Fig. 115.

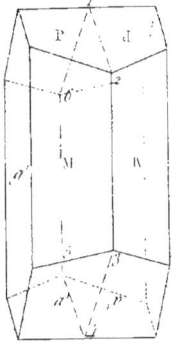

Fig. 116.

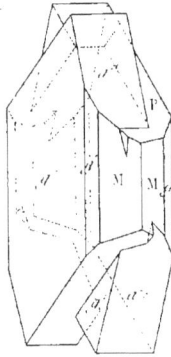

Fig. 117.

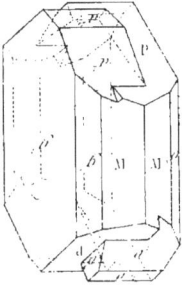

Fig. 118

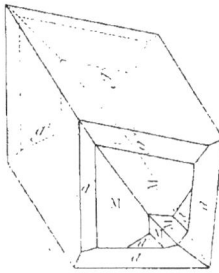

Fig. 119.

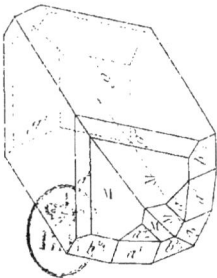

Fig. 120.

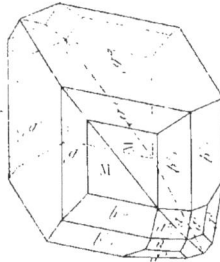

FELDSPATH.

Fig. 121.

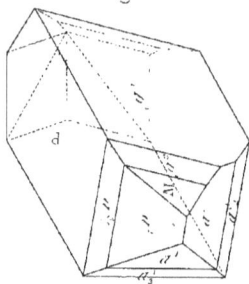

Fig. 122

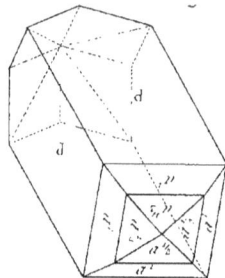

ALBITE.

Fig. 123.

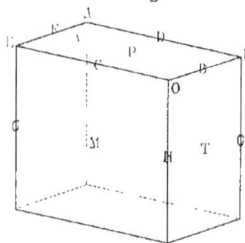

Fig. 124.

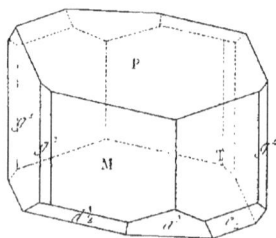

Fig. 125

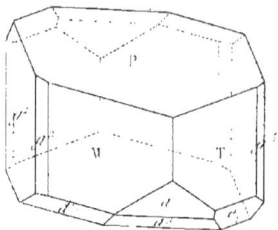

Fig. 126.

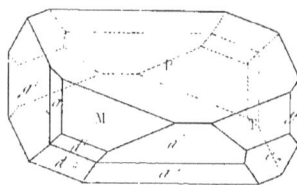

ALBITE.

Fig. 127.

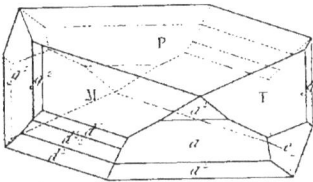

Fig. 128.

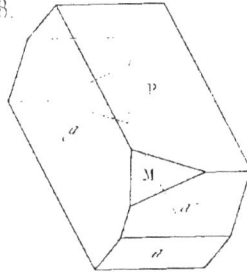

Fig. 129.

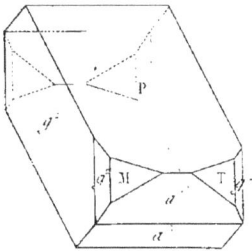

Fig. 130.

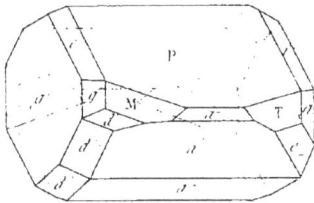

Fig. 131.

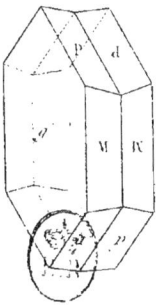

Fig. 132.

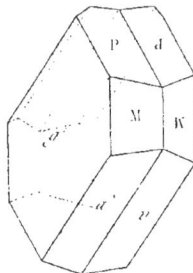

Pl. 168.   CINQUIÈME CLASSE.

ALBITE

Fig. 153.

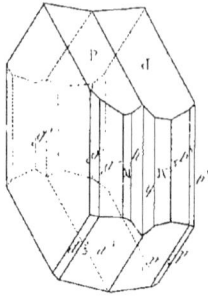

Fig. 154.

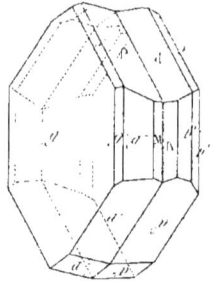

Fig. 155.

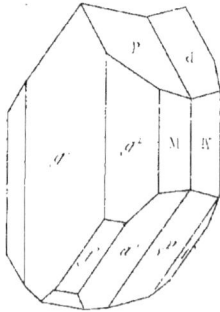

Fig. 156.

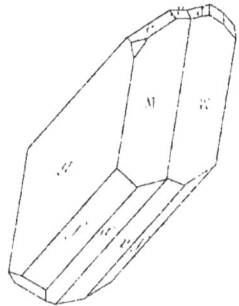

Fig. 157.

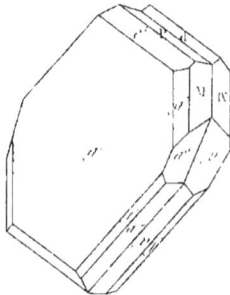

Fig. 158

TÉTARTINE.

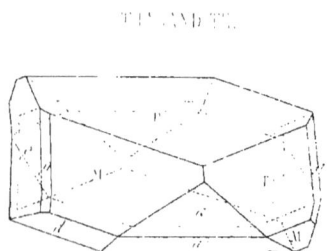

ALBITE.

Fig. 139.

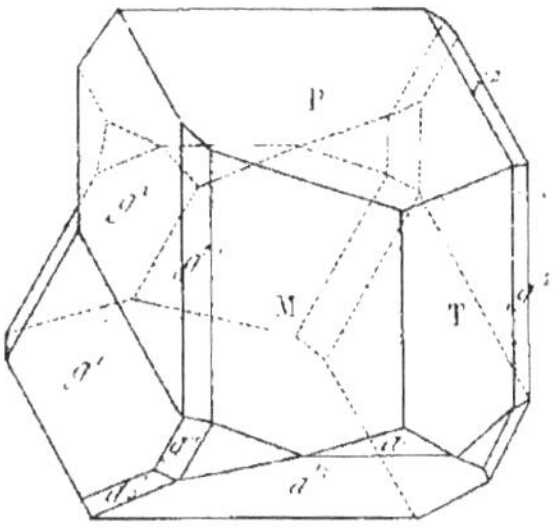

Fig. 140.

PERICLINE.

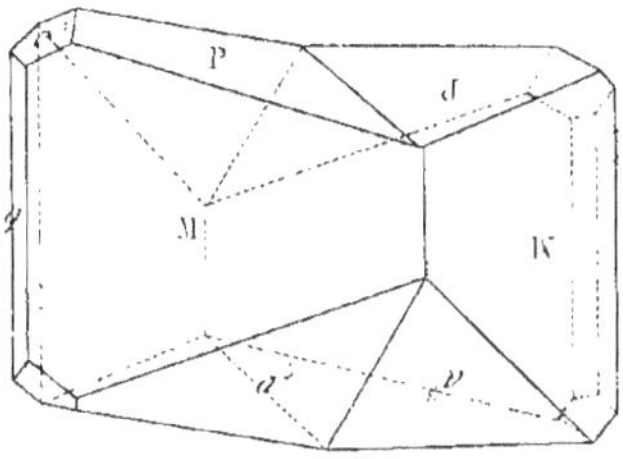

ANORTHITE.

Fig. 141.

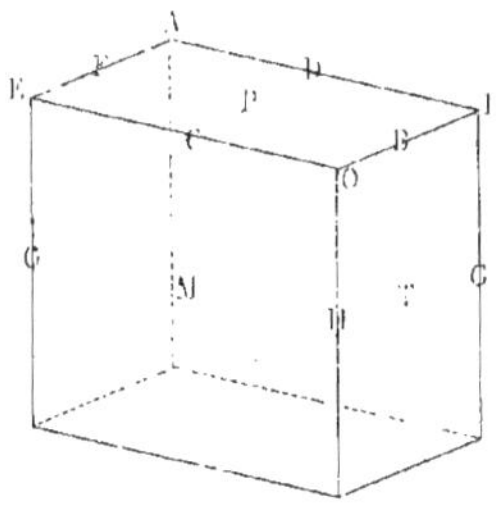

Fig. 142.

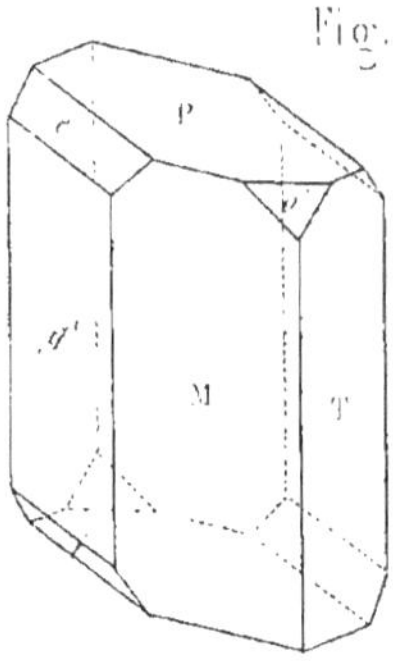

Fig. 143.

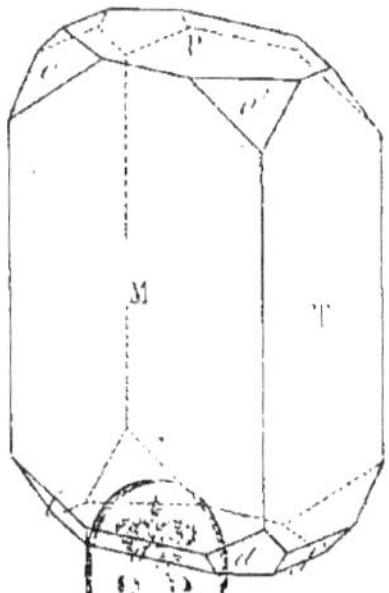

Fig. 144.

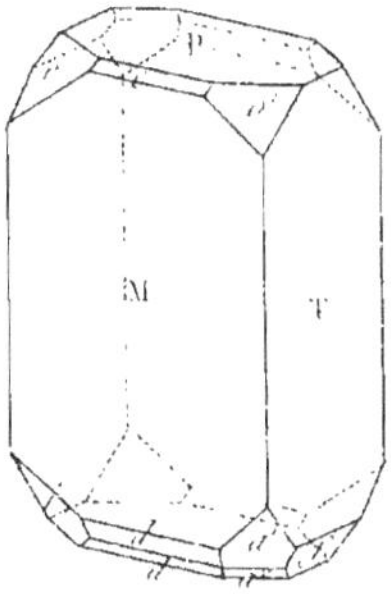

ANORTHITE.

Fig. 145.

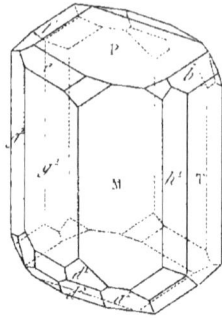

Fig. 146.

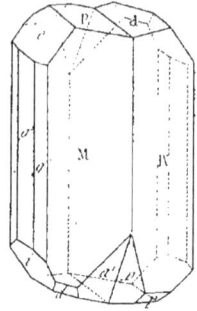

Fig. 147.

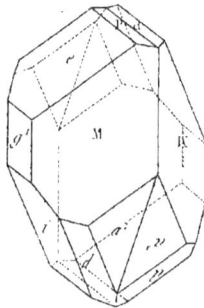

Fig. 148.

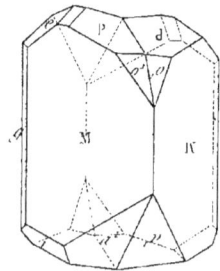

Fig. 149.

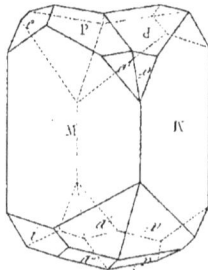

Fig. 150.

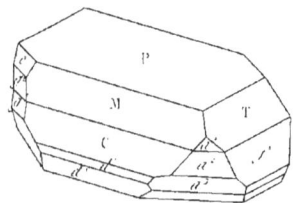

ANORTHITE.

BIOTINE.

Fig. 151.

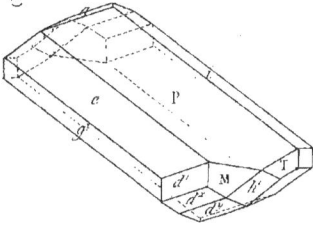

Fig. 152.

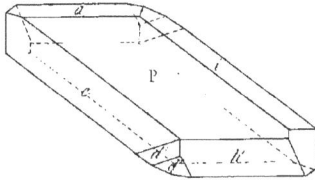

PINITE.

Fig. 153.

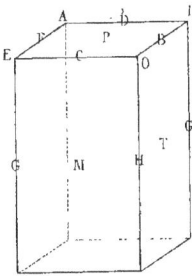

Fig. 154.

AMPHIGÈNE.

Fig. 155.

Fig. 156.

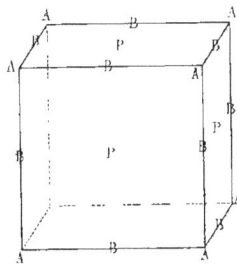

CINQUIÈME CLASSE.

AMPHIGÈNE.

NÉPHÉLINE.

Fig. 157.

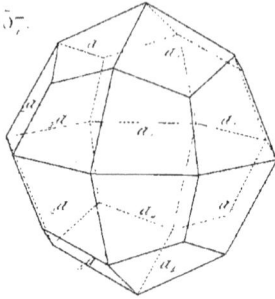

Fig. 158.

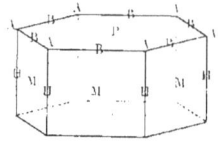

Fig. 159.

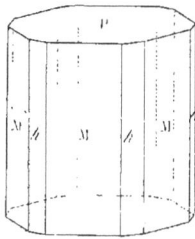

Fig. 160.

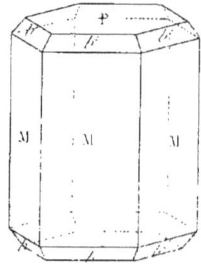

Fig. 161.

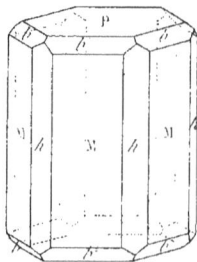

Fig. 162.

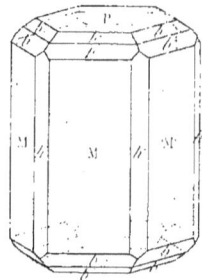

HUMBOLDTILITE

Fig. 163.

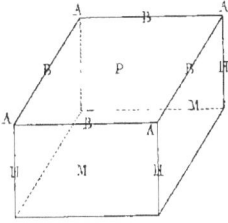

Fig. 164.

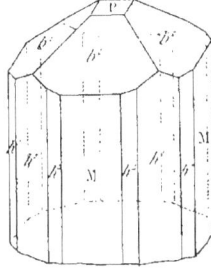

SARCOLITE
DU VÉSUVE.

Fig. 165.

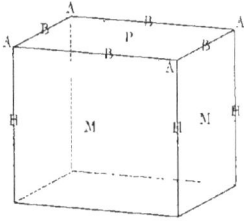

Fig. 166.

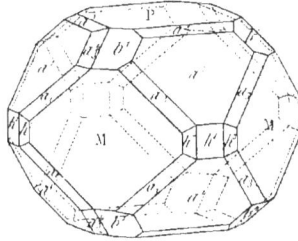

COUZERANITE.

Fig. 167.

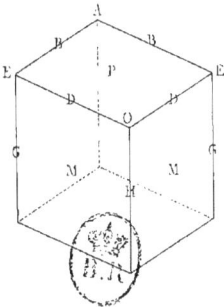

Fig. 168.

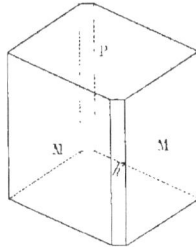

Pl.174.

APOPHYLLITE.

Fig.169

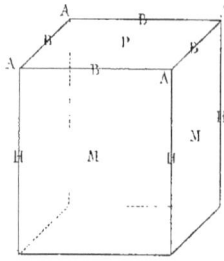

Fig.170.

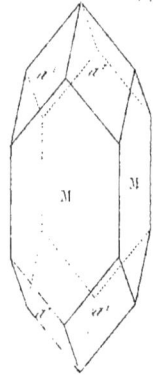

Fig.171.

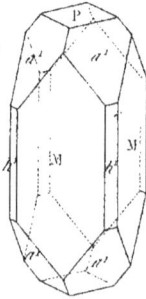

Fig.172.

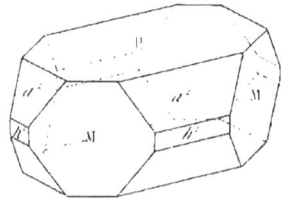

Fig.173.

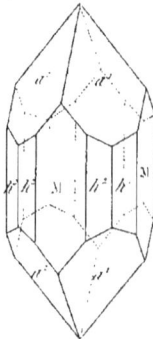

Fig.174

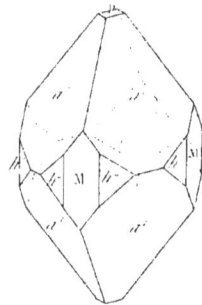

APOPHYLLITE.

Fig. 175.

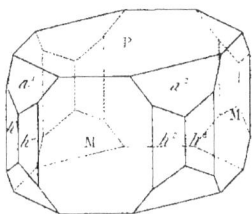

Fig. 176.

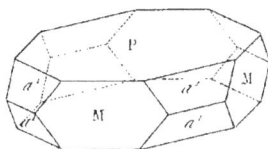

Fig. 177.

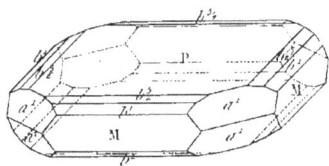

Fig. 178.

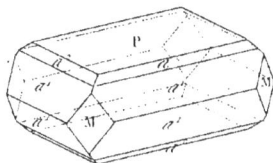

MÉSOTYPE.

Fig. 179.

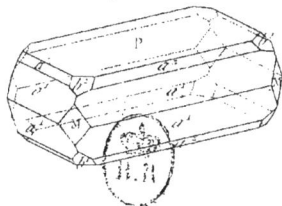

Fig. 180.

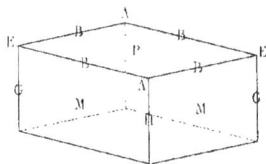

Pl. 176.　　　　　CINQUIÈME CLASSE.

MÉSOTYPE.

Fig. 181.

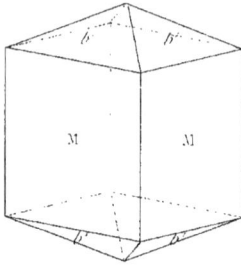

Fig. 182.

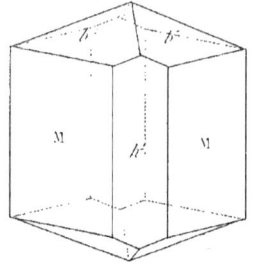

Fig. 183.

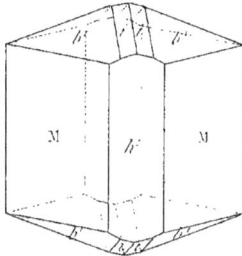

$t = b^1 b^{3/2} h^{3/2}$

Fig. 184.

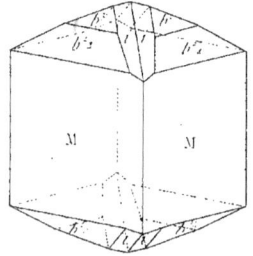

$t = b^1 h^1 h^1$

MÉSOLITE.

Fig. 185.

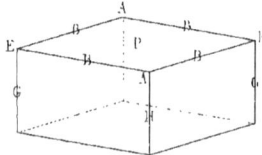

Fig. 186.

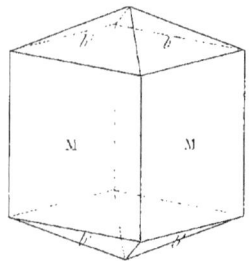

MÉSOTYPE.

MÉSOLITE

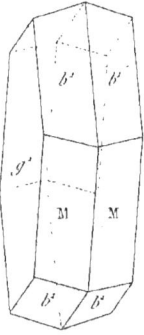

Fig. 187.

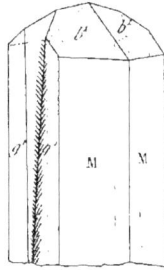

Fig. 188.

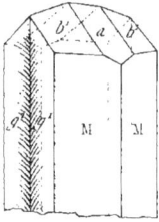

Fig. 189.

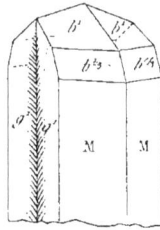

Fig. 190.

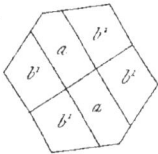

Fig. 189 bis.

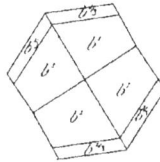

Fig. 190 bis.

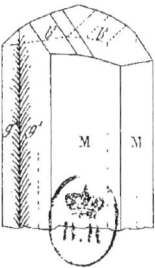

Fig. 191.

STILBITE.

Fig. 192.

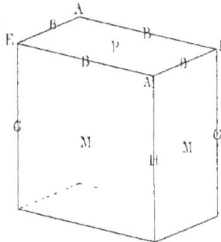

Lemaitre del.

12.

STILBITE.

Fig. 193.

Fig. 194.

HEULANDITE.

Fig. 195.

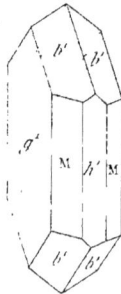

Fig. 196.

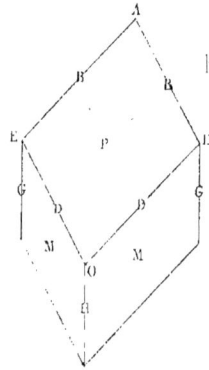

Fig. 197.

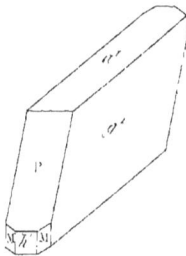

Fig. 198.

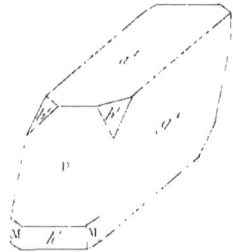

HEULANDITE.

Fig. 199.
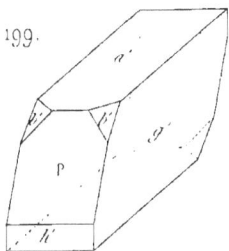

Fig. 200.
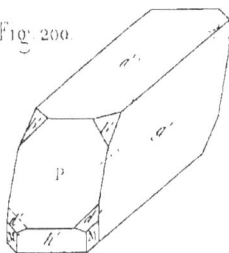

EPISTILBITE.

Fig. 201.
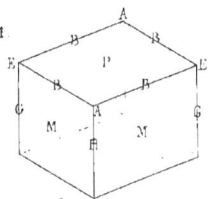

Fig. 202.
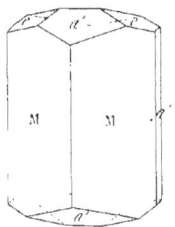

Fig. 203.
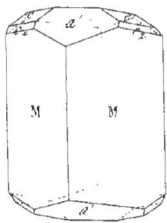

Fig. 204.
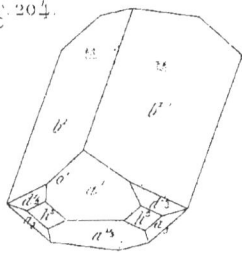

BREWSTÉRITE.

Fig. 205.
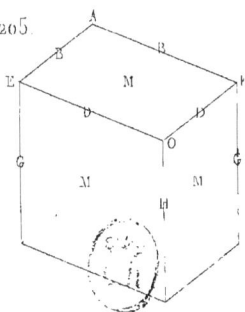

Fig. 206.
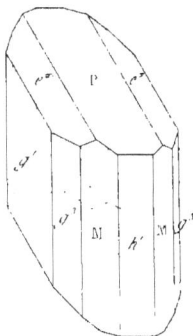

BREWSTÉRITE.

Fig. 207.

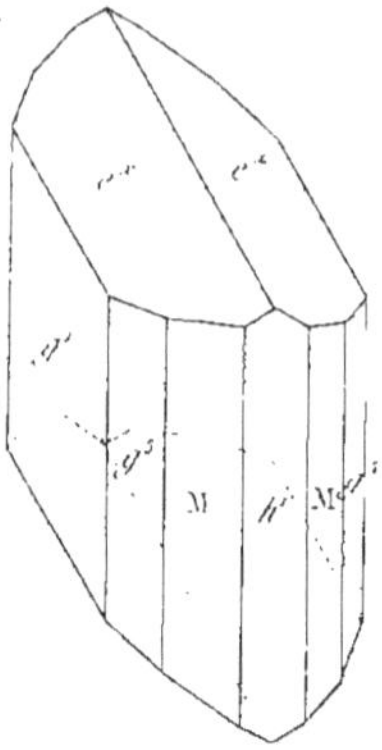

FAUJASITE.

Fig. 208.

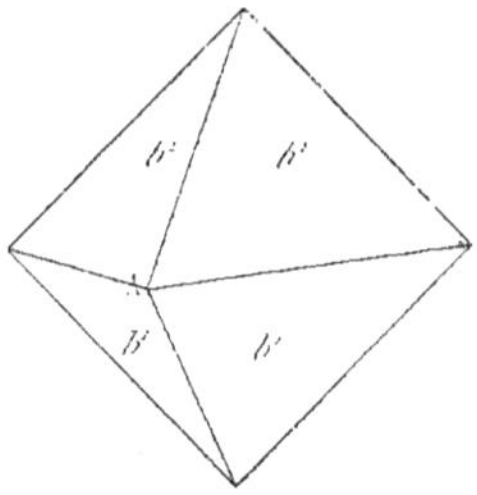

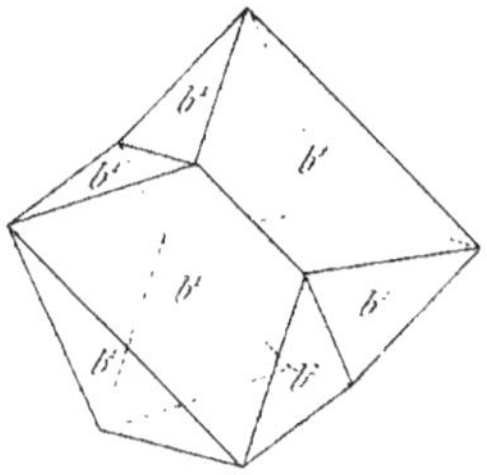

GISMONDINE.

Fig. 210

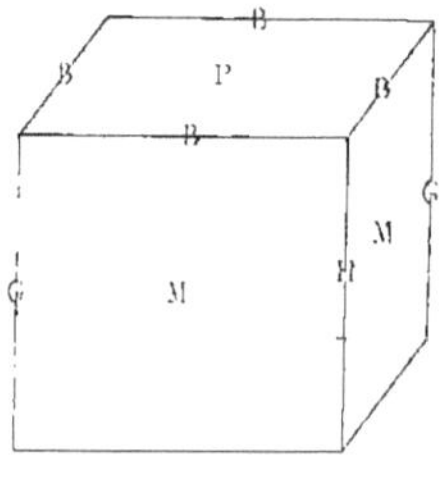

Fig. 209.

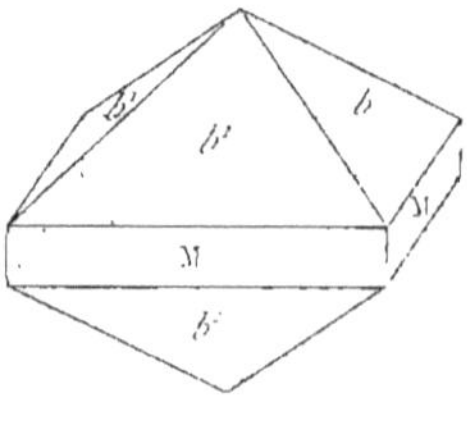

PHILLIPSITE.

Fig. 212

Fig. 211

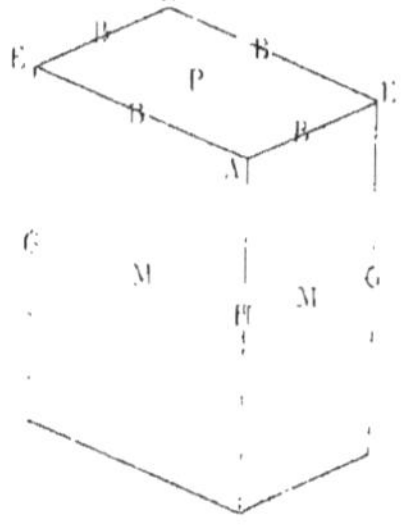

PHILLIPSITE.

Fig. 213.

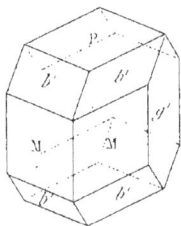

Fig. 214.

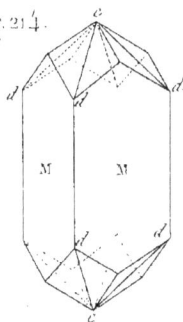

Fig. 215.

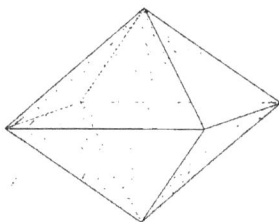

EDINGTONITE.

Fig. 216.

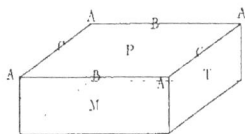

LAUMONITE.

Fig. 217.

Fig. 218.

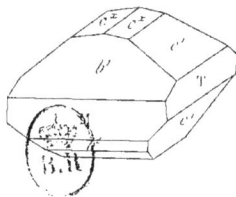

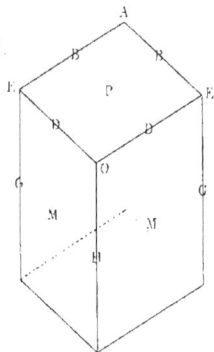

LAUMONITE.

Fig. 219.

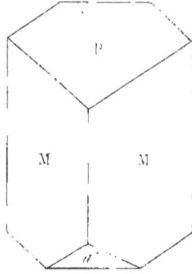

Fig. 220.

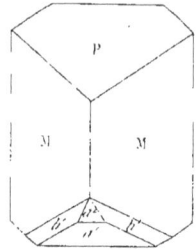

Fig. 221.

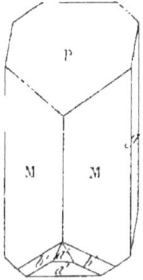

PREHNITE.

Fig. 222.

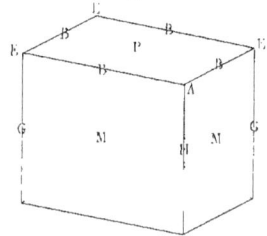

Fig. 223.

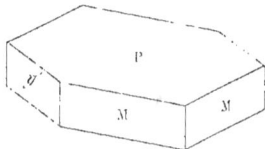

Fig. 224.

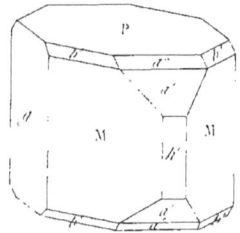

PRÉHNITE.

Fig. 225.

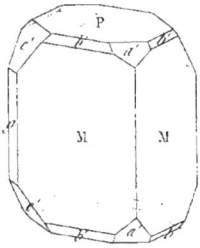

Fig. 226.

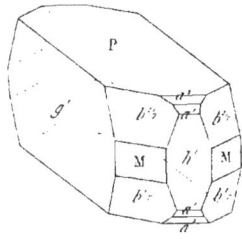

CHABASIE.

Fig. 227.

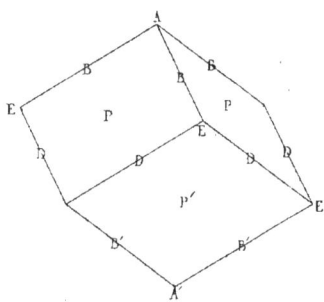

Fig. 228.

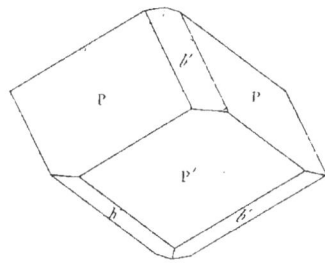

Fig. 229.

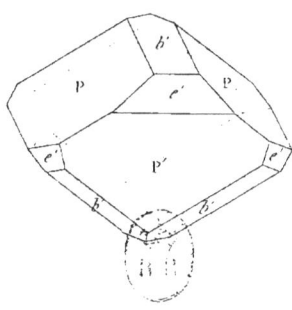

Fig. 230.

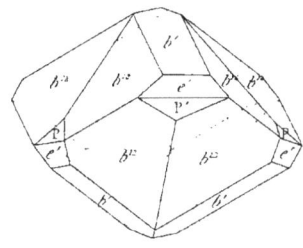

CHABASIE.

Fig. 251.

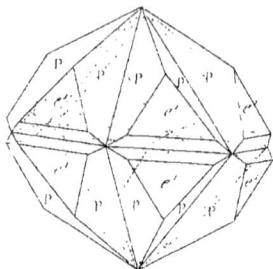

Fig. 252.

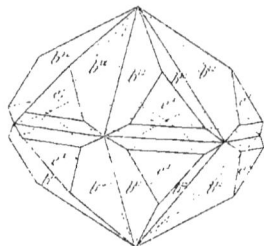

Fig. 253.

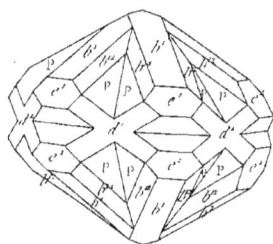

PHAKOLITE.

Fig. 254.

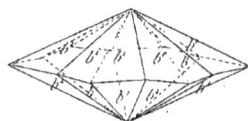

LÉVYNE.

Fig. 255.

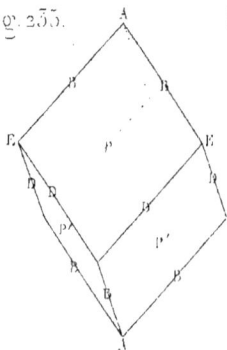

Fig. 256.

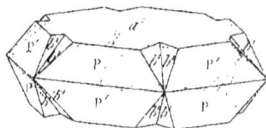

Fig. 257.

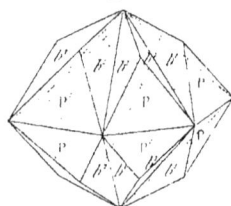

HYDROLITE.

Fig. 238.

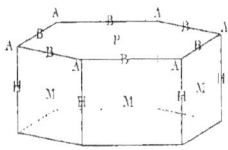

Fig. 239.

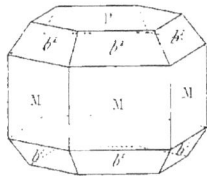

BEAUMONTITE

Fig. 240.

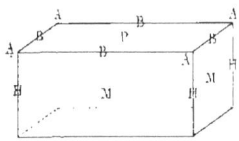

Fig. 241.

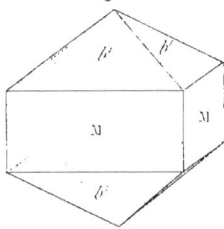

HARMOTOME.

Fig. 242.

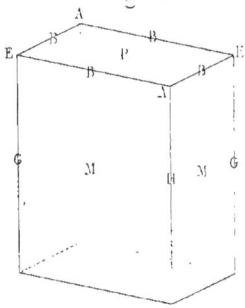

Fig. 243.

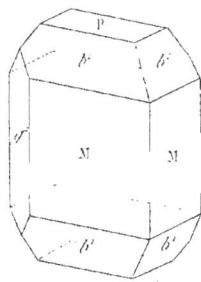

Pl. 186.

HARMOTOME.

Fig. 244.

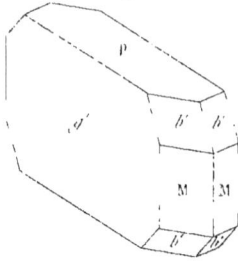

Fig. 245.

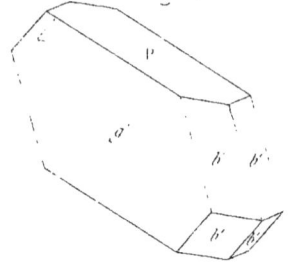

Fig. 246.

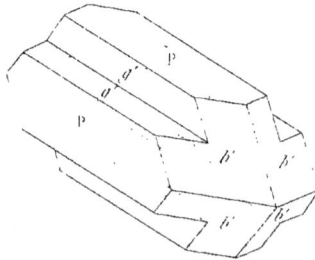

Fig. 247.

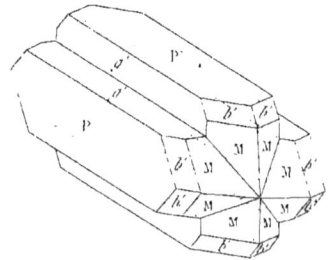

Fig. 248.

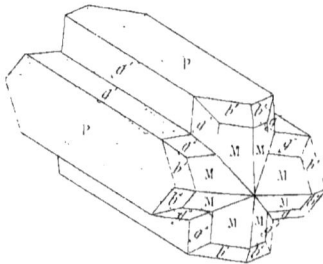

ANALCIME

Fig. 249.

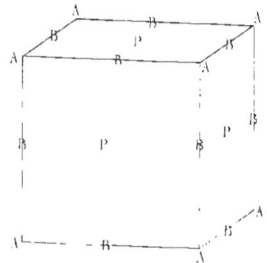

ANALCIME.

Fig. 250.

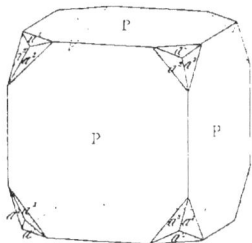

Fig. 251.

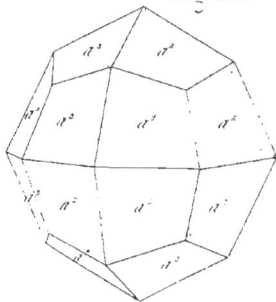

Fig. 252.

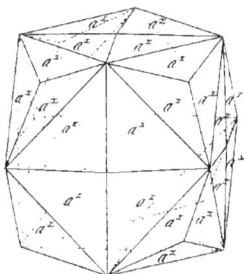

THOMSONITE.

Fig. 253

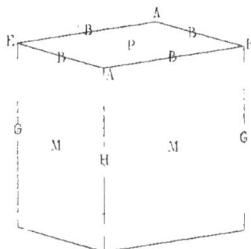

Fig. 254.

COMPTONITE.

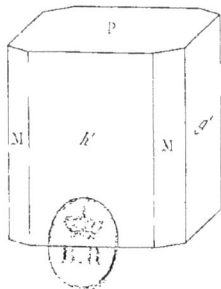

Fig. 255.

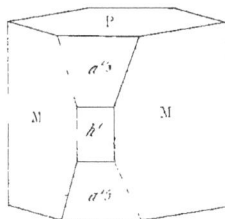

Lemaître del. Sc.

CINQUIÈME CLASSE.

THOMSONITE.

Fig. 256.

Fig. 257.

COMPTONITE

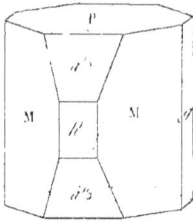

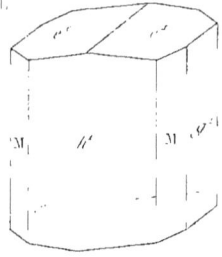

PENNINE.

Fig. 258

Fig. 259.

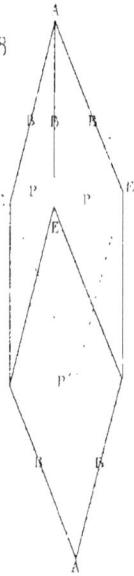

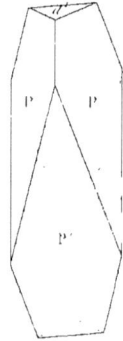

CHLORITE HEXAGONALE.

Fig. 260.

Fig. 261.

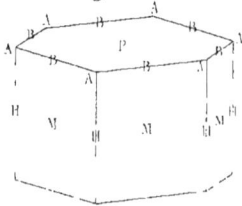

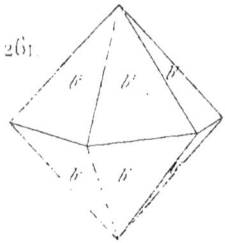

XANTHITE.

Fig. 262.

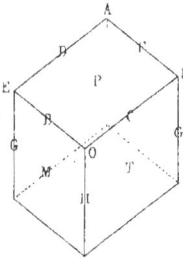

WOLLASTONITE.

Fig. 263.

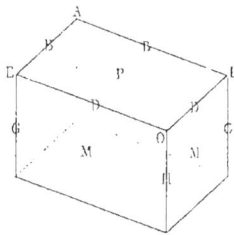

Fig. 264.

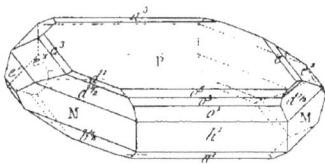

PÉRIDOT.

Fig. 265.

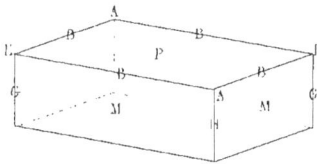

Fig. 266.

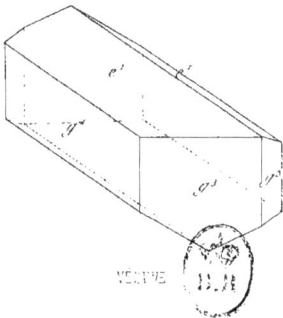

Fig. 267.

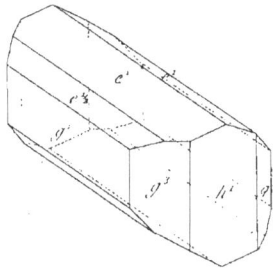

Lemaitre del. et sc.

PÉRIDOT.

Fig. 268

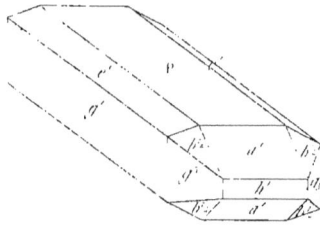

Fig. 269.

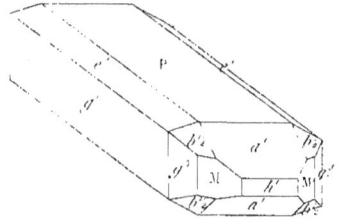

Fig. 270.

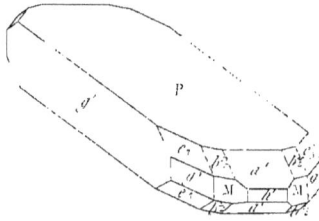

Fig. 271

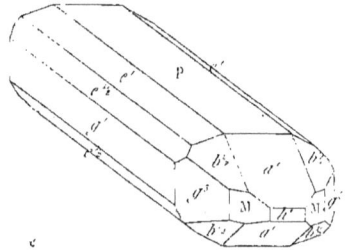

Fig. 272

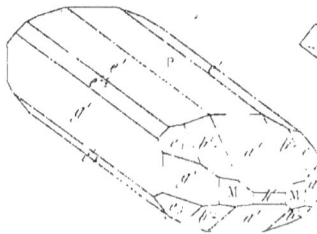

Fig. 273

HYALO-SIDÉRITE.

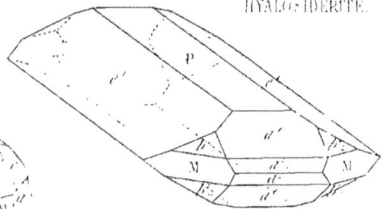

PÉRIDOT.

Fig. 274.

Fig. 275.

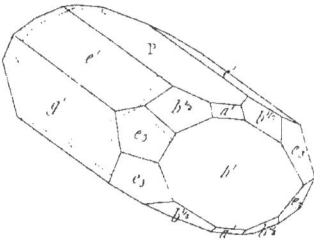 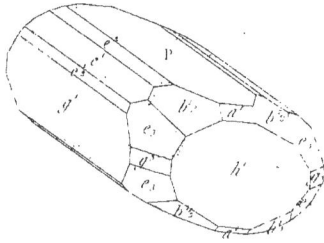

VILLARSITE.

Fig. 276.

Fig. 277.

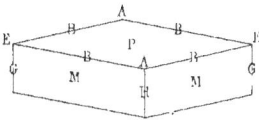 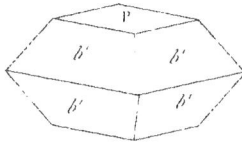

Fig. 278.

Fig. 279.

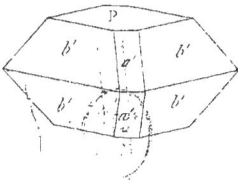 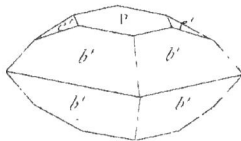

Pl. 192. CINQUIÈME CLASSE.

ZIRCON.

Fig. 280

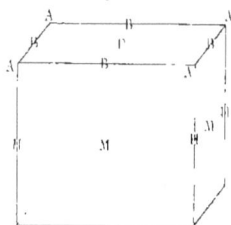

Fig. 281

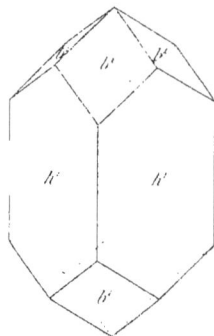

Fig. 282.

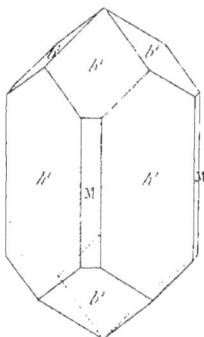

Fig. 283.

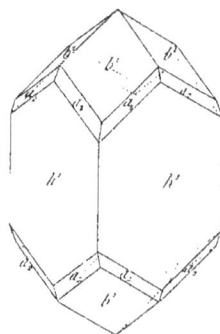

Fig. 284.

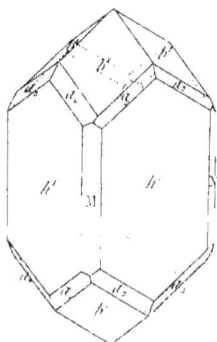

Fig. 285.

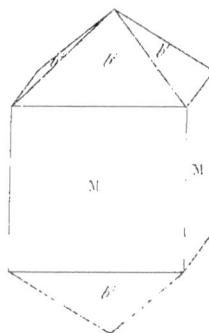

ZIRCON.

Fig. 286.

Fig. 287.

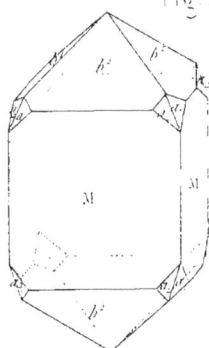

Fig. 288.

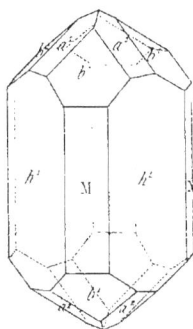

Fig. 289.

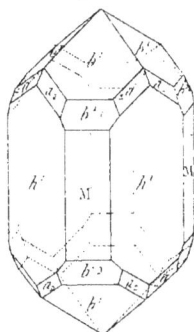

Fig. 290.

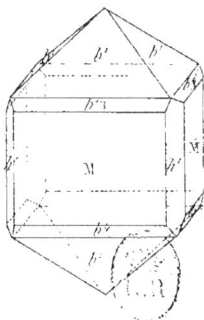

Fig. 291.

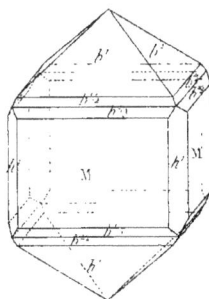

Pl. 194.

ZIRCON.

Fig. 292.

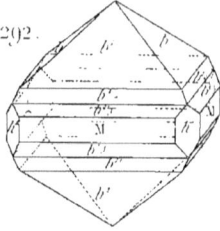

Fig. 293.

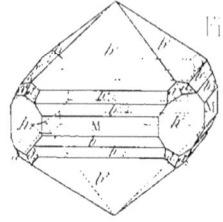

Fig. 294.

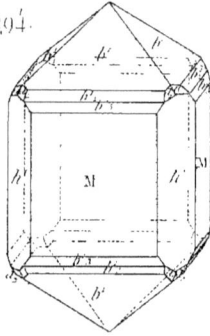

Fig. 295.

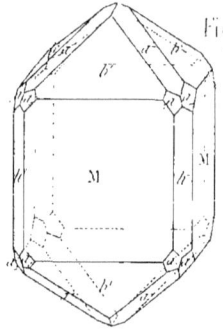

Fig. 296.

MALAKON.

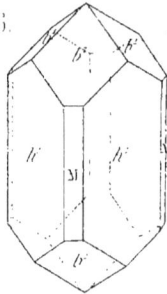

ÆSCHYNITE.

Fig. 297.

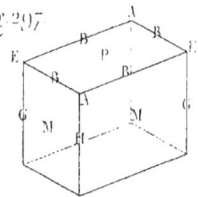

Fig. 298.

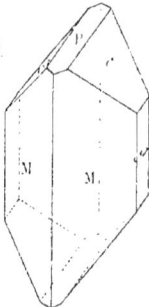

Fig. 299.

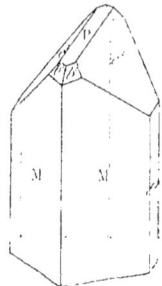

ÆSCHYNITE.

POLYMIGNITE.

Fig. 300.

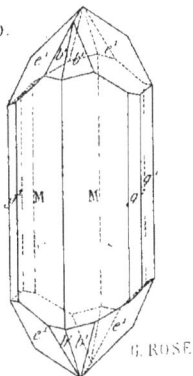

G. ROSE.

Fig. 301.

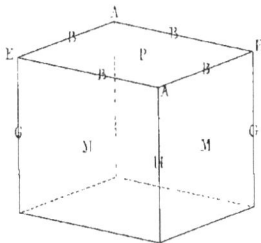

Fig. 302.

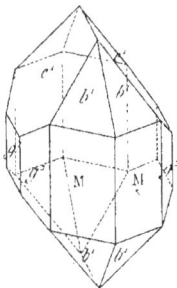

Fig. 303.

Fig. 304.

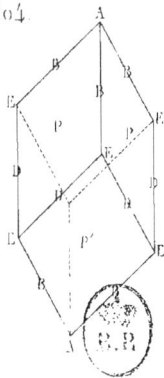

EUDYALITE.

Fig. 305.

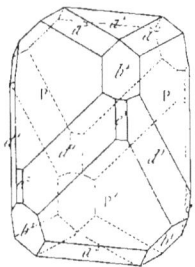

Lancastre del. & sc.

Pl 196   CINQUIÈME CLASSE.

EUDYALITE.

Fig 506.

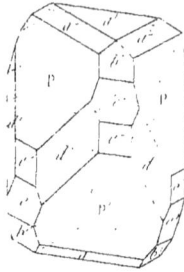

Fig 507

Fig 508.

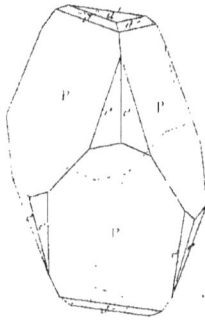

Fig 509

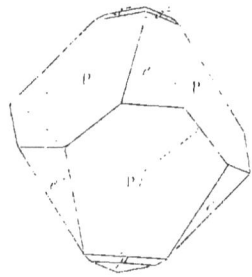

AMPHIBOLE

Fig 510.

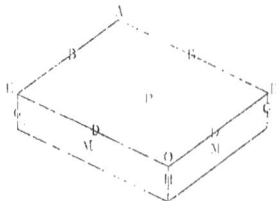

Fig 511

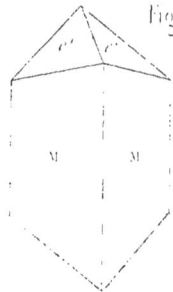

AMPHIBOLE.

Fig. 312.

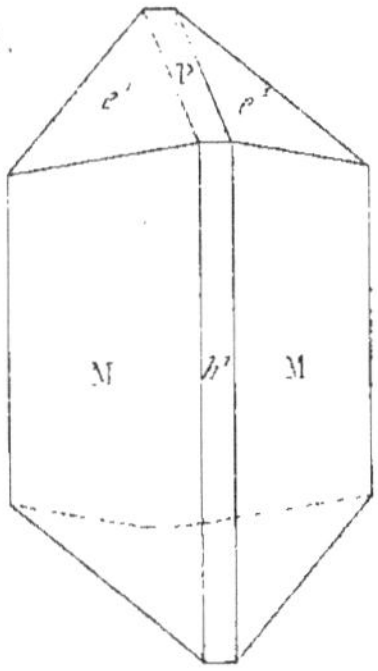

Fig. 313.

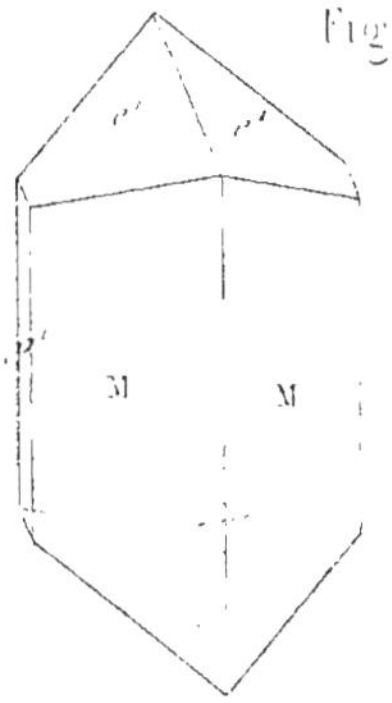

HORNBLENDE.

Fig. 314.

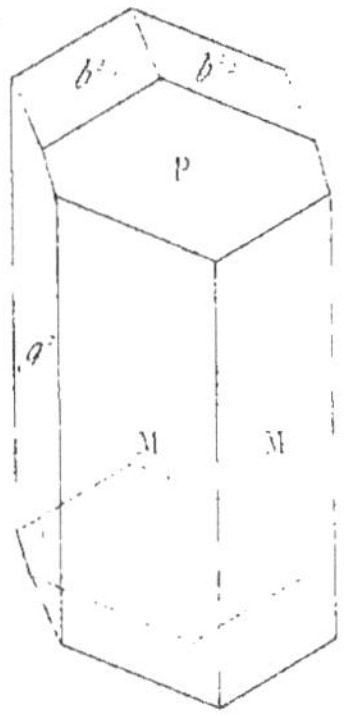

Fig. 315.

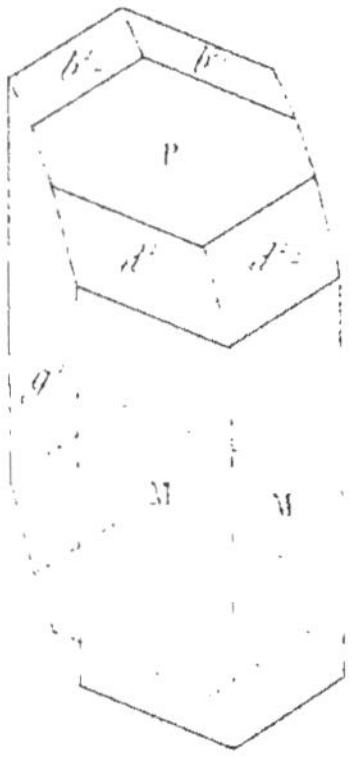

Fig. 316.

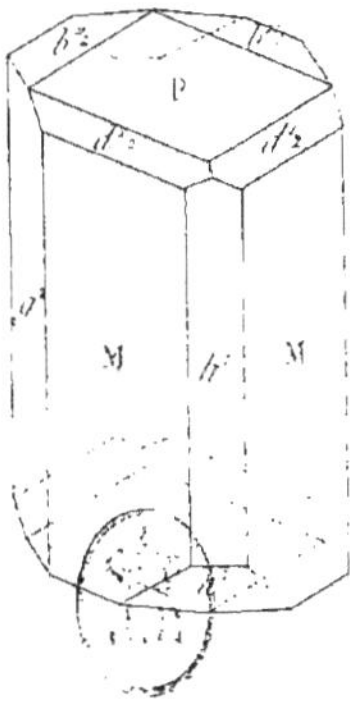

Fig. 317.

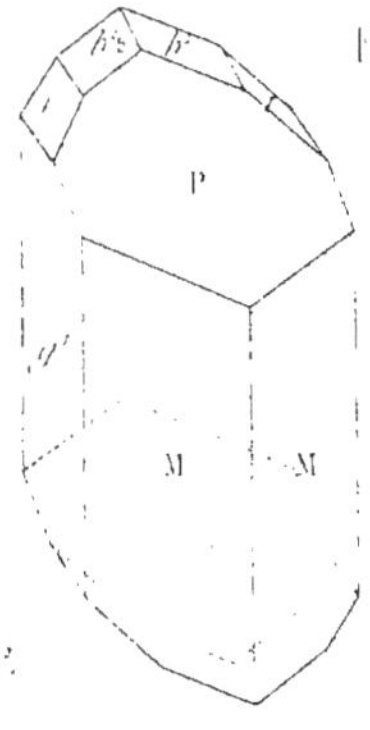

$r = d^1 b^2 g^1$

Pl. 198

CINQUIÈME CLASSE

AMPHIBOLE.

Fig. 518.

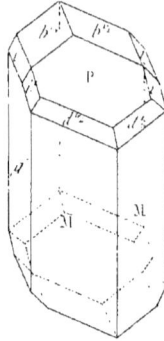

Fig. 519.

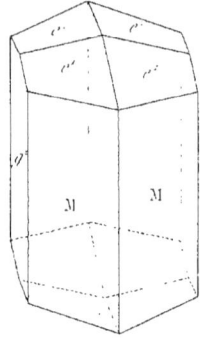

$i = d \, h \, q^{3}$

Fig. 520.

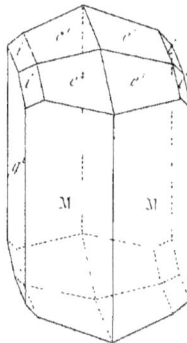

POLYKRASE.

Fig. 521.

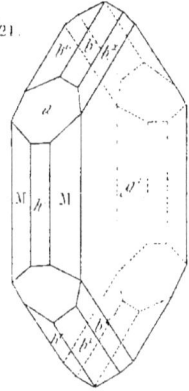

$i = {}^{t}d^{t}b^{t}q^{3}_{t}$

BABINGTONITE

Fig. 522.

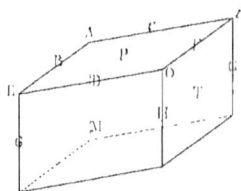

Fig. 523.

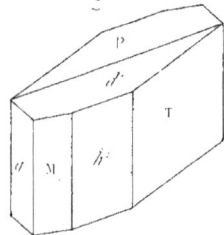

BABINGTONITE.

PYROXÈNE

Fig. 524.

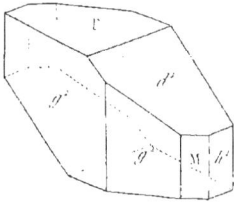

Fig. 525.

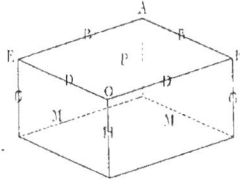

Fig. 526.

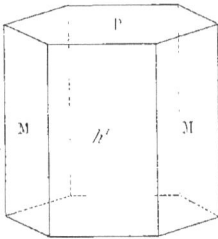

Fig. 527.

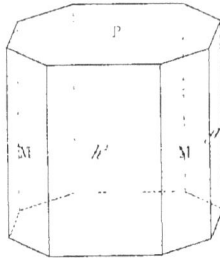

SAHLITE

Fig. 528.

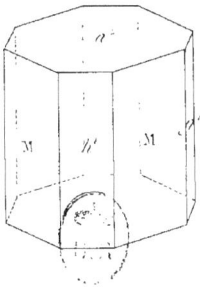

Fig. 529

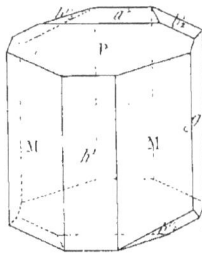

BAIKALITE

Pl. 200.   CINQUIÈME CLASSE.

PYROXÈNE.

Fig. 550.

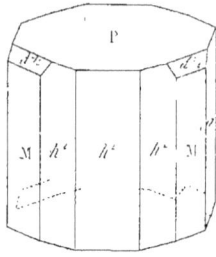

Fig. 551.

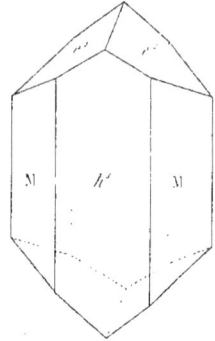

AUGITE.

Fig. 552.

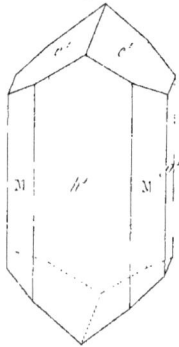

Fig. 553.

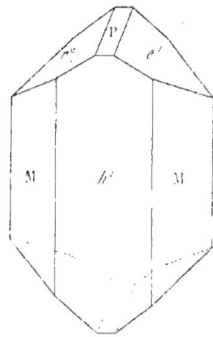

Fig. 554.

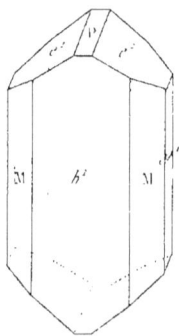

Fig. 555.

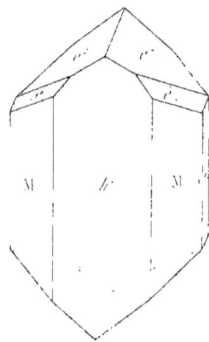

PYROXENE

Fig 556.

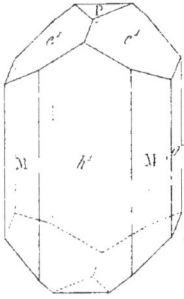

Fig 557.

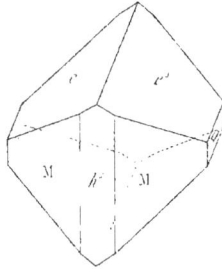

Fig 558.

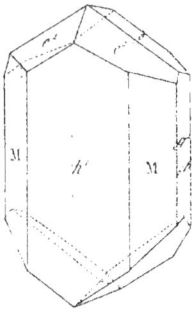

Fig 559.

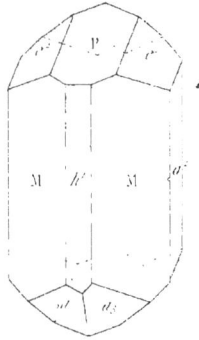

Fig 540.

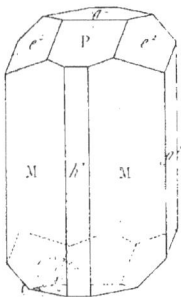

Fig 541

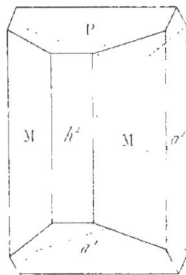

Pl. 202   CINQUIÈME CLASSE.

PYROXÈNE.

Fig. 542.

Fig. 543.

DIOPSIDE

Fig. 544.

Fig. 545.

Fig. 546.

Fig. 547.

PYROXÈNE

Fig. 548.

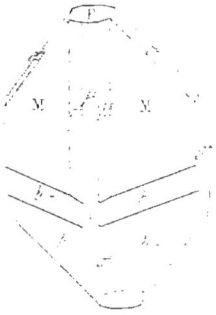

Fig. 549.

Fig. 550.

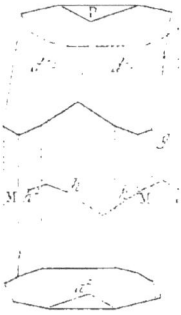

Fig. 551.

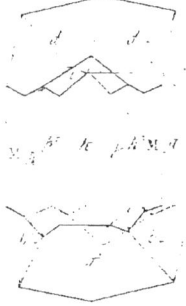

Fig. 552.

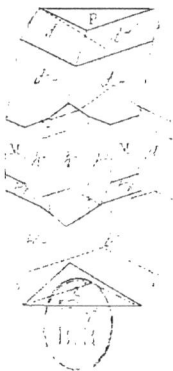

Fig. 553.

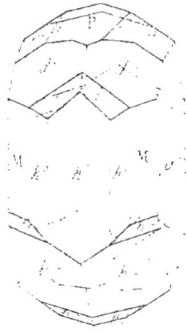

Pl 204.   CINQUIÈME CLASSE.

PYROXÈNE.

Fig. 554.

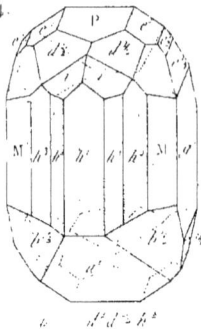

Fig. 555.

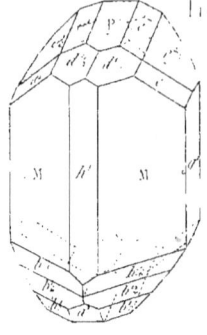

CRONSTEDTITE.

Fig. 356.

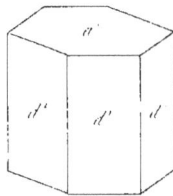

Fig. 557.

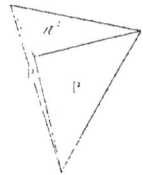

ILVAITE.

Fig. 558.

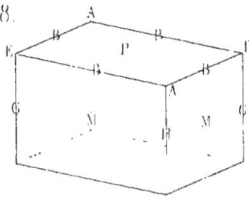

Fig. 559.

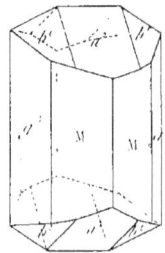

Fig. 560.

Fig. 561.

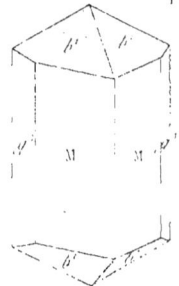

ILVAÏTE.

Fig. 362.

Fig. 363.

Fig. 364.

Fig. 365.

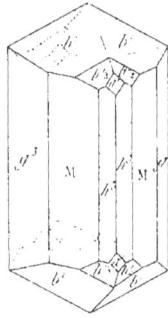

Fig. 366.

ACHMITE.

Fig. 367.

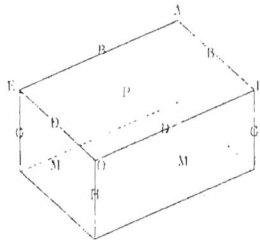

Pl. 206.   CINQUIÈME CLASSE.

ACHMITE

Fig. 568   Fig. 569.

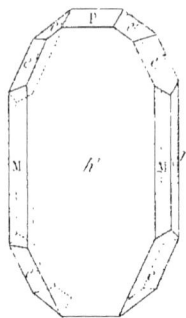

Fig. 570.

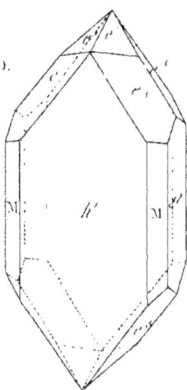

TOPAZE.

Fig. 571

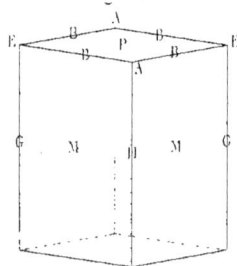

Fig. 572.

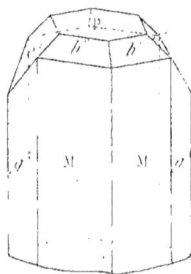

Fig. 573.

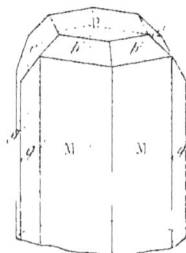

P. SIM.

TOPAZE.

Fig. 574.

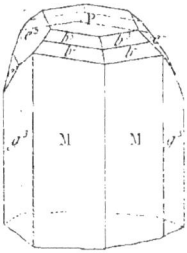

Fig. 575.

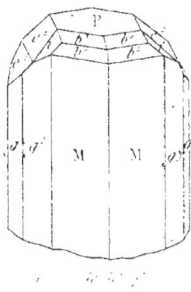

DE SAXE

Fig. 576.

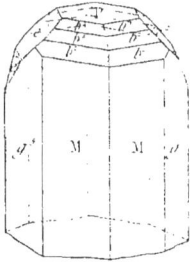

Fig. 577.

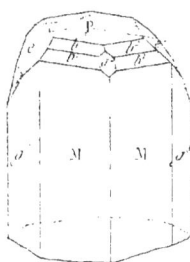

Fig. 578.

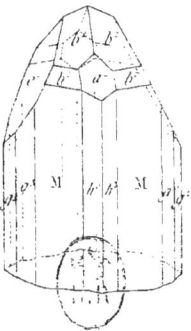

Fig. 579.

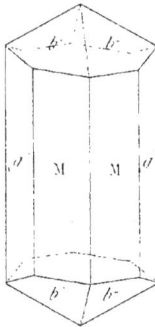

DU BRÉSIL

Pl. 208.

CINQUIÈME CLASSE.

TOPAZE.

Fig. 580.

Fig. 581.

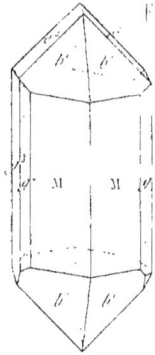

DE BRÉSIL.

Fig. 582.

Fig. 583.

Fig. 584.

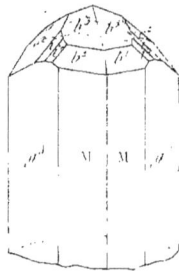

Fig. 585.

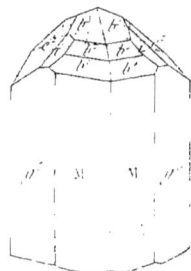

TOPAZE.

Fig. 586.

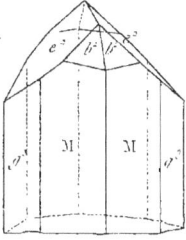

Fig. 587.

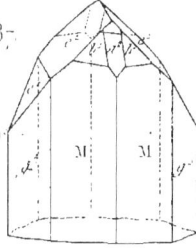

Fig. 588.

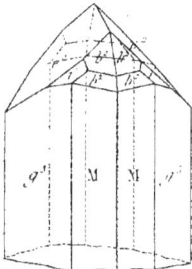

$t = {}'b^2\,b^2 g^2{}_2$

Fig. 589.

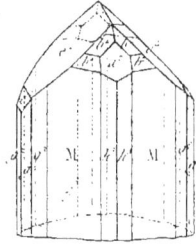

Fig. 590.

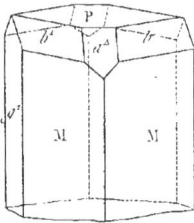

Fig. 591.

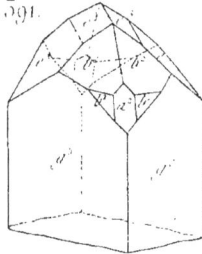

Fig. 592.

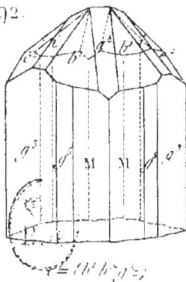

$t = {}'b^2\,b^2 g^2{}_2$

Fig. 593.

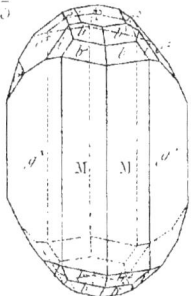

$t = {}'b^2\,b^2 g^2{}_2$

TOPAZE.

Fig. 594.

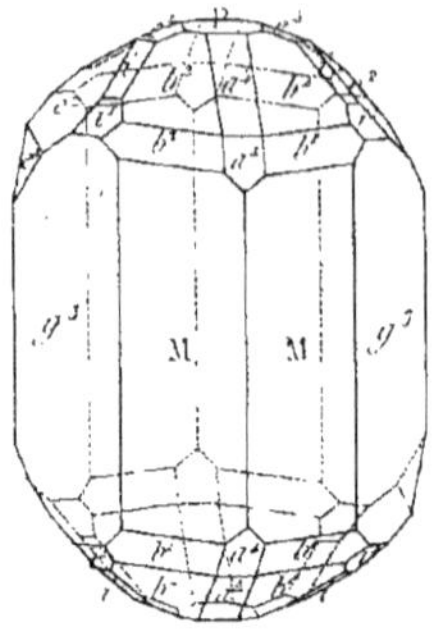

$i = (b^1 b^{1/2} g^{1/2})$ $i' = (b^1 b^{1/3} g^{1/2})$

Fig. 595.

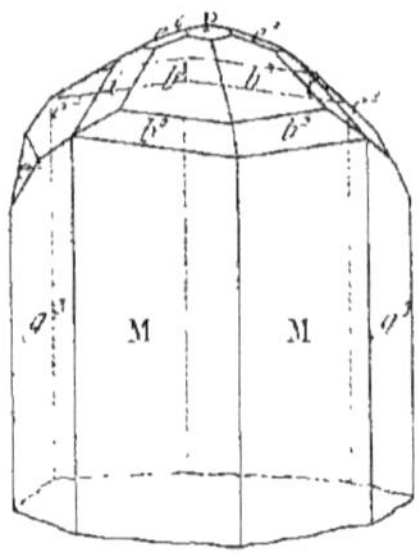

$i = (b^1 b^{1/3} g^{1/2})$

Fig. 596.

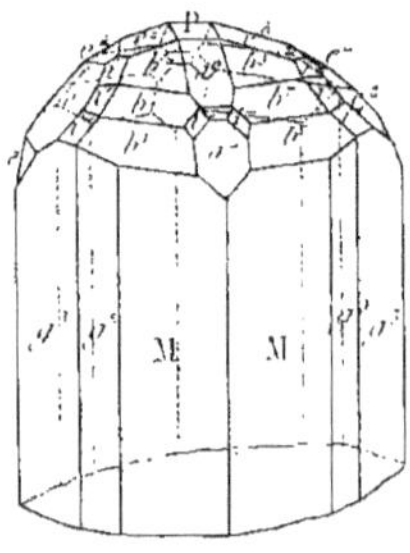

$i = (b^1 b^{1/2} g^{1/3})$ $i' = (b^1 b^{1/4} g^{1/3})$

Fig. 597.

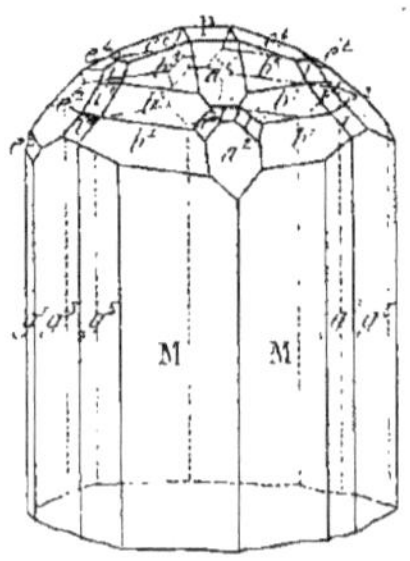

$i'' = (b^1 b^{1/2} g^{1/2})$ $i''' = (b^1 b^{1/2} h^{1/2})$

Fig. 598.

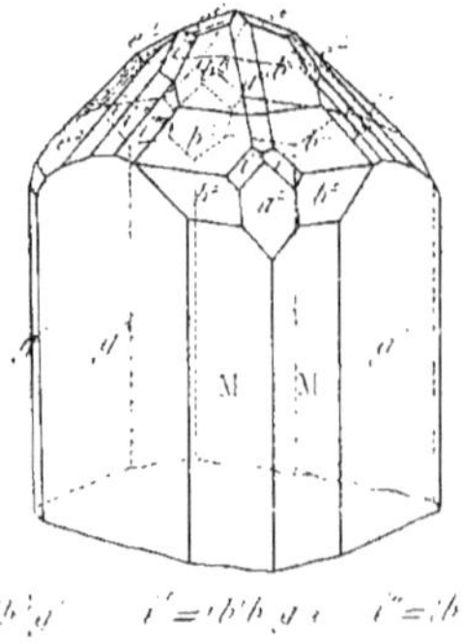

$i = (b^1 b^{1/2} g^1)$ $i' = (b^1 b^{1/2} g^{[illegible]})$ $i'' = (b^1 b^{[illegible]} g^{[illegible]})$

$i''' = (b^1 b^{1/2} g^{[illegible]})$ $i^{iv} = (b^1 b^{1/2} h^1)$

CONDRODITE.

Fig. 599.

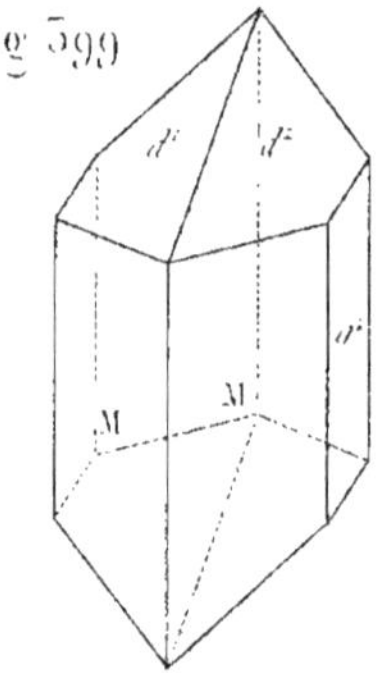

MICA

EN PRISME RHOMBOIDAL DROIT.

Fig. 400.

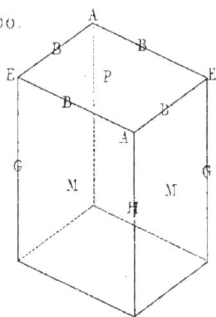

Fig. 401

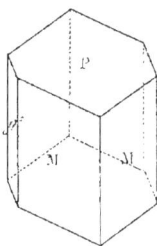

MICA

EN PRISME RHOMBOIDAL OBLIQUE

Fig. 402.

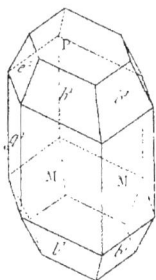

Fig. 403.

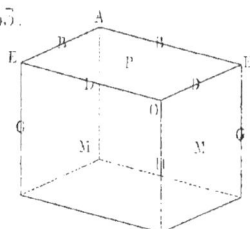

Fig. 404.

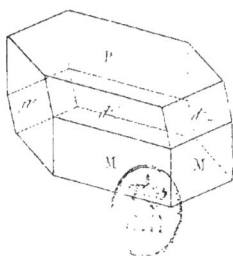

Fig. 405.

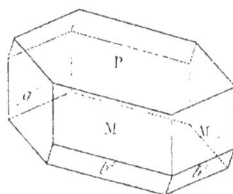

Pl. 212.

CINQUIÈME CLASSE.

MICA.

DATHOLITE.

Fig. 406

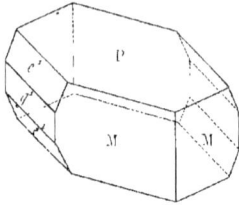

Fig. 407.

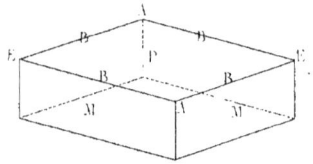

CRISTAUX D'ARENDAL.

Fig. 408.

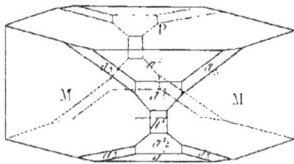

Fig. 409.

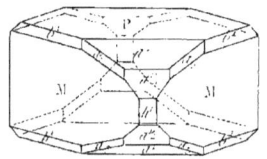

Fig. 410.

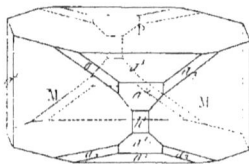

Fig. 411.

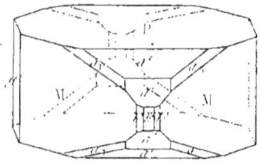

DATHOLITE.

Fig. 412.

CRISTAUX D'ANDREASBERG.

Fig. 413.

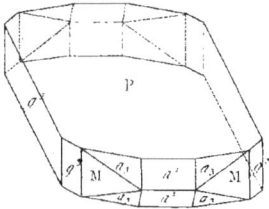

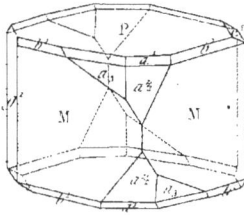

Fig. 414.

HAYTORITE

Fig. 415.

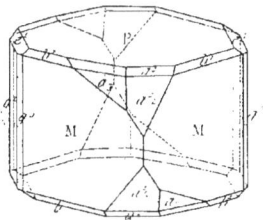

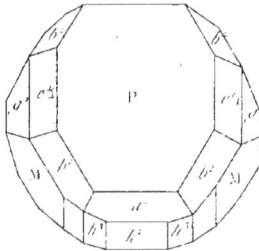

Fig. 416.

HUMBOLDTITE

Fig. 417.

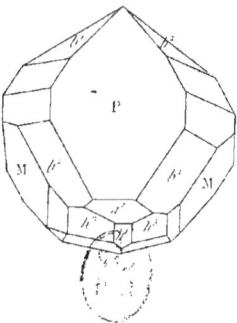

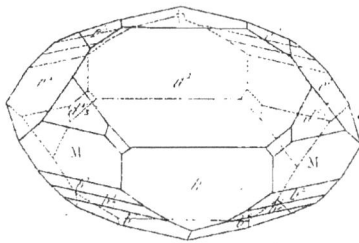

Pl. 214.

DATHOLITE.

HUMBOLDTITE

Fig. 418.

Fig. 419.

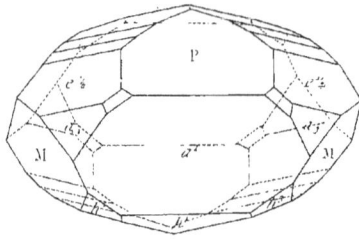

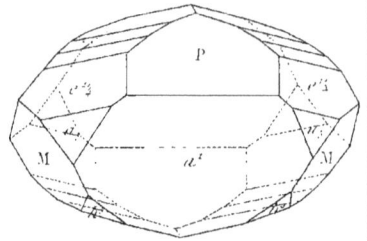

TOURMALINE

Fig. 420.

Fig. 421.

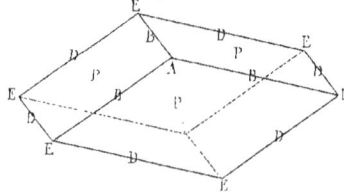

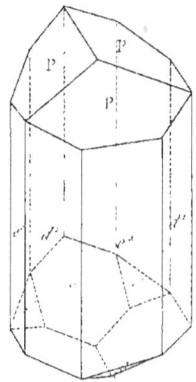

Fig. 422.

Fig. 423.

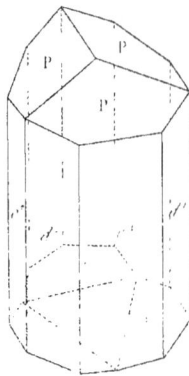

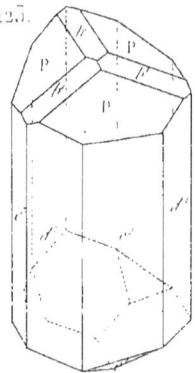

TOURMALINE.

Fig. 424.

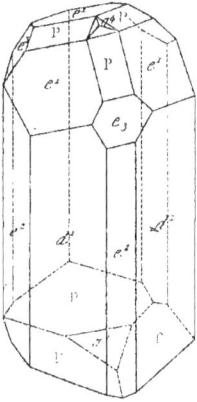

Fig. 425.

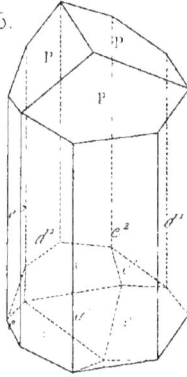

Fig. 426.

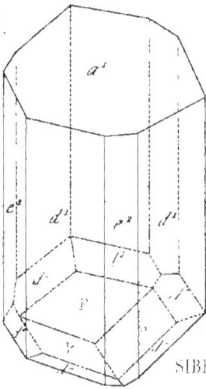

SIBÉRITE.

Fig. 427.

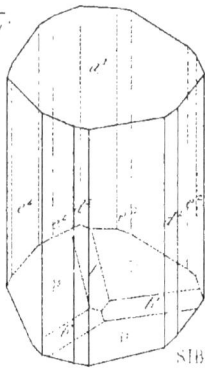

SIBÉRITE.

Fig. 428.

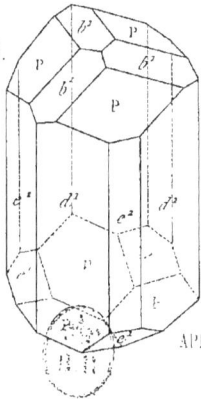

APHRIZITE.

Fig. 429.

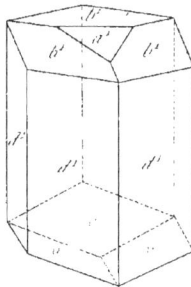

INDICOLITE.

CINQUIÈME CLASSE.

TOURMALINE

Fig. 450.
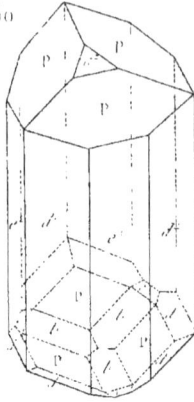

Fig. 451.
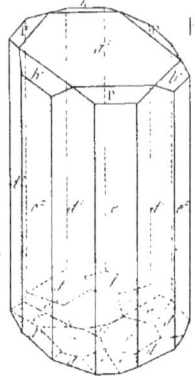

Fig. 452.
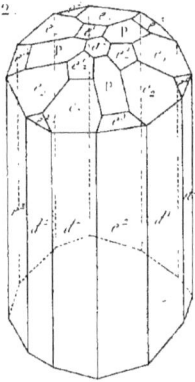

Fig. 453.
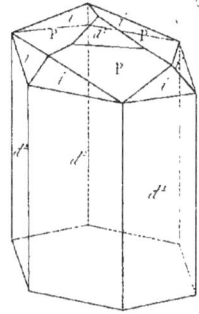

Fig. 454.
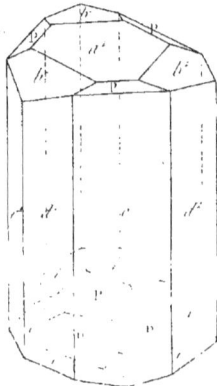

AXINITE

Fig. 455.
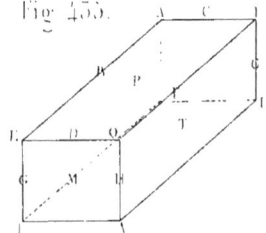

AXINITE.

Fig. 436.

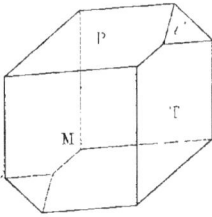

Fig. 437.

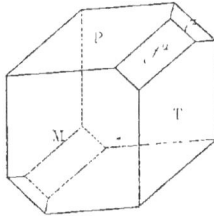

Fig. 438.

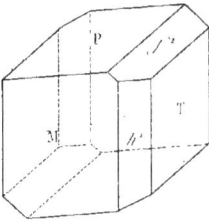

Fig. 439.

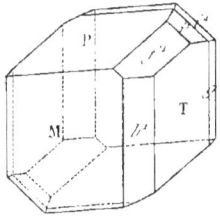

Fig. 440.

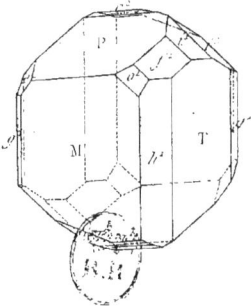

Fig. 441.

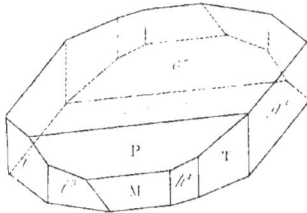

Pl 218.

AXINITE.

SPHÈNE.

Fig. 442.

Fig. 443.

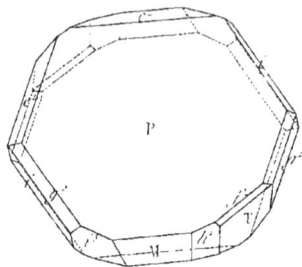

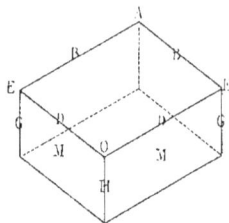

GREENOVITE.

Fig. 444.

Fig. 445.

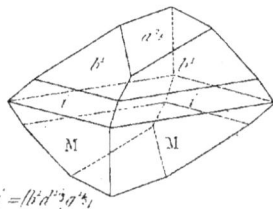

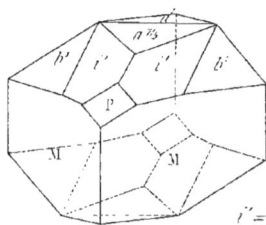

$i = (b^2 d^{1/3} g^2)_1$

$i'' = (b^2 b^2 s h^2 q)$

Fig. 446.

Fig. 447.

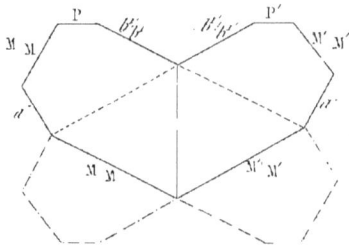

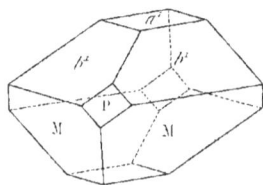

SPHÈNE.

Fig. 448.

Fig. 449.

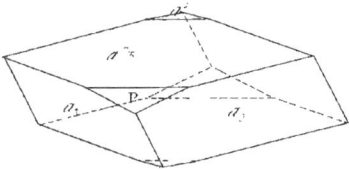

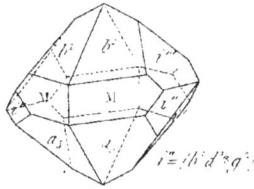

SPHÈNE.

Fig. 450.

Fig. 451.

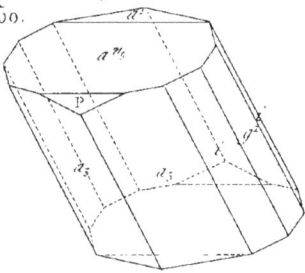

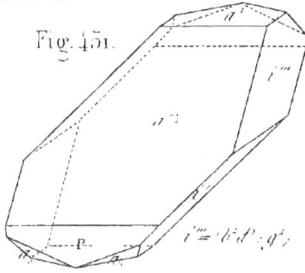

SPINTHÈRE.

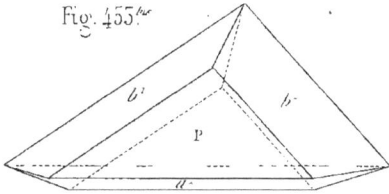

Fig. 453 ter

Fig. 453 ter

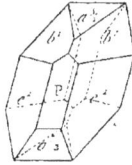

CRISTAUX D'ARENDAL

SÉMÉLINE

Fig. 452.

Fig. 455.

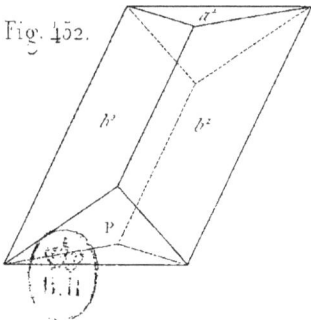

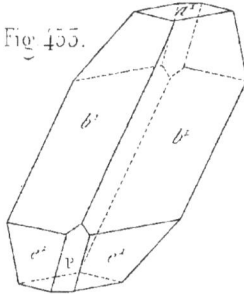

Pl. 220.

CINQUIÈME CLASSE

SPINELLANE.

Fig. 454.

Fig. 455.

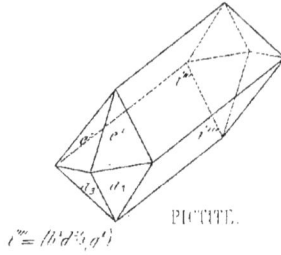

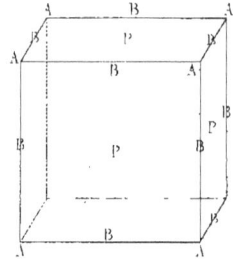

PICTITE.

$t''' = (b^3 d^{3/2} g^4)$

Fig. 456.

Fig. 457.

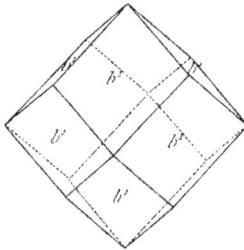

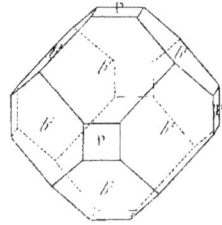

Fig. 458.

HELVINE.

Fig. 459.

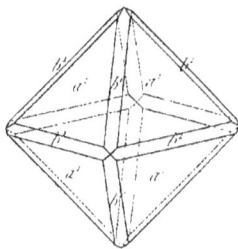

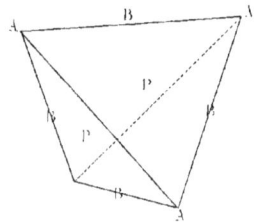

HELVINE.

Fig. 460.

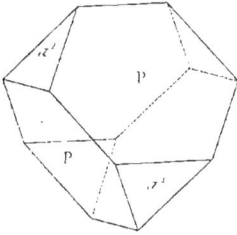

SPINELLE.

Fig. 461.

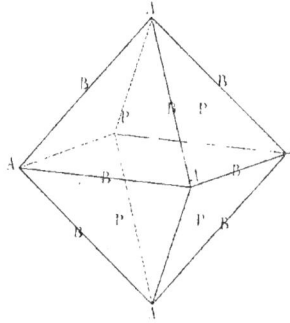

Fig. 462.

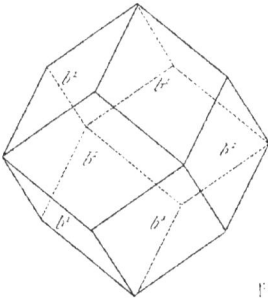

Fig. 463.

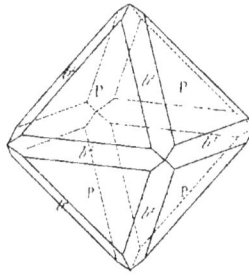

PLÉONASTE

Fig. 464.

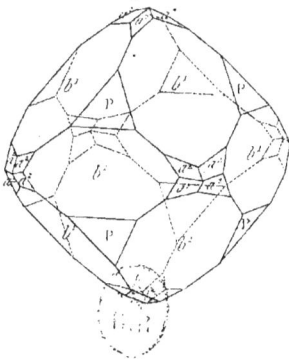

CYMOPHANE

Fig. 465.

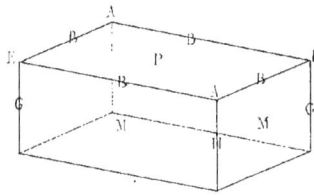

Pl 222. CINQUIÈME CLASSE.

CYMOPHANE.

Fig. 466.

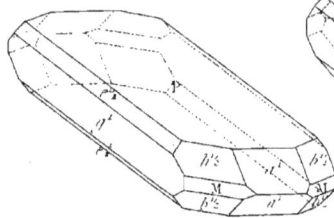

Fig. 467.

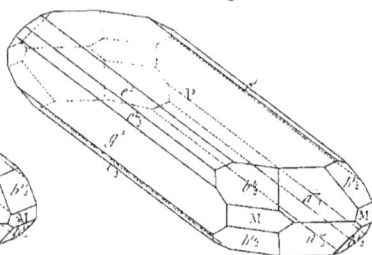

Fig. 468.

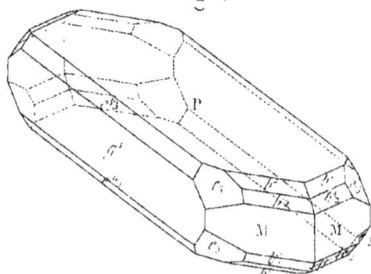

Fig. 469.

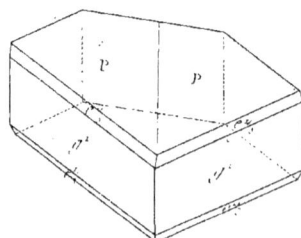

Fig. 470.

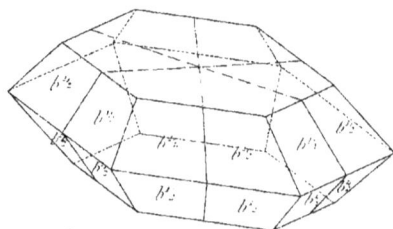

Fig. 471.

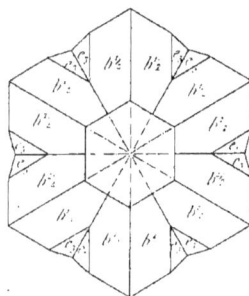

TURNÉRITE.

Fig. 472.

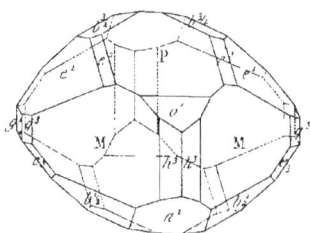

MELLITE.

Fig. 473.

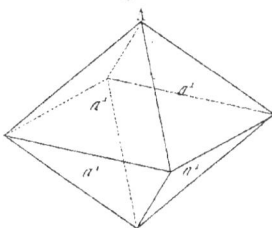

Fig. 474.

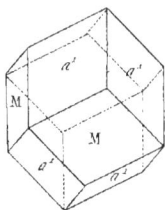

Fig. 475.

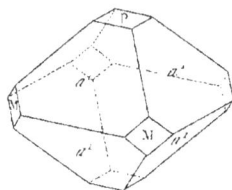

ERÉMITE.

Fig. 476

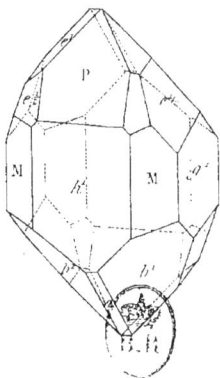

Fig. 477

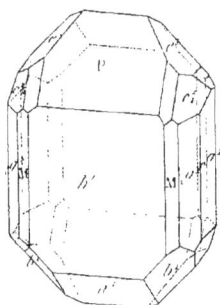

Pl. 224.   SUPPLÉMENT.

ERÉMITE.

Fig. 478.

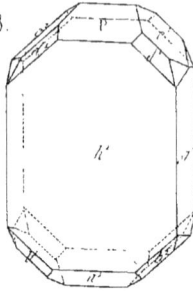

FORSTÉRITE.

Fig. 479.

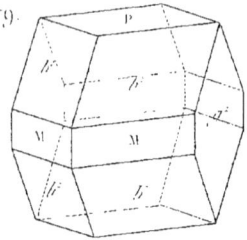

HERDÉRITE

GIBSONITE.

Fig. 480.

Fig. 481.

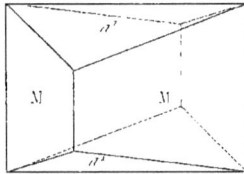

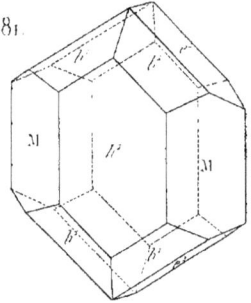

STRUVITE

Fig. 482.

Fig. 483.

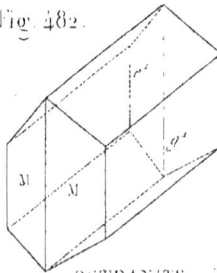

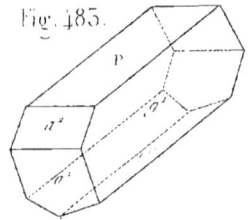

OSTRANITE.

Fig. 484.

PLACODINE.

Fig. 285.

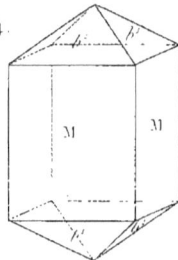

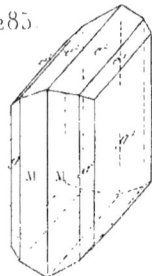

TABLE DES PLANCHES

CONTENUES DANS L'ATLAS.

A.

Acerdèse.	Pl. 56 et 57, fig. 24 à 33.
Achmite.	P. 205 et 206, fig. 367 à 370.
Æschinite.	P. 194 et 195, fig. 297 à 303.
Allanite.	P. 53, fig. 6 et 7.
Albite.	P. 166 à 169, fig. 123 à 140.
Alunite.	P. 52, fig. 324 à 327.
Amphibole.	P. 196 à 198, fig. 310 à 320.
Amphigène.	P. 171 et 172, fig. 156 et 157.
Analcime.	P. 186 et 187, fig. 249 à 252.
Anatase.	P. 93 et 94, fig. 246 à 257.
Andalousite.	P. 146 et 147, fig. 6 à 11.
Anorthite.	P. 169 à 171, fig. 141 à 152.
Antimoine sulfuré.	P. 88, fig. 215 à 220.
Aphanèse.	P. 132 et 133, fig. 497 à 499.
Apophyllite.	P. 174 et 175, fig. 169 à 179.
Argent amalgamé.	P. 134 et 135, fig. 511 à 514.
— antimonial.	P. 135, fig. 516 à 518.
— antimonié sulfuré.	P. 139 à 142, fig. 543 à 564.
— chloruré.	P. 143, fig. 566 à 568.
— natif.	P. 134, fig. 508 à 510.
— sulfuré.	P. 136 et 137, fig. 519 à 526.
— — antimonifère.	P. 138, fig. 533 à 538.
— — flexible.	P. 139, fig. 539 et 540.
— — fragile.	P. 137, fig. 527 à 532.
Arragonite.	P. 35 à 38, fig. 213 à 236.
Arsenic sulfuré jaune.	P. 8, fig. 43 et 44.
— — rouge.	P. 7, fig. 39 à 42.
Axinite.	P. 216 à 218, fig. 435 à 442.

B.

Babingtonite.	P. 198 et 199, fig. 322 à 324.
Baïérine.	P. 73 et 74, fig. 131 à 134.
Baryte carbonatée.	P. 11 et 12, fig. 64 à 69.

Baryte sulfatée.   P. 13 à 18, fig. 75 à 111.
Baryto-calcite   P. 12 et 13, fig. 70 à 74.
Beaumontite.   P. 185,   fig. 240 et 241.
Bismuth silicaté.   P. 115,   fig. 391 et 392.
Bournonite.   P. 97 à 99, fig. 273 à 285.
Braunite.   P. 54,   fig.   8 à 14.
Brewstérite.   P. 179 et 180, fig. 205 à 207.
Brochantite.   P. 134,   fig. 505 à 507.
Brookite.   P. 95,   fig. 258 à 263.
Bucklandite.   P. 153,   fig. 47 et 48.

C.

Cadmium sulfuré.   P. 87,   fig. 211 à 214.
Calcite.   P. 20,   fig. 127.
Cérium phosphaté.   P. 53,   fig.   1 à   3.
Chabasie.   P. 183 et 184, fig. 227 à 233.
Chaux anhydro-sulfatée.   P. 42,   fig. 259 à 262.
 — carbonatée.   P. 22 à 34, fig. 134 à 242.
 — fluatée.   P. 39 et 40, fig. 237 à 248.
 — phosphatée.   P. 43 et 44, fig. 263 à 274.
 — sulfatée.   P. 41 et 42, fig. 249 à 258.
Chlorite hexagonale.   P. 188,   fig. 260 et 261.
Chrictonite.   P. 72,   fig. 123 à 126.
Cobalt arsenical.   P. 77 et 78, fig. 156 à 160.
 — arséniaté.   P. 79,   fig. 165 et 166.
 — gris.   P. 78,   fig. 161 à 164.
Condrodite.   P. 210,   fig. 399.
Cordiérite.   P. 156,   fig. 69 à 72.
Corindon.   P. 48 à 50, fig. 298 à 313.
Cronstedtite.   P. 204,   fig. 356 et 357.
Cuivres arséniatés.   P. 131 à 133, fig. 487 à 501.
Cuivre carbonaté bleu.   P. 126 à 128, fig. 455 à 474.
 —   — vert.   P. 129,   fig. 475 et 476.
 — chloruré.   P. 129,   fig. 477 à 479.
 — dioptase.   P. 133,   fig. 502 à 504.
 — gris.   P. 122 à 124, fig. 431 à 442.
 — hydrophosphaté.   P. 130,   fig. 483 à 486.
 — natif.   P. 117 et 118, fig. 401 à 408 *bis*.
 — oxydulé.   P. 124 et 125, fig. 447 à 454.
 — phosphaté.   P. 129 et 130, fig. 480 à 482.

Cuivre pyriteux. P. 121 et 122, fig. 421 à 430.
— sulfuré. P. 119, fig. 409 à 414.
Cymophane. P. 221 et 222, fig. 465 à 471.

D.

Datholite. P. 212 et 213, fig. 407 à 414.
Diamant. P. 1 et 2, fig. 1 à 12.
Diaspore. P. 51, fig. 316 et 317.
Disthène. P. 146, fig. 1 à 5.

E.

Édingtonite. P. 181, fig. 216 et 217.
Émeraude. P. 159 et 160, fig. 73 à 83.
Épidote. P. 154 à 156, fig. 49 à 62
Épistilbite. P. 179, fig. 201 à 204.
Érémite. P. 223 et 224, fig. 476 à 478
Érinite. P. 131 et 132, fig. 491 à 494.
Étain oxydé. P. 113 à 115, fig. 375 à 390
Euchroïte. P. 133, fig. 500 et 501.
Euclase. P. 159 à 161, fig. 84 à 91.
Eudyalite. P. 195 et 196, fig. 304 à 309.

F.

Faujasite. P. 180, fig. 208 et 209.
Feldspath. P. 162 à 166, fig. 97 à 122.
Fergusonite. P. 47, fig. 292 et 293.
Fer arséniaté. P. 76, fig. 148 à 150.
— arsenical. P. 65, fig. 77 à 82.
— carbonaté. P. 71 et 72, fig. 115 à 122.
— hydroxydé. P. 70, fig. 109 à 114.
— oligiste. P. 66 à 69, fig. 87 à 108.
— oxydulé. P. 66, fig. 83 à 86.
— phosphaté. P. 75 et 76, fig. 141 à 147.
— sulfuré blanc. P. 63 et 64, fig. 65 à 76.
— — jaune. P. 59 à 62, fig. 43 à 64.
Fluélite. P. 52, fig. 322 et 323.
Forstérite. P. 224, fig. 479.

G.

Gadolinite.	P. 47 et 48, fig. 294 à 297.
Gay-lussite,	P. 10, fig. 57 à 59.
Gibsonite.	P. 224, fig. 480.
Gismondine.	P. 180, fig. 210 et 211.
Glaubérite.	P. 11, fig. 62 et 63.
Grenat.	P. 149 et 150, fig. 22 à 29.

H.

Harmotôme.	P. 185 et 186, fig. 242 à 248.
Hausmanite.	P. 55, fig. 15 à 18.
Haytorite.	P. 213, fig. 415 et 416.
Helvine.	P. 220 et 221, fig. 459 et 460.
Herdérite.	P. 224, fig. 481.
Hétérozite.	P. 58, fig. 37.
Heulandite.	P. 178 et 179, fig. 196 à 200.
Hopéïte.	P. 87, fig. 207 et 208.
Humboldtite.	P. 213 et 214, fig. 417 à 419.
Humboldtilite.	P. 173, fig. 163 et 164.
Hureaulite.	P. 58, fig. 34 à 36.
Hydrargilite.	P. 51, fig. 314 et 315.
Hydrolite.	P. 185, fig. 238 et 239.

I.

Idocrase.	P. 150 à 153, fig. 30 à 45.
Ilménite.	P. 73, fig. 127 et 128.
Ilvaïte.	P. 204 et 205, fig. 358 à 366.
Iridium natif.	P. 145, fig. 583 et 584.

K.

| Klaprothine. | P. 51,   fig. 320 et 321. |

L.

Laumonite.	P. 181 et 182, fig. 218 à 222.
Lévyne.	P. 184, fig. 235 à 237.
Liroconite.	P. 132, fig. 495 et 496.

M.

Macles.	P. 147 et 148,	fig. 12 à 15.
Magnésie boratée.	P. 46,	fig. 286 à 289.
— carbonatée.	P. 46,	fig. 284 et 285.
— hydratée.	P. 46,	fig. 283.
— phosphatée.	P. 47,	fig. 290 et 291.
Malakon.	P. 194,	fig. 296.
Mellite,	P. 223,	fig. 473 à 475.
Mengite.	P. 73,	fig. 129 et 130.
Mercure chloruré.	P. 90,	fig. 232 à 234.
— sulfuré.	P. 89 et 90,	fig. 225 à 231.
Mésolite.	P. 176 et 177,	fig. 185 à 191.
Mésotype.	P. 175 et 176,	fig. 180 à 184.
Météorites.	P. 58 et 59,	fig. 38 à 41.
Miargyrite.	P. 143,	fig. 565.
Mica à un axe.	P. 211,	fig. 400 à 402.
— à deux axes.	P. 211,	fig. 403 à 406.
Monazite.	P. 53,	fig. 4 et 5.

N.

Néphéline.	P. 172,	fig. 158 à 162.

O.

Olivénite.	P. 131,	fig. 487 à 490.
Or natif.	P. 143 à 145,	fig. 569 à 582.
Ostranite.	P. 224,	fig. 484.

P.

Pennine.	P. 188,	fig. 258 et 259.
Péridot.	P. 189 à 191,	fig. 263 à 275.
Phakolite.	P. 184,	fig. 234.
Phénakite.	P. 161,	fig. 92 à 96.
Phillipsite (cuivre panaché).	P. 120,	fig. 417 à 420.
— (zéolithe).	P. 180 et 181,	fig. 212 à 215.
Pinite.	P. 171,	fig. 153 à 155.
Placodine.	P. 224,	fig. 485.
Plagionite.	P. 89,	fig. 223 et 224.

230 TABLE DES PLANCHES.

Plomb arséniaté.	P. 107 et 108, fig. 340 à 345.
— carbonaté.	P. 99 à 102, fig. 286 à 305.
— chloro-carbonaté.	P. 108, fig. 346 à 349.
— chromaté.	P. 109 et 110, fig. 351 à 362.
— molybdaté.	P. 111 et 112, fig. 365 à 372.
— phosphaté.	P. 107, fig. 336 à 339.
— sulfaté.	P. 103 à 105, fig. 310 à 329.
— — cuprifère.	P. 106, fig. 333 à 335.
— sulfato-carbonaté-cuprif.	P. 106, fig. 330 à 332.
— — tricarbonaté.	P. 102, fig. 303 à 309.
— sulfuré.	P. 96 et 97, fig. 264 à 272.
— tungstaté.	P. 112, fig. 374.
Polykrase.	P. 198, fig. 321.
Polymignite.	P. 195, fig. 301 à 303.
Potasse nitratée.	P. 8, fig. 47 et 48.
— sulfatée.	P. 8, fig. 45 et 46.
Prehnite.	P. 182 à 188, fig. 222 à 226.
Pyrochlore,	P. 45, fig. 275 et 276.
Pyrolusite.	P. 55 et 56, fig. 19 à 23.
Pyroxène.	P. 199 à 204, fig. 325 à 355.

Q.

Quartz.	P. 3 à 5, fig. 13 à 28 bis.
—	P. 21, fig. 128 à 133.

R.

Rosélite.	P. 79, fig. 167 à 168.
Rutile.	P. 91 et 92, fig. 235 à 245.

S.

Sarcolite.	P. 173, fig. 165 à 168.
Scheelin calcaire.	P. 45, fig. 277 à 281.
— ferruginé.	P. 74, fig. 136 à 140.
Scorodite.	P. 76 et 77, fig. 151 à 155.
Soude boratée.	P. 9, fig. 49 et 50.
— carbonatée.	P. 9, fig. 51 et 52.
— — prismatique.	P. 9, fig. 53 et 54.
— nitratée.	P. 10, fig. 55 et 56.
— sulfatée.	P. 19 et 20, fig. 114 à 126.
Soufre.	P. 6 et 7, fig. 30 à 38.

Sphène. P. 218 à 220, fig. 443 à 454.

Spinellane. P. 220, fig. 455 à 458.

Spinelle. P. 221, fig. 461 à 464.

Staurotide. P. 148 et 149, fig. 16 à 21.

Sternbergite. P. 139, fig. 541 et 542.

Stilbite. P. 177 et 178, fig. 192 à 194.

Stromeyérine. P. 120, fig. 415 et 416.

Strontiane carbonatée. P. 19, fig. 112 et 113.

— sulfatée. P. 19 et 20, fig. 114 à 126.

Struvite. P. 224, fig. 482 et 483.

T.

Tantalite. P. 74, fig. 135.

Tellure auro-plombifère. P. 87. fig. 209 et 210.

Tennantite. P. 124, fig. 443 à 446.

Thomsonite. P. 187 et 188, fig. 253 à 257.

Topaze. P. 206 à 210, fig. 371 à 398.

Tourmaline. P. 214 à 216, fig. 420 à 434.

Trona. P. 10, fig. 56.

Turnérite. P. 223, fig. 472.

U.

Urane phosphaté. P. 116, fig. 393 à 400.

V.

Vauquelinite. P. 111, fig. 363 et 364.

Villarsite. P. 191, fig. 276 à 279.

W.

Wavellite. P. 51, fig. 318 et 319.

Wernérite. P. 156 et 157, fig. 63 à 68.

Willémite. P. 86, fig. 205 et 206.

Wollastonite. P. 189, fig. 263 et 264.

X.

Xanthite. P. 189, fig. 262.

232   TABLE DES PLANCHES.

Zinc carbonaté.   P. 82, et 83, fig. 185 à 190.
— silicaté.   P. 83 à 86, fig. 191 à 205.
— sulfuré.   P. 79 à 82, fig. 169 à 184.

                          Z.

Zinkénite.   P. 89,   fig. 221 et 222.
Zircon.   P. 192 à 194, fig. 280 à 295.

FIN DE LA TABLE DES PLANCHES.

ERRATA DU TROISIÈME VOLUME.

Pag. 4 lignes 4 en montant; *au lieu de* $6PbS + SbS^3$ *lisez* $6PbS + Sb^2S^3$.

4 à la note (1) — Bôhman *lisez* Bôhmen.

7 13 en montant; — 0,003, *lisez* 0,0003.

11 10 *id.* — dolomotique, *lisez* dolomitique.

12 pour la formule de la géokronite; — $Pb^5(Sb, As)^5$, *lis.* $Pb^5(Sb, As)^3 + PbS$.

13, notes 3 et 4; — Ebendas, *lisez Annales de Pog-
gendorff.*

27 10 en descendant; — d'Heulgoat, *lisez* d'Huelgoat.

33 1 *id.* — $PbC^2 + PSu^3$, *lis.* $PbC^2 + PbSu^3$.

40 6 *id.* — $Pbsu^3 + CuAq$, *lis.* $PbSu^3 + CuAq$.

41 21 *id.*

	Rapp. atom.			Rapp. atom.	
Pb^3Ph^5	0,018	3	Pb^3Ph^5	0,018	3
Au lieu de	0,006	1	*lisez* $PbCl^2$	0,006	1
$PbCl^2$					

41 A lire en note (1).

45 Au bas de la page,

	Rapp. atom.			Rapp. atom.	
	0,0176	3			
Au lieu de	0,0057	1	*lisez* Pb^3As^5	0,0176	3
Pb^5As^5			$PbCl^2$	0,0057	1
$PbCl^2$					

65 4 en descendant; *au lieu de* $SnS + Cu^5S + FS^2$, *lisez*
$SnS + Cu^2S + FS^2$.

73 1 *id.* — Schlackenwalder, *lis.* Schlag-
genwald.

73 8 *id.* — la Vilder, *lisez* la Villeder.

92 9 *id.* — Frankerberg, *lisez* Franken-
berg.

130 9 *id.* — *a'* et *a'*, *lisez* *a'* et *e'*.

145 22 *id.* — Kupfer smaragd, *lisez* Kupfer-
smaragd.

153 4 *id.* — d'oxyde cuivre, *lisez* d'oxyde
de cuivre.

165 18 *id.* — qu'e, *lisez* qu'en.

Pag. 184 lignes 21 en descendant;   —   *dunklees*, lisez *dunkles*.

   210   6 en montant;   —   un mètre cube, *lisez* un mè-
                                             tre cube de gravier.

   211   en desc. et dans le tableau; —   Elder, *lisez* Eder.

   214   12 en descendant;   —   la découverte a, *lisez* la dé-
                                             couverte est.

   236   6   *id.*   —   98,39, *lisez* 98,30.

   238   11   *id.*   —   alumine... 49,96 54,72 52,1,
                                                    lisez :
                                             alumine.. 49,96 54,72 52,01.

   239   16   *id.*   —   La sphène, *lisez* le sphène.

   251   1   *id.*   —   Salvatat, *lisez* Salvétat.

   267   4 en montant;   —   propiété, *lisez* propriété.

   272 note (1)   —   *Ebendas*, p. 258, *lisez*
                                             Schweigger Journal, t. XXI.

   300   6 en montant;   —   méoinite, *lisez* méïonite.

305 Les sommes 100,00 et 99,84 sont 99,75 et 99,89.

308 Dans l'analyse de la géhlénite, par Kobell, pour somme, *au lieu de*
    99,60, *lisez* 99,69.

309   11 en descendant; *au lieu de* BERGEMANN, *lisez* Bergmann.

310 Dans l'analyse de la glaucolite, pour la somme, *au lieu de* 99,113,
    lisez 99,117.

360   9 en montant;   *au lieu de* d'un poise, *lisez* d'un pois.

404 dans les angles de la néphéline :

Au lieu de :	*Lisez* :
M sur M $= 150^0$	M sur M $= 120^0$
M sur $g^1 = 150^0$	M sur $h^1 = 150^0$
P sur $g^1 = 90^0$	P sur $h^1 = 90^0$

405 La somme de l'analyse de Scheerer est 100,58, *au lieu de* 100,32.

411, au bas de la page, *au lieu de* Oxyg.   *lisez* : Oxyg.

$$\left.\begin{array}{c}4,02\\3,07\end{array}\right\} 12,38 \qquad \left.\begin{array}{c}4,02\\3,07\end{array}\right\} 7,09$$

$$\left.\begin{array}{c}9,00\\2,59\\0,25\\0,54\end{array}\right\} 7,09 \qquad \left.\begin{array}{c}9,00\\2,59\\0,25\\0,54\end{array}\right\} 12,38$$

425 La somme de l'analyse de Fuchs est 99,97 *au lieu de* 99,16.

431 Angles de la mésolite, par Phillips ;

Au lieu de :	*Lisez* :
M sur $b^{1/8} = 147^0$	M sur $b^{1/3} = 147^0$.
M sur $h^4 = 161^0 40'$	M sur $h^3 = 161^0 42'$.

Pag. 434 La somme de l'analyse de Delesse est 95,5, *au lieu de* 100.

489 Dans l'analyse de Klaproth, la somme est 97,25, *au lieu de* 99,50.

502 Analyse de la karpholite, 2ᵉ analyse, la somme est de 98,793 *au lieu de* 98,794.

513 La somme de l'analyse de Varrentrapp est 99,12, *au lieu de* 99,40.

520 Les sommes 98,29 et 100 doivent être remplacées par 98,20 et 98,29.

524 La somme est 100,20 et non 100.

529 On a déjà décrit (p. 440 de ce volume) une variété d'heulandite, sous le nom d'édelforsite.

549 Les sommes 100,65 et 100,55 sont 100,64 et 100,38.

551 La première somme est 96,49, *au lieu de* 97,88.

564 ligne 1 en montant : *au lieu de* l'expression n d, *lisez* l'expression de.

571 La somme est 99,04, *au lieu de* 98,99.

580 Dans l'analyse de la tharcite, *au lieu de* 99,51, *lisez* 99,54.

580 ligne 9 en montant ;   —   granatite, *lisez* gramatite.

589 Première analyse, somme — 97,47, *au lieu de* 97,10 ;

    Troisième analyse, —   97,04, —   97,06.

598 ligne 15 en descendant ; *au lieu de* Augite calcaréo-magnésienne, *lisez* Augite calcaréo-manganésienne.

598   17   *id.*   —   Augite ferro-magnésienne, *lisez* Augite ferro-manganésienne.

604 Allalite, la somme est 99,40, *au lieu de* 99,45.

606 La somme de la seconde analyse est 97,01, *au lieu de* 98,01.

609 ligne 1 4ᵉ mot, *lisez* labrador, *au lieu de* d'albite.

624 La somme est 99,92, *au lieu de* 100,00.

639   4 en montant ;   *au lieu de* 0ᵐ,002, *lisez* 0ᵐⁱˡˡⁱᵐ.,002.

641   10 en descendant ;   —   60° à 76°, *lisez* 50 à 76°.

645 Première analyse, la somme est 101,63, *au lieu de* 101,59.

650   5 en montant ;   *au lieu de* micas à lithion, *lisez* micas à lithine.

651   4 en descendant ;   —   Vaolry, *lisez* Vaulry.

659   13 en montant ;   —   Cinq rhomboèdres, *lisez* six rhomboèdres.

668 Première analyse, la somme est de 100,456; *au lieu de* 100,420.

692   3 en descendant ;   *au lieu de* homigstein, *lisez* honigstein.

721 Houille de Rodlle, la somme est 100,7, *au lieu de* 100,0.

730 Tourbe de Reims, ligne 3 en montant ; 39,9, *lisez* 39,7.

737 La mosandrite a déjà été décrite p. 673.

754 La somme 100,7 de la caporcianite est 100,4.

755 La somme de la première analyse est 99,99, *au lieu de* 99,95.

Pag. 769 Les chiffres décimaux représentant l'analyse de la masonite ont été mal placés, ce qui en rend les résultats fautifs. La composition de ce minéral est :

Silice.................	33,200
Alumine.............	29,000
Magnésie............	0,240
Protoxyde de fer.......	25,934
— de manganèse	6,000
Eau.................	5,600
	99,974

780 Rosite, la somme est 99,487, *au lieu de* 99,476.

TABLE GÉNÉRALE DES MATIÈRES.

A.

	Tom.	Pag.		Tom.	Pag.
Abrazite,	III,	446	Alexandrite,	III,	748
Acadialite,	III,	460	Allagite,	II,	434
Acanthoïde,	III,	748	Allalite,	III,	597
Acerdèse,	II,	402	Allanite,	II,	384
Achirite,	III,	145	Alliage d'or et de rhodium,	III,	205
Acicular olivenore,	III,	143	Allochroïte (grenat),	III,	280
Acide antimonieux,	II,	654	Allomorphite,	III,	748
— arsénieux,	II,	138	Allophane,	III,	268
— boracique ou borique,	II,	82	Allotropique (calc.),	II,	249
— carbonique,	II,	80	Alluaudite,	III,	748
— hydrochlorique,	II,	84	Almandine,	III,	297
— marin,	II,	84	Alstonite,	III,	749
— molybdique,	III,	220	Alumine,	II,	335
— muriatique,	II,	84	— boratée,	III,	748
— sulfurique,	II,	130	— fluatée alcaline,	II,	363
— titanique,	II,	664	— hydratée,	II,	346
Achmite,	III,	625	— magnésiée,	III,	679
Actinote,	III,	580, 585	— phosphatée,	II,	352
Adinole,	III,	352	— phosphatée plom-		
Adulaire,	III,	341	bifère,	II,	355
Ægyrine,	III,	747	— sous-sulfatée,	II,	365
Ædelforsite,	III,	440	— sous-sulfatée alca-		
Æquinolite,	III,	748	line,	II,	367
Æschinite,	III,	571	— sulfatée,	II,	364
Aérolithes,	II,	441	— sulfatée alcaline,	II,	372
Aérosite, synonyme de Ar-			Aluminates,	III,	679
gyrythrose,	III,	178	Aluminite,	II,	365-367
Agalmatolite,	III,	488	Alumocalcite,	III,	267
Agaphite,	II,	359	Alumogène,	II,	364
Agaric minéral,	II,	248	Alun,	II,	372
Agate (quartz),	II,	101	— ammoniacal,	II,	373
Agustus ou Agustine,	III,	319	— de plume,	II,	375
Aigue-marine,	III,	319	— magnésien,	II,	374
Aimant,	II,	462	— sodifère,	II,	373
Akanticone,	III,	289	Alunite,	II,	367
Alabandine,	II,	392	Amalgam,	III,	160
Alabastrite, syn. d'albâtre,	II	278	Amalgame natif,	III,	160
Alaunstein,	II,	367	Amantite ou Amanzite,	III,	749
Albâtre calcaire,	II,	236	Ambligonite,	II,	317
— gypseux,	II,	278	Ambre,	III,	693
Albine,	III,	418, 420	Améthyste,	II,	86
Albite,	III,	365	— orientale,	II,	341
Alcali minéral,	II,	156	Amiante,	III,	609

	Tom.	Pag.
Amiantiforme arséniate of Copper,	III,	143
Amiatite, synon. d'hyalite,	II,	110
Ammoniaque muriatée,	II,	139
— sulfatée,	II,	141
Amphibole,	III,	580
Amphibole aciculaire,	III,	586
— blanche (calcaire),	III,	581
— compacte,	III,	587
— ferrugineuse,	III,	585
— noire,	III,	585
— verte (actinote),	III,	585
Amphibolite,	III,	595
Amphigène,	III,	398
Amphodélite,	III,	306
Analcime,	III,	480
Anatase,	II,	670
Anauxite,	III,	749
Ancramite, synonyme de zinc oxydé,	II,	598-603
Ancramite, synonyme de zinc oxydé manganésifère,	II,	618
Andalousite,	III,	229
Andréasbergolite,	III,	472
Andréolite,	III,	472
Anglarite,	II,	533
Anglésite,	III,	33
Angles des cristaux,	I,	21
— leur mesure,	I,	183
— détermination des angles des formes secondaires sur la forme primitive,	I,	180
Anhydrite,	II,	282
Ankérite,	II,	262
Anorthite,	III,	384
Anomalies aux lois de la cristallisation,	I,	201
Antiédrite,	III	451
Antigorite,	III,	620
Antimoine,	II,	638
— arsenical,	II,	640
— blanc,	II,	653
— blende,	II,	651
— en plume,	II,	643-648
— natif,	II,	638
— natif arsénifère,	II,	640
— oxydé,	II, 653, III,	746
— oxydé sulfuré,	II,	651
— oxydé terreux,	II,	654
— plumbo-cuprif.,	III,	17
— rouge,	II,	651
— sulfuré,	II,	641
— sulfuré nickélif.	II,	581
Antimonblüthe,	II,	653
Antimonglanz,	II,	641
Antimonsilber,	III,	631
Antimonickel,	II,	581
Antimonocker,	II,	634
Antophyllite,	III,	591
Anthosidérite,	III,	564
Anthracite,	III,	717
— commune,	III,	718
— vitreuse,	III,	718

	Tom.	Pag.
Anthraconite, variété de calcaire compacte fétide,	II,	240
Antrimolite,	III,	429
Apatelite,	III,	749
Apatite,	II,	286
Appendice,	III,	749
Aphanèse,	III,	140
Aphérèse,	III,	129
Aphrodite,	II,	313
Aphtalose,	II,	144
Aphrite, variété de calcaire,	II,	209
Aphthitalite, synonyme de potasse sulfatée,	II,	144
Aphrysite,	III,	659
Apyrite,	III,	659
Apiôme,	III,	275
Apophyllite,	III,	418
Arendalite,	III,	289
Aréomètre de Nicholson,	I,	228
Arétrigonale (calc.),	II,	249
Arfvedstonite,	III,	592
Argentine, nom donné par Zirman à la chaux carbonatée nacrée,	II,	235
Argiles,	III,	248
— à foulon,	III,	263
— à polir,	III,	262
— à porcelaine,	III,	252
— bitumineuses,	III,	263
— calcaires,	III,	261
— ferrugineuses,	III,	262
— figulines,	III,	263
— légères,	III,	262
— leur composition,	III,	259
— ocreuses,	III,	262
— plastique,	III,	257
— plombagine,	III,	263
— schisteuses,	III,	263
— smectique,	III,	262
Argent aigre,	III,	169
— amalgamé,	III,	160
— antimonial,	III,	163
— antimonié sulfuré,	III,	184
— antimonié sulf. noir,	III,	169
— arsenical,	III,	164
— arsénio-sulfuré,	III,	184
— blanc,	III,	5
— bromuré,	III,	191
— carbonaté,	III, 193,	746
— chloruré,	III,	188
— corné,	III,	188
— ferrifère,	III,	173
— flexible,	III,	175
— fragile,	III,	169
— gris antimonial,	III,	173
— ioduré,	III,	189
— merde d'oie,	III,	755
— molybdique,	II,	630
— muriaté,	III,	188
— natif,	III,	156
— noir,	III,	169
— (production de l') au Mexique,	III,	197

	Tom.	Pag.
Argent rouge,	III,	178
— séléniuré,	III,	187
— sulfuré,	III,	166
— sulfuré antimonifère et cuprifère,	III,	173
— sulfure antimonifère et plombifère,	III,	173
— telluré,	II,	632
— vitreux,	III,	166
Argyrose,	III,	166
Argyrythrose,	III,	178
Aricite, *syn.* de phillipsite,	III,	
Arktizite,	III,	298
Arquérite,	III,	162
Arragonite,	II,	250
— coralloïde,	II,	256
Asbeste,	III,	609
Astrakanite,	III,	749
Arktizite, *var. de wernérite*,	III,	298
Arménite, *synonyme* de cuivre carbonaté bleu,	III,	119
Arséniate de plomb filam.,	III,	48
Arsenic blanc,	II,	138
— natif,	II,	132
— oxydé,	II,	138
— sulfuré jaune,	II,	136
— sulfuré rouge,	II,	134
Arsenicite,	II,	293
Arsenik-kobalt,	II,	557
— saures-blei,	III,	44
— saures-kobalt,	II,	566
— saures-nickel,	II,	584
— silber,	III,	164
— wismuth,	III,	80
Arsénio-sidérite,	II,	547
Arsénite de cobalt,	II,	568
Arséniure d'antimoine,	II,	640
Asparagolithe,	II,	286
Aspasiolite,	III,	790
Asphalte,	III,	708
Astéries dans les cristaux,	I,	287
Astasialus phylogeneus, *synonyme* de fer oxalaté,	II,	555
Atakamite,	III,	127
Atélestite,	III,	749
Atomes,	I,	324
— *composés,*	I,	325
— *élémentaires,*	I,	325
— *leur poids,*	I,	329
Augite,	III,	597-611
Auin, *syn.* de Haüyne,	III,	676
Aurichalcite (*zinc*),	II,	602
Auro-poudre,	III,	204
Aurum problematicum,	II,	624
Automalite,	III,	684
Automolith,	III,	684
Aventurine (*quartz*),	II,	97
Axes des cristaux,	I,	32
— *leur position. Voir chaque type,*	I, de 34, à 150	
— *d'électricité,*	I,	237
— *optiques,*	I,	251
— *de double réfraction,*	I,	272
— *mesure de l'écartement des axes de double réfraction,*	I,	272
Axinite,	III,	666
Azurite,	II,	358
— (*cuivre carbonaté*),	III,	119

B.

	Tom.	Pag.
Babingtonite,	III,	594
Baïérine,	II,	525
Baïkalite,	III, 597-599,	600
Balance hydrostatique,	I,	227
Baldissérite, *syn.* de Giobertite,	II,	309
Baltimorite,	III, 539,	610
Bamlite,	III,	749
Bardiglione (*marbre*),	II,	282
Barolite,	II,	172
Barosélénite,	II,	179
Barsowite,	III,	304
Baryte carbonatée,	II,	172
— concrétionnée,	II,	189
— sulfatée,	II,	179
— *calcul de ses modifications,*	I,	386
Baryto-calcite,	II,	175
— *en prisme droit,*	II,	177
Barytine,	II,	179
Basalte,	III,	613
Basaltine,	III,	597
Basanomelan, *syn.* de coquimbite,	II,	553
Basicérine,	II,	382
Bastæsite, *nom donné au fluo-*		
rure de cérium et de lanthane,	II,	383
Batrachite,	III,	551
Baudisserite,	II,	309
Baulite,	III,	750
Baume de momie,	III,	708
Bavalite,	III,	750
Beaumontite,	III,	471
Beauxite, *nom donné* à l'alumine hydratée de Beaux,	II,	347
Beckite,	III,	750
Béraunite,	III,	751
Bérengélite,	III,	698
Bergmanite,	III, 7,	304
Bergbütter,	III,	751
Bernstein,	III,	693
Berthiérite (*antimoine*),	II,	650
— (*fer aluminaté*),	II,	493
Béryl,	III,	319
Berzéline,	III,	99
Berzélite (*chaux arséniatée*),	II,	296
— (*plomb chloruré*),	III,	50
Beudantine,	III,	304
Beudantite (*fer arséniaté*),	II,	541

	Tom.	Pag.
Beurre de montagne,	III,	751
Bildstein,	III,	488
Bino-singulaxe (système),	I,	65
Binaire (système),	I,	76
Bi-rhomboèdres,	I,	110
Birousa, *syn.* de turquoise,	II,	
Biotine (*anorthite*),	III,	384
Biseaux; leur position,	I,	27
Bisilicate de chaux,	III,	525
Bismuth carbonaté,	III,	79
— natif,	III,	74
— oxydé,	III,	79
— sélénié,	II,	630
— silicaté,	III,	80
— sulfuré,	III,	75
— sulfuré cuprifère,	III,	78
— sulf. plumbo-argentifère,	III,	77
— sulfuré plumbo-cuprifère,	III,	76
— telluré,	II,	630
Bismuthine,	III,	75
Bissolite,	III,	580
Bisulfure de cuivre,	III,	92
Bitumes,	III,	704
— de Judée,	III,	708
— de momie,	III,	708
— élastique,	III,	710
— glutineux,	III,	709
Bittersalz,	III,	325
Bitterspath.	II,	258
Black-Jack,	II,	588
— wad (*manganèse*),	II,	409
Blattérine, *synonyme* de tellure plumbo-aurifère,	II,	629
Blattererz,	II,	629
Blatter tellur,	II,	692
Blaüeisenerz,	II,	533
Blaüeisenstein,	III,	627
Blaüspath,	II,	358
Bleiblüthe,	III,	48
Bleicarbonat,	III,	23
Bleiglanz,	III,	2
Bleiglatte,	III,	22
Bleigummi,	III,	63
Bleihornerz,	III,	49
Bleivitriol,	III,	33
Blende,	II,	588
Blœdite,	II,	164
Bleu de Prusse natif,	II,	535
— d'outre-mer,	III,	675
— martial cristallisé,	II,	533
Bleu Copper,	III,	98

	Tom.	Pag.
Bleynière,	III,	751
Blædite,	II,	564
Bodénite,	III,	752
Bois bitumineux,	III,	726
— fossile,	III,	726
Bolide,	II,	441
Boltonite,	III,	545
Bombite,	III,	522
Bonsdorfite,	III,	500
Boracite,	II,	315
Borax,	II,	170
Borech,	II,	158
Bornine,	II,	630
Borodiglione. synonyme de kupferschaüm,	III,	143
Botriolite,	III, 653,	658
Botryogène,	III,	552
Boulangérite,	III,	12
Bournonite,	III,	17
Bouteille pour prendre la pesanteur spécifique,	I,	228
Bovey-coal,	III,	696
Braordite, *syn.* d'argent rouge, III,	178	
Brachitipique (*calcaire*),	II,	249
Braünbleierz,	III,	401
Braüneisenstein,	II,	481
Braunite,	II,	396
Breislakite,	III,	752
Breunérite,	II, 309,	310
Brevicite,	III,	424
Brewstérite,	III,	443
Brittle sulphuret of silver,	III,	169
Brochantite,	III,	150
Bromlite, baryto-calcite de Fallowfield,	II,	
Bromure d'argent,	III,	191
— de zinc,	II,	622
Brongniartine,	II,	167
Bronzite,	III,	617
Brookite,	III,	673
Brucite (*condrodite*),	III,	638
Brucite (*mag. hydratée*),	II,	307
Brucite (*oxyde rouge de zinc*), II,	618	
Brunissoir (hématite rouge), II,	473	
Brunone, variété de sphène, III,	669	
Buchalzite,	III,	226
Bucklandite,	III,	296
Bukite,	III,	752
Buntbleierz,	III,	40
Buntkupfererz,	III,	100
Buratite,	III,	734
Bustamite,	II,	433
Bytownite,	III,	752

C.

	Tom.	Pag.
Cadmium sulfuré,	II,	637
Caillou d'Égypte, var. de jaspe, II,	111	
Calaïte (*turquoise*),	II,	359
Calamine,	II, 598-	603
Calamite,	III,	753

	Tom.	Pag.
Calcaire,	II,	209
— crayeux,	II,	246
— grossier,	II,	247
— hydraulique,	II,	240
— oolithique,	II,	242

	Tom.	Pag.
Calcaire terreux,	II,	247
Calcédoine, quartz-agate,	II,	102
Calcite,	II,	208
Calcul de dérivation des formes secondaires sur les formes primitives,	I.	361
— sur le prisme à base carrée,	I,	364
Calédonite,	III,	37
Caliche, nom donné par MM. Hayes et Blake, à la soude nitratée du Pérou,	II,	154
Callais, synonyme de calaïte,	II,	359
Calomel,	II,	660
Calstrone-baryte,	II,	194
Calcul atomique,	I,	332
— des sulfures,	I,	337
— des corps oxygénés,	I,	338
Cancrinite,	III,	401
— bleue (sodalite),	III,	400
Canaanite,	III,	753
Candite,	III,	679-680
Cantalite, Var. de quartz ou de pechstein,	II,	111-119
Caoutchouc fossile,	III,	710
Caractères des minéraux; leur division,	I,	4
— extérieurs,	I,	5
— cristallographiques,	I,	17
— géométriques,	I,	17
— physiques,	I,	225
— chimiques,	I,	303-319
Carbocérine,	II,	377
Carbonate de chaux,	II,	209
— de cuivre anhydre,	III,	126
Carbono-phosphate de fer,	II,	496
Carbon-silicate de manganèse,	II,	429
Carbuncle, nom donné par les anciens au grenat rouge,	III,	272
Carbure de fer,	III,	715
Cargnieule,	II,	264
Carinthine ou carinthite,	III,	580
Carolinite,	III,	404
Carpholite,	III,	501
Carpocianite,	III,	753
Carton de montagne,	III,	609
Cassitérite,	III,	67
Cassure (car. ext.),	I,	9
Catlinite,	III,	754
Cécérite,	II,	387
Célestine,	II,	200
Cendres de la Guadeloupe (Labrador),	III,	375
Cendres bleues, cuivre carb. bleu,	III,	119
— noires, lignites,	III,	724
— vertes malachite,	III,	123
Céraunite,	III,	317
Cercle parhélique (astéries),	I,	288
Céréolite,	III,	754
Cérérine,	II,	387
Cérite ou cérine,	II,	386
Cérium carbonaté,	II,	377

	Tom.	Pag.
Cérium fluaté,	II,	381
— — basique,	II,	382
— hydro-fluaté,	II,	482
— oxydé,	II,	386
— — silicifère,	II, 386,	387
— — yttrifère,	II,	325
— phosphaté,	II,	378
Cérium et yttria fluatés,	II,	325
Cérolithe,	III,	491
Céruse,	III,	23
Ceylanite (zircon),	III,	565
Ceylanite (spinelle),	III,	679
Chabasie,	III,	460
Chabasine,	III,	460
Chalilite,	III,	754
Chalkolite,	III,	84
Chalkosine,	III,	92
Chalkopyrite,	III,	102
Chalumeau (Essais au),	I, 308 à	318
— (réactifs employés dans les),	I,	313
Chamoisite,	II,	493
Chapapote, nom donné au bitume asphalte de l'île de Cuba,	III,	709
Charbons fossiles,	III,	712
— leurs divisions,	III,	714
Chaux anhydrosulfatée,	II,	282
— antimoniée (roméine),	II,	297
— arséniatée,	II,	293
— — anhydre,	II,	296
— boratée siliceuse,	III,	653
— carbonatée,	II,	209
— — sa dilatation,	I,	301
— — terreuse,	II,	246
— — ferrifère,	II,	497
— — compacte,	II,	239
— — bleue du Vésuve,	II,	266
— — fibreuse,	II,	235
— — lente,	II,	258
— — magnésifère,	II, 258-	420
— — nacrée,	II,	235
— prismat. (arragonite),	II,	250
— chlorurée,	II,	305
— fluatée,	II,	267
— — aluminifère,	II,	270
— — quartzifère,	II,	270
— nitratée,	II,	305
— phosphatée,	II,	286
— sous-arséniatée,	II,	295
— sulfatée,	II,	272
— — calcarifère,	II,	278
— — épigène,	II,	285
— — niviforme,	II,	279
— tungstatée,	II,	302
— d'antimoine,	II,	653
Chelmsfordite,	III,	527
Chenocopsolite ou chenocoprolite,	III,	754
Chert (variété de silex),	II,	117
Chiastolite, syn. de staurotide,	III,	237
Chiléite,	III,	755
Chiltonite, var. de prehnite,	III,	457
Chlore,	II,	84

	Tom.	Pag.
Chlorite,	III,	514
— écailleuse,	III,.	514
— hexagonale, III,	511-567	
Chlorite schisteuse,	III,	535
Chloritoïde,	III,	755
Chloritspath,	III,	755
Chloro-bromure d'argent,	III,	192
Chlorophan,	II,	267
Chlorophyllite (*tourquoise*),	II,	362
— (*serpentine*),	III,	542
Chloromélane,	III,	556
Chloropale,	III,	561
Chlorophazite, *syn.* de cho- rophœite,	III,	755
Chlorophœite,	III,	755
Chlorospinelle,	III,	682
Chlorure de sodium,	II,	145
Chondrodite,	III,	638
Chonikrite,	III,	504
Chrictonite,	II,	510
Christianite (*anorthite*),	III,	384
Christianite,	III,	478
Chromblei,	III,	54
Chrome oxydé,	III,	220
Chromochlorite,	III,	756
Chromocker,	III,	220
Chrysobéril,	III,	686
Chrysocale,	III,	147
Chrysolithe,	III,	546
— *du Cap*,	III,	457
— *orientale*,	III,	686
— *de Saxe*,	III,	630
— *des volcans*,	III,	546
Chrysopal,	III,	686
Chrysophane, *syn.* de hol- mite,	III,	520
Chrysoprase (*quartz-agate*),	II,	103
Chrysite, *var.* de péridot,	III,	546
Chrysotile,	III.	759
Chusite, III,	546-549	
Cinabre,	II,	656
Cire fossile. *Voy.* ozokérite,	III,	703
Citrine, *variété* de quartz hyalin d'un jaune verdâtr.,	II,	
Classification des minéraux,	II,	1
— *de Berzélius,*	II,	8
— *Beudant,*	II,	10
— *Brongniart,*	II,	12
— *D. D'halloy,*	II,	16
— *Dufrénoy,*	II,	17
— *Haüy,*	II,	5
— *Mohs,*	II,	6
— *Necker,*	II,	16
— *G. Rose,*	II,	15
— *Werner,*	II,	3
Clausthalite,	III,	15
Cleavelandite,	III,	365
Clintonite,	III,	520
Clitonite,	III,	457
Clivages, leur disposition,	I,	23
— *leur relation avec la forme des cristaux,*	I,	24

	Tom.	Pag.
Cluthalite,	III,	427
Cobalt arsénié,	II,	568
— arsenical,	II	557
— arséniate,	II,	566
— bituminifère,	II,	564
— éclatant,	II,	561
— gris,	II,	561
— oxydé noir,	II,	565
— sulfaté,	II,	572
— sulfuré,	II,	556
Cobaltine,	II,	561
Coccolite,	III,	597-603
Cockle,	III,	659
Collyrite,	III,	269
Colophonite,	III,	275
Colorados,	III,	157
Colpa, *nom donné par les Pé- ruviens au Trona,*	II,	158
Columbite,	II,	521
Combin. des corps simples,	I,	326
— *lois qui les régissent,*	I,	327
Combustibles fossiles,	III,	691
— *leurs divisions,*	III,	691
— *leur composition,*	III,	731
Commingtonite,	III,	628
Composition des minéraux,	I,	319
— *atomique,*	I,	321
Comptonite, III,	484-485	
Condrodite,	III,	638
Condurite,	III,	144
Conite,	II,	262
Copale fossile,	III,	697
Copiassite,	III.	756
Coquimbite,	II,	553
Corindon,	II,	335
— émeri,	II,	343
Cottonerz,	II,	627
Cordiérite,	III,	314
Cornaline (*quartz-agate*).	II,	102
Cornéenne *dure*,	III,	587
— *tendre*,	III,	588
Corps simples,	I,	323
Couleur (car. ext.),	I,	3
Coulobrasine , *nom donné par Huot, au séléniure de* zinc,	II,	596
Couperose blanche,	II,	621
— bleue,	III,	149
— verte,	II,	550
Couronnes (astéries),	I,	288
Couzeranite,	III,	416
Covelline,	III,	98
Covellinite (*néphéline*),	II,	404
Craie,	II,	247
— *de Briançon,*	III,	597
Craitonite,	II,	510
Craurite, *syn.* de alluandite,	III,	748
Crispite,	II,	666
Cristallographie (problèmes de)	I,	161
Cristal de roche,	II,	86
Cristaux, leur disposition.	I,	21
— *homœdres,*	I,	51

	Tom.	Pag.
Cristaux hémièdres,	I,	29, 51, 87
— *hémitropes,*	I,	63, 115
— *croisés,*	I,	129, 207
— *à un axe de réfrac-*		
tion,	I,	251, 255
— *à deux axes,*	I,	252
— *angle des deux axes*		
(noms des miné-		
raux),	I,	253, 256
Crocalite,	III,	422
Croicoise,	III,	54
Croisette,	III,	237
Croisement des cristaux,	I.	207
Cronstedlite,	III,	556, 558
Crucite,	II,	457
Cryolithe,	II,	363
Cube et ses formes dérivées,	I.	34
— *cristaux auxquels il*		
donne naisssance,	I,	51
— *calcul des formes se-*		
condaires,	I,	172
Cubo-octaèdre,	I,	61
Cubo-dodécaèdre,	I,	61
Cuban,	III,	656
Cubicite,	III,	480
Cuboïde,	III,	460
Cuir fossile — de montagne,	III.	610
Cuivre,	III,	89
— arséniaté,	III,	133
— — ferrifère,	II,	543
— — en octaèdres		
aigus,	III,	135
— — — obtus,	III,	139
— — octaédral,	III,	139
— — prismatique,	III,	135
— — rhomboédri-		
que,	III,	137
— — en prisme rhom-		
boïd. obliq.,	III,	140
— — prismatiq. trian-		
gulaire,	III,	140
— arsenical,	III,	114
— arsénié,	III,	144

	Tom.	Pag.
Cuivre azuré,	III,	119
— carbonaté bleu,	III,	119
— — vert,	III,	123
— de cémentation,	III,	91
— chloruré,	III,	127
— gris,	III,	106
— — arsénifère,	III,	110
— — platinifère,	III,	113
— — micacé,	III,	137
— hydraté silicifère,	III,	147
— hydro-phosphaté,	III,	131
— hydraté siliceux,	III.	147
— muriaté,	III,	127
— natif,	III,	89
— oxydé noir,	III,	118
— — rouge,	III,	115
— oxydulé,	III,	115
— panaché,	III,	100
— phosphaté,	III,	129
— — octaédriq.,	III,	129
— — prismatiq.,	III,	131
— pyriteux,	III,	102
— sélénié,	III,	99
— — argentifère,	III,	22
— sulfaté,	III,	149
— sous-sulfaté,	III,	140
— sulfuré,	III,	92
— — argentifère,	III, 94, 96
— — bismuthifère,	III,	95
— — hépatique,	III,	100
— — spiciforme,	III,	94
— vanadié,	III,	144
— velouté,	III,	153
— vitreux,	III,	92
Cyanite,	III,	223
Cyanose,	III,	149
Cyclopite,	III,	756
Cymatine, *syn.* de kymatine,	III.	
Cymolite,	III,	267
Cymophane,	III,	686
Cyprine,	III,	283
Cypomica, cuivre arséniaté		
rhomboédrique,	III,	137

D.

	Tom.	Pag.
Dapèche,	III,	710
Damburite,	III.	531
Damourite,	III,	756
Danaïte (cobalt),	II,	563
Danaïte, *fer arsenical.*	II,	563
Daourite,	III,	659
Datholite,	III,	653
Davidstonite,	III,	325
Davina. *syn.* de davyne,	III,	404
Davyne (néphéline),	III,	404
Davyte (alun de plume),	II,	375
Décroissement,	I,	153
— *sur les côtés,*	I,	154
— *sur les angles,*	I,	155

	Tom.	Pag.
Décroissement intermédiaire,	I,	160
— *formules pour*		
les calculs,	I,	343
— *sur le rhom-*		
boèdre,	I,	344
Delphinite,	III,	289
Delvauxine,	II,	538
Dérivation des formes second.		
sur le prisme à base carrée,	I,	364
— *sur le cube,*	I,	172
— *sur le prisme droit*		
rectangulaire,	I,	378
— *sur le prisme rhom-*		
boïdal droit,	I,	386

	Tom.	Pag.
Décroissement sur le rhomboèdre,	I,	409
— *sur le prisme rhom-boïdal oblique,*	I,	429
— *sur le prisme oblique non symétrique,*	I,	464
Dermatine,	II,	314
Desmine,	III,	433
Dévonite,	II,	352
Deweylite,	III,	757
Diadochite,	II,	554
Diaklase,	III,	757
Diallage,	III,	617
Diallogite,	II,	420
Diamant,	II,	73
— *son prix,*	II,	77
Diaspore,	II,	349
— *de Schemnitz,*	II,	350
Diastatite,	III,	593
Diastatique *(cal.),*	II,	249
Dichroïte,	III,	314
Dicrase,	III,	163
Digénite,	III,	757
Dimérique *(calc.),*	II,	249
Diorite,	III,	595
Dioptase,	III,	145
Dioxylite, *syn.* de Lanarkite,	III,	
Dipyre,	III,	407
— *de Zimmapan,*	III,	409
Disomose,	II,	582
Disthène,	III,	223
Dimorphisme,	I, 18,	201
Dimorphes, — *minéraux,*	I,	203
Dufrénoysite,	III,	13
Dureté (car. extér.),	I,	11
— *manière de l'apprécier,*	I,	12
Dusodile,	III,	727
Dysluite,	II,	435
Dysodile,	III,	727

	Tom.	Pag.
Dyssnite,	II,	435
Disymétrie des cristaux,	I,	209
— *relation entre la—et l'é-lectricité,*	I,	209
— *minéraux disymétriques,*	I,	210
Dolomie,	II,	258
Double réfraction,	I,	242
— *à un axe,*	I,	250
— *à deux axes,*	I,	251
— *positive,*	I,	255
— *négative,*	I,	255
— *attractive et répuls.,*	I,	255
Dichroïsme des cristaux,	I,	288
Dichotomie (principes de), pour reconnaît. les minéraux,	I, 486 à	664
Diklinoïdrique (système),	I,	149
Dilatation des minéraux,	I,	295
— *relation entre — et la forme cristalline,*	I,	300
— *méthode d'expéri-mentation,*	I,	296
Diploïte,	III,	414
Diopside,	III,	599
Dioctaèdres (leur dérivation),	I,	71
Dodécaèdre rhomboïdal ré-gulier,	I,	38
— *rhomboïdal symétriq.*	I,	
— *pentagonal,*	I,	56
— *triangulaire scalène,*	I,	97
— *triangulaire isocèle,*	I,	98
Dréelite,	II,	195
Dragées de Tivoli,	II,	243
Ductilité, caract. ext.	I,	14
Dufrénite,	II,	537
Dumasite,	III,	790
Dysclasite,	III,	530
Dysluite,	III,	685
Dyoxylite, *syn.* de lanarkite,	III,	32

E.

	Tom.	Pag.
Eau,	II,	69
Eaux thermales,	II,	72
Éclat (car. ext.), nature,	I,	8
intensité,	I,	8
Écume de mer,	II,	312
Edelforsite,	III,	529
Edénite,	III,	758
Edélite,	III,	422
Edélithe *(prehnite),*	III,	457
Edingtonite,	III,	451
Edwarsite,	II,	378
— *sa réunion à la monazite,*	III,	713
Ehlite,	III,	758
Eisen-apatite,	II,	427
Eisen-chrome,	II,	508
Eisen-glanz,—eisen-glimmer,	II,	467
Eisen-ocker,	II,	481
Eisen-vitriol,	II,	550

	Tom.	Pag.
Eisen-pecherz,	II,	554
Eisensinter,	II,	554
Eisen-resin,	II,	555
Eis-spath,	III,	351
Eisstein *(cryolite),*	II,	363
Ekebergite,	III,	303
Elaterite,	III,	710
Elasmose,	II,	629
Electrum (succin),	III,	693
Electrum (or argentif),	III, 198,	202
Eléolite,	III,	406
Egérane	III,	283
Embrithite,	III,	758
Émeraude,	III,	319
Emeri,	II,	343
Emmonite,	III,	758
Emmonsite,	III,	758
Euchysidérite,	III,	597
Endéllione,	III,	17

	Tom.	Pag.		Tom.	Pag.
Epidermine, *synon.* d'épistil-			*Électricité; relation entre l'élec-*		
bite,	III,	440	*tricité polaire et*		
Epidote,	III,	289	*la disymétrie des*		
— verte,	III,	291	*cristaux,*	I,	209
— grise,	III,	291	*Électricité polaire,*	I,	231
— violette; mangané-			— *minéraux à pôles ter-*		
sifère,	III,	291	*minaux,*	I,	237
Epistilbite,	III,	440	— — *à pôles centraux,*	I,	238
— *son analogie avec*			— *méthode d'observation,*	I,	234
la heulandite,	III,	442	Electroscopes,	I,	241
Épreuves par les acides,	I,	304	*Électromètres,*	I,	241
— *par l'eau,*	I,	304	Ercinite, syn. d'harmotôme,	III,	472
— *par les alcalis,*	I,	306	Essonite,	III,	275
— *par le feu,*	I,	307	*Étain d'alluvion,*	III,	73
Epsomite,	II,	322	— *de lavage,*	III,	73
Erémite,	III,	735	Etain de bois,	III,	72
Ercinite,	III,	472	Etain oxydé,	III,	68
Erdkobalt,	II,	565	— pyriteux,	III,	67
Erdharz,	III,	695	— sulfuré,	III,	67
Erlan,	III,	275	Ethiop martial, syn. d'aimant,	II,	462
Erlau,	III,	758	Euchlorglimmer,	III,	137
Erlanite,	III,	758	Euchroïte,	III,	141
Erinite,	III,	137	Euclase,	III,	326
Erinite,	III,	271	Eudyalite,	III,	577
Erythine—érythrine,	II,	566	Eudylithe, syn. d'eudyalite,	III,	577
Essais au chalumeau,	I, 308 à 318		Eugénésite,	III,	759
— *réactifs employés,*	I,	313	Eugnostrique (*calc.*),	II,	249
— *manière de les exécuter,*	I,	316	Eulébrite, syn. de séléniure		
Esmarkite,	III,	497	de zinc,	II,	
Esmarkite (*datholite*),	III,	653	Eulytine,	III,	759
Esprit de sel,	II,	84	Eumétrique (*calc.*),	II,	249
Élasticité, relat. entre l'—et la			Eukairite,	III,	99
forme des cristaux,	I,	290	Euxénite,	II,	330
Élasticité,	I,	289	Enzeblite, sy. de heulandite,	III,	
— *axes d'élasticité,*	I,	294	Exanthalose,	II,	163
Électricité,	I,	230	Exitèle,	II,	653

F.

	Tom.	Pag.		Tom.	Pag.
Fahlerz,	III,	106	Feldspath lamelleux,	III,	350
Fahlunite dure (*cordiérite*),	III,	314	— *leurs divisions,*	III, 334, 338	
Fahlunite (*tendre*),	III,	240	— opalin,	III,	350
Farine fossile,	II,	248	— (*groupe des*),	III,	331
Fassaïte,	III,	597	— résinite,	III,	357
Faujassite,	III,	445	— sonore,	III,	355
Fayalite,	III,	759	— tenace,	III,	373
Federerz,	II, 643, 648		— terreux,	III,	350
Felsite, ou jade felsite, variété			— vitreux,	III,	343
de jade,	III,	376	— vosgien,	III,	371
Feltbol,	III, 263, 563		Fer arsenical,	II,	459
Fettstein,	III,	406	Fer arsenical axotôme,	II,	461
Fer arséniaté,	II, 540, 543		— azuré,	II, 533, 535	
— cuprifère,	II,	547	Fer carbonaté,	II,	497
Feldspath (*orthose*),	III,	341	— lithoïde,	II,	502
— apyre,	III, 229, 373		Fer carbonaté des houillères,	II,	502
— bleu (*klaprothine*),	II,	358	Fer carburé,	III,	714
— compacte,	III,	351	— chromé,	II,	508
— *comparaison entre*			— chromaté,	II,	508
leurs différentes			Fer calcaréo-siliceux,	III,	621
variétés,	III,	389	Fer en roche,	II,	485

	Tom.	Pag.		Tom.	Pag.
Fer hydroxydé,	II,	482	Fluate neutre de cérium,	II,	381
— limoneux,	II,	481	Fluélite,	II,	362
— micacé,	II,	467	Fluctérine ou flucérine,	II,	381
— natif,	II,	437	Fluor ou fluorine,	II,	267
— oligiste,	II,	467	Fluorite,	II,	267
— — axotôme,	II,	512	Fluorure de calcium,	II,	267
— — concrétionné,	II,	473	Fluorure de titane et de fer.	II,	674
— oxydulé,	II,	462	Forme (car. ext.)	I,	7
— oxydé carbonaté,	II,	497	Forme géométrique,	I,	4-16
— oxydulé titané,	II,	510	—formes prim., leur déterminat.	I,	163
— — métalloïde,	II,	468	1° Leurs angles,	I,	166
— — en grains.	II,	486	2° Leurs dimensions,	I,	168
— oligiste octaèdre,	II, 476, III,	744	3° Relat. de la forme prim.		
— oxalaté,	II,	555	et des formes secondaires,	I,	171
— — géodique.	II,	487	Forme primitive,	I,	25
Fer oxydé hydraté,	481,	483	— dominante,	I,	26
— hydraté brun.		485	— secondaires,	I,	25
— oolitique,	II,	488	— relation entre la forme		
— oxydé hydraté en roches.	II,	485	primitive et les for-		
— oxydé magnétique,	II,	462	mes secondaires,	I,	150
— — rouge,	II, 467,	473	— calc. de ces relations,	I,	171
— — terreux.	II,	490	Formes secondaires, leur rela-		
— oxydé résinite,	II,	554	tion avec les eaux		
— phosphaté bleu,	II,	531	mères,	I,	215
— — brun,	II,	538	— secondaires, leur va-		
— — terreux,	II,	535	riation,	I,	215
— — vert,	II,	537	— par la chaleur,	I,	216
— résinite,	II,	554	— par l'état électrique,	I,	217
— spéculaire,	II,	471	— par les appareils dans		
— silicéo-calcaire,	III,	621	lesquels la cristalli-		
— spathique,	II,	497	sation s'opère,	I,	217
— sous-sulfaté,	II,	552	— par mélanges,	I,	218
— sulfaté vert,	II,	550	— mél. mécaniques.	I,	220
— — ocreux,	II,	552	— passage d'une forme		
— — rouge,	II,	552	secondaire à une au-		
— sulfuré jaune,	II,	448	tre. par changement		
— — blanc.	II,	451	de milieu.	I,	217
— — magnétique,	II,	458	Formules chimiques.	I,	332
— — calcul des mo-			— minéralogiques,	I,	333
dications du,	I,	173	— leur passage à la		
— calcul de ses angles,	I,	166	composition en		
— — de ses dimen-			centièmes,	I,	340
sions.	I,	168	— man. de les calculer.	I,	337
— titané,	II, 512,	518	Formules de trigonométrie rec-		
Fergusonite,	II,	330	tiligne pour le calcul		
Ferricalcite,	II,	286	des cristaux,	I,	473
Fibroferrite,	III,	760	— de trigonométrie sphé-		
Fibrolite,	III,	225	rique,	I.	476
Fibrosérite,	III,	760	Forstérite,	III,	7
Fichtélite,	III,	701	Fowlérite,	III,	244
Fiorite (quartz),	III,	110	Fowlérite.	III,	760
Flacon pour prendre la pesan-			Froid (car. ext.).	I,	15
teur spécifique,	I,	228	Fuchsite,	III,	760
Fleur de bismuth,	III,	79	Fuscite,	III,	760
Flexibilité (car. ext.),	I,	14	Funkite.	III,	761
Fischérite,	II,	355	Fumaroles,	II,	82
Flochenenerz,	III,	48	Franklinite,	II,	466
Flosferri, syn. d'arragonite co-			Frugardite,	III,	283
ralloïde,	II,	256	Fulgurite,	III,	759

G.

	Tom.	Pag.
Gabronite,	III,	303
Gæbhardite,	III,	761
Gadolinite,	II,	332
Gahnite,	III,	684
Galène,	III,	2
Galadstite,	III,	761
Gallinace, *variété d'obsidienne,*	III,	359
Gallizinite,	II,	518
— (*zinc sulfaté*),	II,	621
Galméi,	II, 598,	603
Gansmatite, *syn.* de chénoco-posolite, ou argent merde-d'oie,	III,	754
Gay-lussite,	II,	161
Geanthrace, *voy. anthracite,*	III,	717
Gediegen-Antimon,	II,	638
— Gold,	III,	198
— Spiessglanz,	II,	638
— Kupfer,	III,	89
— Silber,	III,	156
— Tellur,	II,	624
— Wismuth,	III,	74
Gédrite,	III,	521
Gehlénite,	III,	307
Gekrosenstein,	II,	282
Gelberde,	III,	559
Gelbbleierz,	III,	59
Géokronite,	III,	11
Geyser (*sources du*),	II,	72
Geysérite, *nom donné aux incrustations siliceuses du Geyser,*	II,	108
Gibsite,	II,	346
Gibsonite,	III,	761
Gieseckite ou Giseckite,	III,	397
Gigantolite,	III,	396
Gilbertite,	III	247
Gillingite (*fer oxydulé*),	II,	465
— (*hisingérite*),	III,	559
Giobertite,	II,	309
Girasol, *variété particulière d'opale,*	II,	109
Gismondine,	III,	446
Glaciers, *leurs limites,*	II,	70
Glatte, V. *Bleiglatte,*	III,	22
Glanz kobalt,	II,	561
Glaserz,	III,	166
Glaubérite,	II,	167
Glaucolite,	III,	309
Glaukophane,	III,	761
Glimmer,	III,	639
Glottalite,	III,	452
Gmélinite,	III,	466
Gœkumite,	III,	550
Gœthite,	II,	481
Goniomètres,	I,	181
— d'Adelmann,	I,	195
— de Carangeot,	I,	183
Gonomiètre de Babinet,	I,	197
— de Brongniart,	I,	184
— de Hauy,	I,	181
— de Réflexion,	I,	186
— de Wollaston,	I,	189
— de Mitscherlich,	I,	192
— de Mohs,	I,	195
Gorlandite, *nom donné par M. Brooke au plomb arséniaté,*	III,	44
Goudron minéral,	III,	709
Gramatite,	III,	581
Grammite,	III,	525
Granatoïde,	III,	282
—	III,	762
Granatoïde pyramidale,	I,	47
Granatite,	III,	580
Granite; *sa composition moyenne,*	III,	354
Graphite,	III,	714
Graüspiess glanzerz,	II,	641
Graü-tellur,	II,	627
Grégorite,	II,	518
Grensélite,	III,	762
Grengésite,	III,	762
Grenats,	III,	272
— almandin,	III,	277
— chromifère,	III,	281
— grossulaire,	III,	275
— magnésien,	III,	278
— manganésien,	III,	280
— melanite,	III,	278
— du Vésuve (leucite),	III,	398
Grenatite,	III,	237
Greenlandite, *variété de grenat,*	III,	272
Greenockite,	II,	637
Greenovite,	III, 669,	671
Grès,	II,	112
— bigarré,	II,	149
Graü-gültigerz,	III,	106
Grossulaire ou grossulérite,	III,	275
Groroïlithe-peroxyde de manganèse, de Groroi,	II,	370
Grün bleierz,	III,	40
Grüneisenerz,	II,	537
— de senstein,	II,	537
Grüner-vitriol,	II,	550
— uranerz,	III,	84
Grünstein,	III,	595
Guano,	III,	762
Guhr magnésien,	II,	307
Gummierz,	III,	83
Gurofiane,	II,	258
Gurofste, *syn.* de gurofiane,	II,	258
Guyaquillite,	III,	699
Gymnite,	III,	539

	Tom.	Pag.			Tom.	Pag.
Gymnite,	III,	763	Gyro-scheererite, *syn.* de			
Gypse,	II,	272	scheererite.		III,	701
— *anhydre*,	II,	282				

II.

	Tom.	Pag.			Tom.	Pag.
Haarcialite,	III,	763	Heulandite,		III,	436
Halbzéolite, *syn.* de preh-			Hexaèdre pyramidal,		I,	39
nite,	III,	457	Hexagonal (système),		I, 88,	149
Haidingérite (antimoine),	II,	650	Hexagondodécaèdre,		I, 88,	147
— (silico-aluminate			Hexatétraèdre,		I,	39
de fer,	II,	496	Hexakisoctaèdre,		I,	47
— (chaux arséniatée,	II,	296	Hisingérite,		III,	559
Hallite,	II,	365	Hoganite,		III,	422
Halloysite,	III,	264	Holmésite,		III,	520
Halotrichite,	III,	763	Holmite,		III,	520
Haplotypique (calc.),	II,	249	Honingstein.		III,	692
Happement à la langue			Hopéite,		II,	611
(car. ext.),	I,	14	Hornblei,		III,	49
Harkise ou Haorkise,	II,	573	Hornblende,		III, 580,	585
Harmotome,	III,	472	Hornmangan,		III,	429
— de Marbourg, III,	446,	478	Hyaïte, *syn.* de Ilvaïte,		III,	621
— à base de chaux,	III,	478	Hornsilber,		III,	188
Harringtonite,	III,	427	Hornstein, *fusible*,		III,	351
Hartite,	III,	702	— — *infusible*,		II,	104
Hatchettine,	III,	704	Houilles,		III,	719
Hausmanite,	III,	394	— *grasses*,		III,	721
Haüyne,	III,	676	— *maigres*,		III,	722
Havnefjordite,	III,	764	— *sèche*,		III,	723
Haydénite,	III,	737	Houilles *des calcaires*,		III,	725
Haytorite,	II,	655	Hudsonite.			
Haysénite,	III,	764	Huile de naphte,		III,	705
Hedinbergite,	III,	605	— de pétrole,		III,	706
Hédiphane,	III,	44	— de vitriol,		II,	130
Hébétine, *syn.* de willemite,	II,	609	Hureaulite,		II,	422
Héliotrope (quartz),	II,	103	Humboldtite (datholite),	III, 653,	656
Helvine,	III,	678	Humboldite (fer oxalaté),		II,	555
Hématite brune,	II,	485	Humboldtilite (mellilite),		III,	410
— rouge,	II,	473	Huronite,		III,	765
Hémiédrie,	I,	58	Hyacinthe (zircon),		III,	565
— hypothèse de			Hyacinthe,		II,	
M. de La Fosse sur l',	I,	59	— blanche cruci-			
Hémièdre,	I,	208	forme,		III,	472
Hémitétrakishexaèdre,	I,	56	Hyacinthe de Compostelle,		II,	88
Hémitropies,	I,	207	Hyalosidérite,	III, 546, 548,	550
— Moyen de les recon-			Hyalite,		II,	110
naître par la largeur			Hydrargilite ou Hydrargy-			
des anneaux colorés.	I,	266	rite,		II, 348,	352
— — par la polarisa-			Hyalithe (quartz),		II,	109
tion chromatique,	I,	267	Hydroboracite,		II,	319
Hépatite,	II,	179	Hydrocarbonate de magnésie,	II,	311
Herbeckite,	III,	562	— de fer,		II,	502
Herdérite,	III,	738	Hydrochlorate de chaux,		II,	305
Herrérite,	II,	602	Hydrolite,		III,	466
	III,	764	Hydraline, V. *Idrialite*,		III,	712
Herschelite,	III,	469	Hydrogène,		II,	65
Hétécocline, V. *Hétérocline*.	III,	764	— carboné,		II,	67
Hétérocline,	III,	764	— sulfuré,		II,	65
Hétérozite,	II,	423	Hydro-huskolzite.		III,	245

	Tom.	Pag.		Tom.	Pag.
Hydrophane (quartz),	II,	110	Hydrotale,	III,	511
— *cuivreux,*	III,	147	Hypersthène,	III,	607
Hydrophite,	III, 541,	765	Hypostilbite,	III, 433,	439
Hydropite, *syn.* de rhodo-			Hypochlorite,	III,	765
nite,	II,	429	*Hystatique (calc.),*	II,	249

I.

	Tom.	Pag.		Tom.	Pag.
Ichthyophtalme,	III,	418	Indico-Copper,	III,	98
Icosaèdre, sa dérivation,	I,	62	Iodure de zinc,	II,	622
Icositétraèdre,	I,	41	Iolithe,	III,	314
— *trapézoïdal,*	I,	41	— hydratée,	III,	501
— *pyramidal oc-*			Iridium natif,	III,	215
taédrique,	I,	45	Iridosmine, *alliage d'iridium*		
Idocrase,	III,	283	*et d'osmium,*	III,	215
— *calcul de ses formes*			Ischélite, *nom donné à la*		
secondaires,	III,	364	*polyalite d'Ischel,*	II,	169
Idrialine,	III,	712	Isérine,	II,	518
Iglésiasite,	III,	766	*Isométrique (calc.),*	II,	249
Igloïte,	II,	250	*Isomorphisme,*	I, 18,	205
Ilménite,	II,	512	Isopyre,	III,	766
Ilvaïte,	III,	621	Itterbite,	II,	332
Indianite,	III,	384	Ittnérite,	III,	482
Indicolite,	III, 659,	661	Ixolite,	III,	703
Infusoires,	II,	107			

J.

	Tom.	Pag.		Tom.	Pag.
Jade,	III,	376	Jeffersonite,	III, 597,	607
— *néphrétique,*	III,	317	Johannite,	III,	88
— *oriental (amphibole),*	III,	583	Johnite,	II,	359
Jamesonite,	II,	648	Johnstonite, *syn.* de plomb		
Jaspe (quartz),	II,	111	vanadiaté,	III,	52
Jargon (zircon),	III,	565	Junckérite,	II,	507
Jay, *voy.* Jais,	III,	725	Jurinite, *syn.* de brookite,	II,	673
Jayet *ou* Jaïet,	III,	725			

K.

	Tom.	Pag.		Tom.	Pag.
Kalk-spath,	II,	209	Kéragyne,	III,	188
Kalkoligoclas,	III,	764	Kéramohalite,	III,	766
Kakoxène,	II,	539	Kératophyllite,	III,	580
Kaolins,	III,	252	Kérasine,	III,	49
— *leur composition,*	III,	255	Kérolithe,	III,	491
Kaminoxénique (calc.),	II,	249	*Kermès minéral,*	II,	651
Kammérérite,	III,	503	Kibdelophane,	III,	766
Kapnite , *nom donné par*			Kieselgalmei,	II,	603
Breithaupt à une variété			— kupfer,	III,	147
de carbonate de zinc,	II,	598	— malachite,	III,	147
Karabé de Sodôme,	III,	708	— mangan,	II,	436
Kapnikite, *syn. de manga-*			— schiffer *(quartz lydien),*	II,	121
nèse silicaté rose,	II,	429	— wismuth,	III,	80
Karpholite,	III,	501	— zinkerz,	III,	603
Karphosidérite,	III,	766	Killinite,	III,	487
Karsténite,	II,	282	Kilbrickénite, *syn.* de kil-		
Karsttne, *variété de schiller-*			brickuérite,	III,	4
spal,	III,	618	Kilbrickuérite,	III,	4

	Tom.	Pag.		Tom.	Pag.
Kirwanite,	III,	505	Kryptique (calc.)	I,	249
Kirghisite, syn. de dioptase,	III,	145	Krisuvigite,	III,	767
Klaprothine ou klaprothite,	II.	358	Kupaphrite,	III,	767
Klingstein,	III,	355	Kupfer schaüm,	III,	143
Knebelite,	III,	552	— fahlerz,	III,	106
Kobalt glanz,	II,	561	— glimmer,	III,	137
— kies,	II,	556	— bleispath,	III,	39
Koboldine,	II,	556	— kies,	III,	119
Kobalt mulm,	II,	565	— lazur,	III,	102
— blüthe,	II,	566	— glanz,	III,	92
— vitriol,	II,	572	— glaserz,	III,	92
Kobellite,	III,	5	— inding,	III,	98
Kollyrite,	III,	269	— oxyde phosphor		
Konigine,	III,	152	saures,	III,	129
Kœnigite,	III,	152	— nickel,	II,	575
Konlite,	III,	701	— wismutherz,	III,	75, 78
Koodilite,	III,	766	— smaragd,	III,	145
Koraïte,	III,	488	Kuphonique (calc.),	II,	249
Kornite,	III.	767	Kyanite ou Cyanite,	III,	767
Koupholite,	III, 457,	458	Kymatine,	III,	767
Koulibinite,	II,		Kypholite,	III,	539
Krablite, variété de perlite			Kyrosite, nom donné par		
d'Islande,	III,	358	Breithaupt à une variété		
Kreuzstein,	III,	472	de sperkise,	II,	451
Krokidolithe,	III,	627			

L.

	Tom.	Pag.		Tom.	Pag.
Labrador,	III,	373	Leucolithe,	III,	398
Labradorite,	III,	373	Leucophane,	III,	652
Lagonite,	III,	767	Leuchtenbergite,	III,	767
Lagoni,	II,	83	Libethénite,	III,	129
Lanarkite,	III,	32	Liége fossile,	III,	610
Langstaffite, syn. de con-			Liévrite,	III,	621
drodite,	III,	638	Lignites,	III,	723
Lapis-lazuli,	III,	674	— communs,	III,	724
Lampadite,	III,	767	— fibreux,	III,	724
Lardite,	III,	488	— compacts,	III,	725
Latrobite,	III,	414	Ligurite,	III, 669,	768
Laumonite,	III,	453	Limbilite ou limbelite,	III, 546,	549
Lavendulan,	II,	570	Limonite,	II,	481
Lazionite.—Lasionite,	II,	352	Linarite, syn. de plomb		
Lazulite,	II,	358	sulfate cuprifère,	III,	39
Lazulite (lapis),	III,	674	Lincolnite,	III,	768
Léadhillite,	III,	30	Lindseite,	III,	768
Lebererz,	II,	658	Linzsenerz,	III,	139
Leberkise,	II,	458	Liroconite,	III,	139
Ledérérite,	III,	468	Lirokonite,	III,	139
Léélite,	III,	352	Lithomarge,	III,	260
Lehuntite,	III, 422,	424	Lithrodes,	III,	404
Lémanite, syn. de saus-			Loboïte,	III,	283
surite,	III,	376	Lotalite,	III,	768
Léonhardite,	III,	455	Lois cristallogr. de Haüy,	I,	17
Lépidokrokite,	II,	482	entre la forme et la		
Lépidolithe,	III,	650	composition,	I.	18
Lépidomélane,	III,	515	— de symétrie,	I,	28
Lenzinite,	III,	267	— entre la forme primi-		
Lherzolite,	III, 597,	603	tive et la forme se-		
Lévyne,	III,	464	condaire,	I,	18
Leucite,	III,	398	— anomalies aux lois de		
Leucitoèdre : Leucitoïde,	I,	41	la cristallisation,	I.	201

	Tom.	Pag.		Tom.	Pag.
Lois cristallographiques en-tre la double réfraction et la forme des cristaux,	I,	247	Lucullite, *marbre de Lucullus, ou* noir antique,	II	244
Lumachelles,	II,	243	Lydite, *ou* pierre de Lydie, *quartz noir opaque,*	II,	112
Lyncurion,	III,	693			

M.

	Tom.	Pag.		Tom.	Pag.
Madréporite,	II,	234	Marékanite,	III,	360
Macles,	III,	231	Margarite,	III,	313
Maclurite (*condridite*),	III,	638	Marianite, *syn. de* soude ni-		
Magnésie boratée,	II,	315	tratée,	II,	154
— carbonatée,	II,	309	Marne (*calc. marneux*),	II,	246
— hydratée,	II,	307	Marnes,	II,	261
— muriatée,	II,	324	Marcésite, *variété de* pyrite de		
— native,	II,	306	fer jaune,	II,	448
— nitratée,	II,	323	Martite,	II,	477
— phosphatée,	II,	320	Mascagnin *ou* mascagnine,	II,	141
— silicifère,	II,	312	Masonite,	III,	769
— sulfatée,	II,	322	Massicot,	III,	22
Magnésite,	II,	312	Méionite,	III, 299	300
Magneteisenstein,	II,	462	Mélanchor,	III,	769
Magnétisme des minéraux,	I,	242	Mélanite,	III,	278
Malthe,	III,	709	Mélanochroïte,	III,	57
Malachite,	III,	123	Mélantérie,	II,	550
Malakon,	III,	569	Mellate d'alumine,	III,	692
Malakolite,	III,	597	Mellilite,	III,	410
Malthacite,	II,	114	Mellite,	III,	692
Manganblende,	II,	392	Mélinique (*calc.*),	II,	249
Manganèse arsenical,	II,	393	Mélinose,	III,	59
— argentin,	II,	402	Ménachanite (*fer titané*),	II,	518
— brachitipe,	II,	396	Ménas,	III,	669
— carbonaté,	II,	420	Mendipite *ou* mendissite,	III,	49
— concrétionné,	II,	436	Mennig,	III,	22
— oxydé,	II,	396	Mengite de Brooke,	II,	379
— oxydé hydraté,	II,	402	Mengite (*fer titané*),	II,	517
— — barytifère,	II,	411	Ménilite (*quartz*),	II,	109
— — potassique,	II,	412	Mercure argental,	III,	160
— — silicifère,	I,	429	— chloruré,	II,	660
— phosphaté ferrifère,	II,	426	— corné,	II,	660
— silicaté,	II,	428	— doux,	II,	660
— — rose,	II,	429	— ioduré,	II,	664
— — ferrugineux,	II,	435	— muriaté,	II,	660
— sulfuré,	II,	392	— natif,	II,	655
Manganique (*calc.*),	II,	249	— sulfuré,	II,	656
Manganite,	II, 394-	402	Mésilinique (*calc.*),	II,	249
Mancinite,	III,	768	Mésitinspath,	II,	500
Marbres,	II,	244	Mésole,	III,	428
— *bleu turquin,*	II,	237	Mésolite,	III,	425
— *de Paros,*	II,	238	Mésotype,	III,	422
— *de Portor,*	II,	245	Mésotype épointée,	III,	418
— *de Sarrancolin,*	II,	245	Méronique (*calc.*),	II,	249
— *cipolin,*	II,	237	*Mesure des angles avec le cercle répétiteur,*	I,	187
— *élastique,*	II,	263	— *avec les goniomètres d'applicat.,*	I,	181
— *jaune antique,*	II,	237			
— *noir antique,*	II,	244	— — *de réflex.,*	I,	186
— *pentélique,*	II,	238			
— *ruiniforme,*	II,	245	*Métastatique,*	II,	226
Marcassite,	II,	448	— *sa dérivation,*	I, 97,	100
Marceline,	II,	430			

	Tom.	Pag.
Métastatique; propriétés du métastatique de la chaux carbonatée,	I,	102
Métaxite,	III,	542
Météorites,	II,	411
Meules,	II,	105
Meulières (silex),	II, 105,	118
Miargyrite,	III,	186
Miascite,	III,	769
Miascite,	III,	770
Mica,	III,	639
— à un axe,	III,	641
— à deux axes,	III,	643
Mica hémisphérique,	III,	650
— nacré,	III,	313
— palmé,	III,	650
Micaphyllite,	III,	229
Micarelle,	III,	393
Microlite, syn. de pyrochlore,	II,	300
Michaëlite,	II,	114
Middletonite,	III,	699
Miémite,	II, 258,	262
Miésite,	III,	770
Miloschine,	III,	222
Mikroline,	III,	770
Mine de cuivre jaune,	III,	102
— — gris et d'argent,	III,	106
Mine de plomb,	III,	715
— d'étain,	III,	68
Mine d'acier,	II,	497
Mine de fer bleue,	III,	627
Mine de plomb,	III,	714
Minium natif,	III,	22-23
Minerai de fer limoneux,	II,	491
— — des marais,	II,	491
— — en grains,	II,	487
— — oolitique,	II,	488
Minerai de fer résineux,	II,	491
Mimetèse,	III,	44
Misy,	II,	551
Molisite,	II,	511
Molécules intégrantes,	I, 153,	160
— élémentaires,	I,	157
— principes,	I,	153
Molybdan-blei,	III,	59
Molybdanocker,	III,	220
Molybdanglanz,	III,	218
Molybdène,	III,	218
— oxydé,	III,	220
— sulfuré,	III,	218
Molybdénite,	III,	218
Momosite, syn. de dolomie,	II,	258
Monazite,	II,	379
Monophane,	III,	770
Monoklinoïdrique (système),	I,	149
Monradite,	III,	771
Monticellite,	III,	770
Morion (quartz résinite noir),	II,	119
Morasterz,	II,	491
Mornite,	III,	771
Moropile,	II,	286
Mosandrite,	III,	673
Mullérine,	II,	627
Mullicite,	II,	533
Mundic, variété de pyrite de fer jaune,	II,	448
Muriacite,	II,	282
Muriate de chaux,	II,	305
Murchisonite,	III,	363
Muscoïde,	III,	44
Mussite,	III, 597,	603
Musite,	III,	740
Myéline, syn. de talksteinmark,	III,	236
Mysorine,	III,	126

N.

	Tom.	Pag.
Nacrite,	III,	516
Naphte (huile).	III,	705
Naturlisches amalgam,	III,	160
Nadelstein,	III,	422
Napoléonite. roche de Corse, composée d'albite et d'amphibole,	III,	366
Natrolite,	III, 422,	424
Natrolite d'Hesselkula,	III.	303
Natron,	II, 156,	158
Natronspodumène,	III,	380
Natrocalcite,	II,	208
Neckronite,	III,	351
Némalite,	II,	308
Néoctèse,	II,	543
Néoplase (fer sulfaté rouge),	II,	552
Néoplase (nickel arsénié),	II,	586
Néphéline,	III,	404
Néphrite,	III,	317
Néphrite (serpentine).	III,	539
Neurolite.	III,	772
Newkirkite,	II,	407
Nigrine,	II, 518,	669
Nickel antimonial,	II,	579
— arsenical,	II,	578
— — blanc,	II,	575
— arséniaté,	II,	587
— antimonié sulfuré,	II,	584
— arsénio-sulfuré,	II,	581
— arsénié,	II,	582
— sulfuré,	II,	576
— gris,	II,	582
— natif,	II,	573
— sulfuré bismuthifère,	II,	573
Nickelantimonglanz,	II,	584
Nickéline,	II,	571
Nickelwismuthglanz.	II,	575
— speissglanzerz,	II,	584
— glanz,	II,	581
— oxydé,	II,	584

	Tom.	Pag.		Tom.	Pag.
Nickel oxydé noir.	II,	582	Nosine *ou* nozin,	III,	677
— ocker,	II,	584	Nosiane,	III,	677
— blüthe,	II,	584	*Notation cristallographique*		
— beschlag,	II,	584	— *adoptée,*	I,	159
— mülm,	II,	586	*Notation comparée,*	IV,	
— schwarz,	II,	586	— *de Haüy,*	I,	155
Nitrate de potasse,	II,	142	— *de Mohs,*	I,	159
Nitre,	II,	142	— *de Naumann,*	IV,	
Nitre calcaire,	II,	305	— *de Weiss,*	I,	157
Nontronite,	III,	564	Notation *chimique,*	I.	330
Nordenskiolite,	III,	772	Nussiérite,	III,	46
Norite,	III,	772	Nuttalite (*wernérite*),	III,	302

O.

	Tom.	Pag.		Tom.	Pag.
Obsidienne,	III,	359	Ophite,	III,	529
Ochroïte (*cérite*),	II,	386	Opsimose,	II,	435
Octaèdres scalènes symétriq.,	I,	127	*Onctuosité (car. ext.),*	I,	13
— — *non symé-*			Onyx, *variété d'agate,*	II,	102
triques,	I,	133	Or blanc dendritique,	II,	625
Octaèdre rhomboïdal,	I,	81	— graphique,	II,	625
— *régulier, et ses for-*			— gris jaunâtre,	II,	627
mes dérivées,	I,	36	— mussif natif,	III,	67
Octokishexaèdre,	I,	49	— natif,	III,	198
Octaèdre à base carrée,	I,	67	— allié au rhodium,	III,	205
— *à base rectangle,*	I,	76	— — *en pépites,*	III,	201
— *rectangulaire,*	I, 76,	81	— palladié,	III,	204
Octaédrite,	II,	670	— *son gisement,*	III,	205
Octaedrisches phosphorsau-			— *dans le sable du Rhin,*	III,	209
res kupfer,	III,	129	Orpiment,	II,	136
Octotriaèdres, leur dériva-			Orpin,	II,	136
tion,	I,	45	Orthite,	II,	389
Odeur (car. ext.),	I,	14	Orthose,	III,	341
OEdélite,	III,	422	Orthoclase,	III,	341
OEil de chat (quartz agate),	II,	103	Osmélite,	III,	445
OErstedtite,	III,	577	Osmiure d'iridium,	III,	215
OEtite,	II,	487	Ostranite,	III,	773
Ocre jaune,	II, 485, III,	262	Ottrélite,	III,	349
— *rouge,*	II,	474	Ouralite,	III,	615
Odontalite, syn. de calaïte,	II,	359	Ouwarovite,	III,	281
Oisanite,	II,	670	Outremer,	III,	674
Okénite,	III,	530	Oxahvérite,	III,	421
Olézonique (calc.),	II,	249	Oxalite,	II,	555
Oligoclase,	III,	380	Ouate naturelle,	III,	772
— *de Ténériffe,*	III,	384	Oxychlorure de plomb,	III,	50
Oligonspath,		500	Oxyde d'antimoine,	II, 651,	653
Olivenerz (*cuiv. phosph.*),	III,	129	Oxyde chromique,	III,	220
— (*cuiv. arséniaté*),	III,	135	— de cérium,	II, 386 à	387
Olivine,	III, 546,	549	— de cobalt,	II,	565
Onchosine *ou* onkosin,	III,	490	— de cuivre,	III, 115,	119
Onésite, *variété de* limonite,	II,	481	— de fer,	III, 462 à	483
Oolite (*calc. oolitique*),	II,	242	— de plomb,	III, 22,	23
Odite,	III,	772	— de nickel,	II,	586
Oodite,	III,	772	— d'urane,	III,	81
Oosite,	III,	772	— de zinc manganésifère,	II,	618
Opale,	II,	108	*Oxydation, moyen de l'opérer*		
Omphasite, variété de py-			*par le chalumeau,*	I,	319
roxène,	III,	597	Ozokérite,	III,	703

P.

	Tom.	Pag.
Pacos (minerai d'argent),	III,	157
Pagodite.	III,	488
Palladium natif,	III,	217
— sélénié.	III,	218
Panabase,	III,	106
Papier fossile,	III,	610
Paranthine,	III, 298,	300
Paragonite,	III,	773
Paratomique (calc.),	II,	249
Pargasite (wernérite),	III,	298
— (amphibole),	III, 580-587	
— (pyroxène),	II,	
Parisite,	III,	740
Paulite,	III,	608
Pechblende,	III,	81
Pechstein,	III,	357
— fusible,	III,	357
— infusible,	II, 119; III.	357
Péchurane,	III,	81
Péchuranhyacinthe,	III,	83
Pecktolite,	III,	444
Péganite,	II,	355
—	III,	773
Péliom,	III,	314
Pélokonite,	III,	773
Pélokronite,	III,	133
Pennine.	III, 507,	509
Périclase,	II,	306
Péricline,	II,	365
Péridot,	III,	546
— calcul de ses modifica-		
tions,	I,	378
— chrysolithe,	III,	547
— ferrique,	III,	549
— granuliforme,	III,	549
— hyalosidérite,	III,	548
— olivine,	III,	547
— manganésifère,	III,	552
Péristérite,	III,	774
Peroxyde aluminifère,	II,	410
— de cobalt,	II,	565
— de fer,	II,	467
— de manganèse,	II,	399
— — hydraté,	II,	408
Pérowskite,	II,	298
Perlglimmer,	III,	313
Perlite,	III,	358
Perlstein,	III,	358
Perthite,	III,	297
Pesanteur (car. ext.),	I,	15
— spécifique,	I,	226
— moyen de l'apprécier.	I,	226
— absolue,	I,	230
Pétalite,	III,	377
Petit granite (marbre).	II,	244
Pétrole,	III,	706
Pétrosilex,	III,	351
Pfaffite,	III,	774

	Tom.	Pag.
Pfeifenstein,	III,	483
Phakolite,	III,	462
Pharmacolite.	II,	293
Pharmacosidérite,	II,	540
Phénakite,	III,	329
Phengite,	III,	630
Phénomènes de la cristalli-		
sation,	I, 215 à 224	
Phillipsite,	III, 448, 478	
— de Lévy,	III,	446
— (cuivre panaché).	III,	100
— d'Islande,	III,	449
Phœstine,	III,	774
Pholérite,	III,	244
Phonolite,	III.	355
Phosgénite, syn. de mendi-		
pite,	III,	49
Phosphate d'alumine,	II,	352
— — plombifèr., II,		355
— de chaux graphiteux, II,		292
Phosphorescence des miné-		
raux,	I.	241
Phosphorite,	II, 286, 291	
Phosphorochalcite,	III,	131
Phosphorsaureseisen,	II,	533
Photicite, syn. de rhodizite,	II,	319
Photolith,	III,	444
Phyllite,	III, 592-7	
Physalite,	III,	630
Piauzite,	III,	700
Pickéringérite,	III,	775
Picnite,	III,	634
Picrosmine,	III,	544
Pictite,	III, 669-672	
Picolite,	III,	444
Pigolite,	III,	444
Pierre à plâtre,	II,	272
— cruciforme (harmo-		
tome),	III,	472
— d'alun,	II,	372
— d'asperge.	II,	286
— de Bologne,	II,	179
— de corne,	III,	588
— de Cosne,	III,	536
— de croix,	III,	237
— d'étain,	III,	68
— de foudre,	II,	411
— de hache,	III,	317
— de lard,	III.	488
— de lune,	III,	350
— de Lydie,	II,	121
— de Marmarosch,	II,	291
— ollaire,	III,	536
— de savon,	III,	490
— du soleil,	III,	364
— de touche,	II,	111
— de tripes,	II,	282
— grasse,	III,	406

	Tom.	Pag.
Pierre à plâtre météorique,	II,	411
— meulière,	II,	105-118
— puante,	II,	179
Pierres tombées du ciel,	II,	441
Piéraphylle,	III,	541
Pigotite,	III,	776
Pikrolite,	III,	541
Pikropharmacolite,	II,	295
Pikrophyllite,	III,	775
Pimélite,	II,	586
Pinguite,	III,	404
— (silicate de fer),	III,	562
Pinite,	III,	393
— de Saxe,	III,	394
Piotine,	III,	491
Pipestone,	III,	483
Pisophalte,	III,	709
Pisolites,	II,	242
Pissophane,	II,	376
Pistacite,	III,	289
Pittizite,	II,	544
Placodine,	III,	741
Plakodine,	III,	741
Plagièdre (quartz),	II,	90
Plagionite,	II,	646
Plasma (quartz agate),	II,	103
Platine natif,	III,	213
Plâtre-ciment,	II,	241
Plengite,	II,	282
Pléonaste,	III,	679-680
Plinthite,	III,	776
Plomb antimonié,	III,	65
— — sulfuré,	III,	12-17
— arséniaté,	III,	44
— — hydraté,	III,	48
— arsénio-sulfuré,	III,	13
— blanc,	III,	23
— — rhomboédriq.,	III,	30
— brun,	III,	40
— carbonaté,	III,	23
— chloro-carbonaté,	III,	49
— chloruré,	III,	50
— chromaté,	III,	54
— — basique,	III,	57
— chromé,	III,	58
— gomme,	III,	63
— hydro-alumineux,	III,	63
— jaune,	III,	59
— molybdaté,	III,	59
— — basique,	III,	61
— murio-carbonaté,	III,	49
— natif,	III,	1
— noir,	III,	43
— oxydé jaune,	III,	22
— — rouge,	III,	22
— phosphaté,	III,	40
— phospho arséniaté,	III,	44
— rouge,	III,	54
— sélénié,	III,	15
— sulfaté,	III,	33
— — cuprifère,	III,	39
— sulfato-carb. cuprif.,	III,	37
	Tom.	Pag.
Plomb antimon.tricarbonaté,	III,	30
— sulfo-carbonaté,	III,	32
— sulfuré,	III,	2
— — antimonifère,	III,	5
— telluré,	II,	633
— tungstaté,	III,	62
— vanadiate,	III,	52
— vert,	III,	40
Plombagine,	III,	714
Plumbago,	III,	714
Plumbo-calcite,	II,	266
Pointements, leur position,	I,	27
— à trois faces,	I,	126
— à quatre faces,	I,	127
Poix minérale,	III,	709
Polarisation de la lumière,	I,	256
— manière de la produire,	I,	257
— angle de polari- sation,	I,	258
— méthode pour la mesurer,	I,	259
— son analog. avec la double réfract.,	I,	261
— par la tourma- line,	I,	263
Polianite,	III,	776
Polyadelphite,	III,	624
Polarisation rotatoire,	I,	267
— sa relation avec la forme des cri- staux de quartz,	I,	269
— lamellaire,	I,	275
Polariscope de Savart,	I,	271
Polyalithe d'Ischel,	II,	169
Polyalithe de Vic,	II,	167
Polybasite,	III,	171
Polychroïte,	III,	777
Polychroïlite,	III,	777
Polyhydrite,	III,	777
Polykrase,	III,	574
Polylite,	III,	593
Polymignite,	III,	573
Polymorphe (calc.),	II,	249
Polyargilite,	III,	777
Polysphærite,	III,	43
Polyxène,	III,	777
Ponce,	III,	361
Poonalite,	III,	428
Potasse nitratée,	II,	142
— sulfatée,	II,	144
Pounxa, nom local du borax,	II,	170
Praséolithe,	III,	498
Prehnite,	III,	457
Principes dichotomiques pour la reconnaissance des mi- néraux,	I, 486	à 664
Prisme droit à base carrée,	I,	65
— ses formes dé- rivées,	I, 65	à 73
— à huit faces,	I,	69
— rectangulaire,	I,	76

	Tom.	Pag.
Prisme droit ; ses dérivés.	I, 76 à 85
— *rhomboïdal,*	I,	77
— *à six faces régul..*	I,	99
— *placé sur les arét.,*	I,	99
— *placé sur les ang..*	I,	107
Prisme rhomboïdal oblique,	I,	117
— — *formes dé-*		
rivées,	I, 117 à 130
— *à six faces symétriques,*	I,	123
— *rectangulaire oblique,*	I,	124
— *à huit faces,*	I,	69
— *symétrique à huit faces.*	I,	124
— *oblique non symétrique,*	I,	131
— *ses dérivés,*	I, 131 à 134
Prédazzite,	III,	777
Prothéite,	III,	288
Protoxyde de cuivre,	III,	115
Proustite,	III,	184
Przibramite, *blende cadmi-*		
fère de Przibram, en		
Bohême,	II,	589
Psaturose,	III,	169
Pseudo-néphéline,	III, 404-406
Psilomélane,	II,	411
Puschinite,	III,	778
Pycnotrope,	III,	778
Pyrargillite,	III,	243
Pyrallolite,	III,	543
Pyrénéite,	III,	280
Pyrgome,	III,	497

	Tom.	Pag.
Pyrholite,	III,	778
Pyrite,	II,	448
— arsenicale,	II,	459
— blanche,	II, 454-459
— capillaire,	II,	573
— cuivreuse,	III,	102
— hépatique,	II,	458
— jaune,	II,	448
— magnétique,	II,	458
— martiale,	II,	448
— rayonnée,	II,	454
Pyrocloré,	II,	300
Pyrolusite,	II,	399
Pyromorphite,	III,	40
Pyrope,	III,	278
Pyrophyllite,	III,	506
Pyrophysalite,	III,	635
Pyrorthite,	II,	390
Pyrosclérite,	III,	502
Pyrosmalite,	II,	549
Pyroxène,	III,	597
— *calcul de ses modifi-*		
cations,	I,	430
— *blanc,*	III,	599
— *ferrugineux,*	III,	605
— *manganésien,*	III,	609
— *noir,*	III,	611
Pyrrhit,	II,	620
Pyrrhosidérite, *synonyme de*		
limonite,	II,	481

Q.

	Tom.	Pag.
Quadrisilicate d'alumine,	III,	409
Quadraoctaèdre (système),	I,	65
Quartz (*calcul des modifica-*		
tions du),	I,	409
Quartz,	II,	85
— *agate,*	II, 101, 116
— *aéro-hydre,*	II,	98
— *compacte,*	II, 100, 116
— *ferrugineux,*	II,	96
— *hyalin,*	II,	86
— *jaspe,*	II,	120
— *lydien,*	II,	112
— *neclique,*	II,	105

	Tom.	Pag.
Quartz *néopètre,*	II,	103
— *résinite,*	II, 108, 119
— *rubigineux,*	II,	96
— *silex,*	II, 104, 117
— *silex meulière,*	II, 105, 118
— *terreux,*	II, 105, 119
— *thermogène.*	II,	108
Quartzite, *roche de quartz,*		
compacte ou grenu,	II,	100
Quecksilber,	II,	655
— hornerz,	II,	660
Quincyte,	II,	314

R.

	Tom.	Pag.
Raclure (car. ext.),	I,	13
Radelerz,	III,	17
Radiolite,	III, 422, 424
Raiseneistein,	II,	492
Randanite,	II,	113
Raphilite,	III,	415
Rapidolite (*wernérite*).	III,	298
Ratofkite,	II,	267
Rayonnante en gouttière,	III, 669, 671

	Tom.	Pag.
Razoumoffskine,	III,	267
Razoumustskine,	II,	309
Réalgar (*arsenic sulfuré*		
rouge).	II,	134
Réduction, moyen de l'opé-		
rer au chalumeau,	I,	319
Réfraction simple,	I,	243
— (*indice de*),	I,	243
— *sa détermination,*	I,	245

	Tom.	Pag.
Réfraction sa valeur pour les minéraux connus,	I.	246
— *double,*	I, 242,	247
— *position des deux images,*	I,	248
— *relation entre la double réfraction et la cristallisation,*	I.	697
Reinmanite,	I.II	696
Reissite,	III,	696
Rétinite (*feldspath*),	III,	696
Résines,	III,	692
Résine de Highgate,	III.	697
Rétinalite,	III,	629
Rétinasphalte,	III,	695
Rétinites,	III,	695
Rétinite de Halle,	III,	696
Rétinasphalte,	III,	696
— *de Thomson,*	III,	696
Reussine,	II,	164
Reusselœrite,	III,	778
Rhénite, *syn. de cuivre hydro-phosphaté,*	III,	131
Rhœtizite,	III,	223
Rhodalite *ou* Rhodalose,	III,	495
Rhodochrome,	III, 541,	779
Rhodochrolite,	II,	420
Rhodoïse,	II,	569
Rhodonite *ou* Rhodolite,	II,	429
Rhombique (*système*),	I,	76
Rhomboctaèdre,	I,	76
Rhomboèdre, ses dérivés,	I, 88 à	116
— *contrastant,*	II,	220
— *cuboïde,*	II,	220
— *dilaté,*	II,	221
— *équiaxe,*	I, 93, II,	218

Rhomboèdre inverse,	II,	219
— *mixte,*	II,	221
Rhomboédrique (système),	I,	88
Rhodalose,	II,	572
Rhodizite,	II,	318
Rhodium,	III,	205
Rhyacolithe,	III, 343,	387
Riémanite,	III,	268
Ripidolithe,	III,	513
Riolithe,	III,	779
Ricuite,	III,	779
Romanzovite,	III,	275
Roméine *ou* Roméite,	II,	297
Roselane,	III,	779
Rosélite,	II,	570
Rosique (*calc.*),	II,	249
Rosite,	III,	779
Rothbleierz,	III,	54
Roth-kupfererz,	III,	115
Rothereisenvitriol,	II,	552
Rothspiesglanzerz,	II,	651
Rothoffite,	III,	280
Rubellane,	III,	651
Rubellite,	III, 659,	661
Rubin-blende,	III,	184
Rubin-glimmer,	III,	482
Rubis,	II, 335,	341
Rubis balais,	III,	679
— *spinelle,*	III,	699
Rubicelle,	III,	679
Russ kobalt,	II,	565
Rutlhoskite, *syn. de chaux fluatée,*	II,	267
Rutile,	II,	666
Rutilite, *var. de sphène,*	III,	669
Ryacolite,	III, 343,	387

S.

Saccharite,	III,	780
Sagénite,	II,	666
Sablite,	III, 597,	599
Salaïte,	III,	597
Saldanite,	III,	781
Salmare,	II,	145
Salmiac,	II,	139
Salmiak,	II,	139
Salpêtre,	II,	142
— *terreux,*	II,	305
Salzkupfererz,	III,	127
Sanguine,	II,	474
Sanidine,	III,	365
Saphir,	II, 335,	341
Saphir d'eau,	III,	314
Saphirine (*quartz agate*),	II,	103
Sapoline,	II,	82
Saponite,	III,	491
Sapparite,	III,	223
Sarcolite,	III,	412

Sarcolite (*hydrolite*),	III,	466
Sardoine, *variété d'agate,*	II,	102
Sassoline,	II,	82
Saualpite,	III,	289
Saussurite,	III,	376
Savodinskite, *syn. d'argent telluré,*	III,	632
Savon de montagne,	III,	267
Saveur (car. ext.),	I,	14
Scalénoèdre,	I,	98
Scapolite,	III,	298
Scrarbroïte,	III,	270
Schaalstein,	III,	525
Schaümerde,	II,	235
Scheelbleispath,	III,	62
Scheelin calcaire,	II,	302
— *ferruginé,*	II,	527
— *ferrugineux,*	II,	527
Scheelite,	II,	302
Scheelitine,	III,	62

	Tom.	Pag.
Scheerite,	III,	701
Schieferspath,	II,	235
Schilfglaserz,	III.	173
Schillerspath, III, 617, 618, 620		
Schiste talqueux,	III,	534
Schmirgel, *variété de co-*		
rindon,	II,	335
Schoharite, *syn. de* baryte		
sulfatée,	II,	179
Schorl blanc,	III,	404
— *bleu,* II, 533, 670; III, 223		
— *cruciforme,*	III,	237
— *électrique,*	III,	659
— *noir,*	II,	659
— *rouge,*	II,	666
— *vert,*	III,	289
— *vert (amphibole),*	III,	580
— *violet,*	III,	666
Schorlrock,	III,	665
Schrifterz,	III,	625
Schrifttellur,	III,	625
Schrotérite,	III,	781
Schützite,	II,	200
Schwarzgültigerz,	III,	169
Schwarzerz,	III,	106
Schwefelnickel,	II,	573
Schwerspath,	II,	179
Scolézite,	III,	429
Scolexérose,	III,	304
Scolirite,	III,	781
Scorodite,	II.	543
Scorza, III, 289, 295		
Scoulérite,	III,	483
— *(thomsonite),*	III,	486
Seifenstein,	III,	490
Sel admirable,	II,	163
— *amer,*	II,	322
— *ammoniac,*	II,	139
— *commun,*	II,	145
— *d'Angleterre,*	II,	322
— *de Duobus,*	II,	144
— *d'Epsom,*	II,	322
— *de Glauber,*	II,	163
— *de Glazer,*	II,	144
— *de Seidlitz,*	II,	322
— *de Tartarie,*	II,	139
— *gemme,*	II,	145
— *marin,*	II,	145
— *polycreste de Glazer,*	II,	144
— *volatil,*	II,	139
Selenblei,	III,	15
Sélénite,	II,	272
Séléniure de cuivre,	III,	99
— de plomb,	III,	15
— de plomb et de		
cuivre,	III,	16
— de plomb et de		
mercure,	III,	16
— de zinc,	II,	596
Selen-kupfer,	III,	99
Séméline, III, 669, 673		
Serpentine,	III.	539

	Tom.	Pag.
Sévérite,	III,	267
Seybertite,	III,	519
Sibérite, III, 659, 661		
Sidérique *(calc.),*	II,	249
Sidérite,	II,	358
Sidéritine,	II,	554
Sidéroclepte,	III,	546
Sidéroschisolite,	III,	558
Sidérose,	II,	497
Siénite,	III,	595
Silber falherz,	III,	106
— glaserz,	III,	166
— hornerz,	III,	188
— kupfer glanz,	III,	96
Silex, II, 104, 117		
Silicates,	III,	223
— . *à base de zircone,*	III,	565
— *alumineux,*	III,	223
— *alumin. hydratés,*	III,	240
— *alumin. et alcalins,*	III,	331
— *alumin. hydratés*		
avec alcalis,		
chaux; etc.,	III,	418
— *d'alumine, de chaux*		
et de ses isomor-		
phes,	III,	272
— *de fer,*	III,	556
— *de magnésie an-*		
hydre,	III,	546
— *non alumineux,*	III,	525
— *sulfurifère,*	III,	674
Silico-borates,	III,	653
— *titanates,*	III,	669
Silice,	II,	85
— *fluatée alumineuse,*	III,	630
— *gélatineuse,*	II,	113
Silicite,	III,	782
Sinople, *variété de* quartz		
hyalin,	II,	86
Sillimanite,	III,	227
Sismondine,	III,	522
Slickenside,	III,	782
Smaltine, II. 557, 620		
Smaragd,	III,	319
Smaragdite,	III,	617
Smaragdochalzite,	III,	127
Smirgel,	III,	782
Smithsonite,	II,	598
Sodaïte,	III,	303
Sodalite,	III,	400
Soffioni,	II,	83
Solides à 48 faces; leur dé-		
rivation,	I,	47
Somerville *(cuivre hydro-*		
siliceux),	III,	
— *(mellilite),* III, 410, 412		
Son *(car. ext.),*	I,	15
Sommite,	III,	404
Sordawalite,	III,	317
Sostioni,	II,	83
Soude boratée,	II.	170
— carbonatée, II, 155, 156		

	Tom.	Pag.
Soude chlorurée,	II,	145
— muriatée,	II,	145
— nitratée,	II,	154
— prismatique,	II,	157
— sulfatée,	II,	163
Soufre,	II.	121
Sources salées,	II,	153
Spadaïte,	III,	742
Spargelstein,	II, 286,	288
Spath adamantin,	II,	335
— adamantin (andalousite),	III,	229
— calcaire,	II,	209
— cubique,	II,	282
— d'Islande,	II,	267
— en tables,	III,	525
— étincelant,	III,	341
— fluor,	II,	267
— fusible,	III,	341
— perlé,	III,	258
— pesant,	II,	179
— pesant aéré,	II,	172
— séléniteux,	II,	272
Speckstein,	III,	537
Speisglanzocher,	II,	654
Sperkise,	II,	454
Speiskobalt,	II,	557
Spessartine,	III,	280
Sphène,	III,	669
Sphéroédrique (système),	I,	34
Sphérolite,	III,	358
Sphérosidérite, variété de fer carbonaté,	II,	
Sphérostilbite,	III, 433,	435
Spiesglanz-bleierz,	III,	17
Spinelle,	III,	679
— zincifère,	III,	684
Spinellane,	III,	677
Spinelline,	III,	673
Spinthère,	III,	659
Spodumène,	III,	379
— à soude,	III,	380
Sprodglaserz,	III,	169
Stalactite, variété de concrétion de chaux carbonatée,	II,	236
Stannolite, syn. d'étain oxydé,	III,	68
Stanzaïte,	III,	229
Staurolite,	III,	237
Staurotide,	III,	237
Stéatite,	III, 537,	539
— de Bareuth,	III,	538
Steinheilite,	III,	314
Steinmark,	III,	236
Steinmannite,	III,	4
Steinol, syn. de naphte,	III,	705
Stellite,	III,	492
Sterlingite, nom donné au		
minerai de fer oxydulé de Sterling dans le Massachussets,	II,	463
Sternbergite,	III,	176
Stibiconise,	II,	654
Stilbine,	II,	641
Stilbite,	III,	433
Stilpnomélane,	III,	560
Stilpnosidérite,	II,	492
Stipite, var. de fer résinite,	II,	554
Strahlzéolithe,	III,	433
Stralitle,	III, 289,	580
Stralstein,	II,	580
Stream-works,	III,	73
Strelite, variété d'antophyllite de Chesterfield dans le Massachussets,	III,	591
Stroganowite,	III,	403
Strigisane ou Striégisane,	III,	783
Stromeyérine,	III,	96
Stromnite,	II,	199
Strontiane carbonatée,	II,	197
— sulfatée,	II,	200
Strontianite,	II,	197
Struvite ou Struvéïte,	III,	782
Stylobate, syn. de gehrleinite.	III,	307
Stylobite,	III,	307
Subsesquichromate de plomb,	III,	57
Succin,	III,	693
Succinite,	III,	275
Suifs de Loch-Fine,	III,	704
— de montagne,	III,	700
— minéral,	III,	704
Sulfate de plomb cuivreux,	III,	39
Sulfatocarbonate de baryte,	II,	174
Sulfure de cuivre,	III,	921
— de fer,	II,	448
Sumpferz,	II,	391
Sunadine, nom donné à une variété des minéraux du groupe de feldspath, probablement de l'orthose,		
Suzanite ou Susanite,	III,	30
Swaga, nom local du borax,	II,	170
Sylvane ou Sylvine,	II, 624,	625
Sylvanite ou Sylvine,	II,	624
Symétrie des cristaux,	I,	28
— (anomalie à la)	I,	207
Simplésite,	II,	547
Systèmes cristallins, leur définition,	I,	25
— leur description, I, de 34 à 134		
— leur comparaison,	I,	235
— cristallin de Beudant,	I,	138
— — de Mohs,	I,	144
— — de Naumann,	I,	148
— — de Rose,	I,	145
— — de Haüy,	I,	138
— — de Weiss,	I,	138

T.

	Tom.	Pag.
Tableaux de la distribution des espèces minérales,	II,	24
— *des minéraux d'après leurs formes cristallines,*	II,	45
— *des minéraux d'après leur texture,*	II,	55
Tachure (car. ext.),	I,	13
Tachylite,	III,	783
Tafelspath,	III,	525
Tagilite,	III,	784
Talcite, *syn. de* Nacrite,	III,	516
Talc zographique,	III,	563
Talc,	III,	531
— écailleux,	III,	516-534
— endurci, compacte,	III,	536
— glaphique,	III,	488
— granulaire,	III,	516
— hydraté,	III,	307
— stéatite,	III,	537
Talksteinmark,	III,	236
Tantale oxyde yttrifère,	II,	327
Tankite,	III,	784
Tantoklinique (*calc.*),	II,	249
Tankélite, *syn. d'*yttria phosphaté,	II,	324
Tantalite *de Suède,*	II,	521
— *de Bavière,*	II,	525
Tantale oxydé,	II,	521
— oxydé ferro-manganésifère,	II,	521
Tarnowitzite,	III,	784
Tartre,	II,	144
Tantolite,	III,	551
Ténacite (car. ext.),	I,	13
Tekticite,	III,	784
Télésie,	II,	335
Tellure,	II,	622
— argentifère,	II,	632
— auro-ferrifère,	II,	624
— auro-argentifère,	II,	625
— auro-plombifère,	II,	627
— carbonaté,	II,	622
— gris,	II,	627
— natif,	II,	624
— natif bismuthifère,	II,	630
— plumbo-aurifère,	II,	629
Tennantite,	III,	110
Tenorite,	III,	784
Térénite,	III,	785
Téphroïte,	II,	618
Tératolithe,	III,	784
Terno-singulare (syst.),	I,	88
Terre, *sa chaleur,*	II,	72
Terre à foulon,	III,	263
— *à pipes,*	III,	483
— *d'ambre,*	III,	726

	Tom.	Pag.
Terre de Cologne,	III,	726
— *d'Italie,*	II,	485
— *rouge, argentifère,*	III,	157
— *de Vérone,*	III,	563
— *vertes alumineuses,*	III,	516
Tessélite,	III,	418-419
Tétartine,	III,	365
Tesseral,	I, 34,	148
Tessulaire,	I,	34
Tétradynite, *syn. de* bismuth telluré *ou de* bornine,	II,	630
Tétraphylline,	II,	425
Tétraèdre régulier,	I,	52
— *ses dérivés,*	I,	53
Tétraèdre symétrique,	I,	74
Tétragonal (syst.),	I, 65,	149
Tétragonalikositétraèdre,	I,	41
Tétrakishexaèdre,	I,	39
Tétrakon octaèdre,	I,	47
Trigonalikositétraèdre octaédrique,	I,	45
Thallite,	III, 289,	295
Tharandite,	II, 258,	262
Tétraklasite Haus. *syn. de* wernérite,	III,	357
Thénardite,	II,	165
Thermonatrite, *syn. de* natron, II,		
Thomsonite,	III,	484
Thon,	III,	248
Thorite,	II,	324
Thorite (*hyd. sil. de thorine*), III,		579
Thraulite,	III,	559
Thrombolite,	III,	132
Thumite,	III,	666
Thumerstein,	III, 666,	669
Thuringite,	III,	785
Tinkal,	II,	170
Titanate de chaux (*pérowskite*), II,		298
— — (*pyrochlore*), II,		300
Titane,	II,	664
— calcaréo-siliceux,	III,	669
— ferrifère,	II,	669
— oxydé (*rutile*),	II,	666
— oxydé (*anatase*),	II,	670
— siliceo-calcaire,	III,	669
Titanite,	II,	665
— (*sphène*),	III,	669
Tombosite,	III,	785
Tombozite,	II,	586
Tomosite,	III,	785
Topazolème, roche de topaze, III,		
Topaze,	III,	630
— *brûlée,*	III,	631
— *orientale,*	II,	344
Topazolite (*grenat*),	III,	275
Tourbes,	III,	728
Tourmaline,	III,	659
— *sa polarisation,*	I,	263

	Tom.	Pag.		Tom.	Pag.
Tourmaline (emploi de la) pour déterminer la double réfraction,	I,	264	phibole,	III,	595
			Tripoli (quartz),	II,	106
			Trisilicate de manganèse,	II,	436
Travertin, tuf calcaire,	II,	236	— de chaux,	III,	529
Triploklas, Br. syn. de thomsonite,	III,	484	Trombolithe,	III,	132
			Trona,	II,	158
Troostite,	II,	436	Tripel,	III,	786
Troolite,	II,	436	Triphanite,	III,	786
Torbérite,	III,	84	Tschewkinite,	II,	388
Torrelite,	III,	785	Tudsite,	III,	267
Transparence (car. ext.),	I,	8	Tugilite,	III,	786
Trapézoèdres, leur dérivat.,	I,	41	Tungstate de fer,	II,	527
Trassaite, syn. de péperino, espèce de tuf volcanique,	III,	614	Troncatures,	I,	27
			— leur position,	I,	28
Tremolite compacte (jade),	III,	583	Tungstein blanc,	II,	302
Tricklasite ou triclasite,	III,	240	Turgite,	III,	786
Trigonalicositétraèdre hexaédrique,	I,	39	Turmalin,	III,	659
			Turnérite,	III,	689
Triakioctaèdre,	I,	45	Turquoise,	II,	359
Triphane,	III,	379	— nouvelle roche,	II,	361
Triphylline,	II,	424	Type cristallin (définition d'un),	I,	26
Triklinoïdrique,	I,	149	— leur nombre,	I,	33
Triplite,	II,	426	— leur passage aux formes secondaires,	I,	31
Trapp, roche associée à l'am-					

U.

	Tom.	Pag.		Tom.	Pag.
Ultramarine, syn. d'outremer,	III,	674	Uranite,	III,	84
			Uranocker,	III,	83
Uralite, syn. d'ouralite,	III,	615	Uranphyllite, syn. d'uranite,	III,	84
Uraconise,	III,	83	Uranpecherz,	III,	51
Uranate de chaux,	III,	84	Urane phosphaté,	III,	84
Urane oxydulé,	III,	81	— sulfaté,	III,	88
— oxydé hydraté,	III,	83	— sous-sulfaté,	III,	88
— oxydé,	III,	84	Urano-tantale,	III,	87
Uranblüthe,	III,	83	Urane-vitriol,	III,	88
Uranerz,	III,	51	Urao,	II,	158
Uranglimmer,	III,	84	Uwarovite,	III,	281

V.

	Tom.	Pag.		Tom.	Pag.
Vanadiate de cuivre,	III,	144	Villénite ou willémite,	II,	609
Vanadinbleierz,	III,	52	Violan ou Violane,	III,	297
Vanadite,	III,	52	Vithamite,	III,	297
Vargasite,	III,	786	Vitriol blanc,	II,	621
Variscite,	III,	786	— de cuivre,	III,	149
Varvicite,	III,	787	— de Goslar,	II,	621
Varvacite,	III,	787	— martial,	II,	550
Vauquelinite,	III,	58	Vivianite,	II,	533
Verde di corsica,	III,	618	Volborthite,	III,	144
Vermiculite,	III,	496	Voltaïte,	III,	787
Vermillon natif,	II,	658	Voltzine,	II,	597
Vanidite,	III,	52	Volkonskoïte ou wolkonskoïte,	III,	221
Verre de Moscovie,	III,	639	Voranlite,	II,	358
Vert de montagne,	III,	123	Voraulite,	II,	358
Vésuvienne,	III,	283	Vulcanite,	III,	597
Vichtine,	III,	518	Vulpinite,	II,	282
Vignite,	III,	787			
Villarsite,	III,	557			

W.

	Tom.	Pag.		Tom.	Pag.
Wacke (*pyroxène*),	III,	614	Williamite,	II,	609
Wacke (*amphibole terreuse*),	III,	588	Willouite,	III,	275
Wachstein,	III,	490	Willuite (*grenat*),	III,	275
Wad (*manganèse*),	II,	409	Wismuth blüthe,	III,	79
Wagnérite,	II,	320	— blende,	III,	80
Walmstèdite,	II,	309	— glanz,	III,	75
Washingtouite,	II,	515	— ocker,	III,	79
Warvicite,	II,	407	Wohlérite,	III,	575
Warwickite,	II,	674	— (*cobalt*),	II,	564
Wasserglimmer,	III,	511	Wœrtbite,	III,	787
Wavellite,	II,	352	Wœrdhite,	III,	787
Webstérite,	II,	365	Worthite,	III,	787
Weissite,	III,	312	Worthite,	III,	246
Weisenerz,	II,	491	Wolfram,	II,	527
Weiss gültigerz,	III,	5	— blanc,	II,	302
Weiss tellur,	II,	627	— bleierz,	III,	62
— sylvanerz,	II,	627	Wolckonskite,	III,	221
Weissbleierz,	III,	23	Wolckonskoïte,	III,	221
Weisser speiskobalt,	II,	561	Wollastonite,	III,	525
Weisses nicheler,	II,	582	— de Thomson,	III,	527
Wernérite,	III, 298,	300	Wolnyn, *syn. de* baryte		
Werhlite,	III,	623	sulfatée,	II,	
Withamite,	III,	297	Wundersalz,	II,	163
Whitérine,	II,	172	Würfelerz,	II,	540
Whitérite,	II,	127	Würfelspath,	II,	282
Wichtine,	III,	518	Würfelstein,	II,	315
Willémite,	II,	609			

X.

	Tom.	Pag.		Tom.	Pag.
Xanthite,	III,	310	Xénotime,	II,	324
—	III,	524	Xilopale , *quartz résinite*		
Xanthokon,	III,	788	*remplaçant du bois fos-*		
Xautophyllite,	III,	529	*sile,*	II,	109
Xénolite,	III,	788	Xylithe,	III,	788

Y.

	Tom.	Pag.		Tom.	Pag.
Yanolite,	III,	666	Yttria fluatée,	II,	325
Yénite,	III,	621	Yttrocolumbite,	II,	327
Ypoléine,	III,	131	Yttrotantale,	II,	327
Ytterbite, *syn. de* gadoli-			Yttria phosphatée,	II,	324
nite,	II,		Yttrite,	II,	332
Yttertantal,	II,	327	Yttrocérite,	II,	324

Z.

	Tom.	Pag.		Tom.	Pag.
Zala, *nom local du* borax,	II,	170	Zéolite de Suède (*triphane*),	III,	379
Zeagonite,	III,	446	— d'Hellesta,	III,	418
Zéolite bleue,	III,	674	— en aiguilles,	III,	422
— calcaire,	III,	492	— efflorescente,	III,	453
— cubique,	III,	460	— feuilletée,	III,	433
— dure,	III,	480	— nacrée,	III,	433

	Tom.	Pag.		Tom.	Pag.
Zéolite radiée,	III,	422	Zinc silicaté,	II,	603
— *rouge,*	III,	440	— sulfuré,	II, 588, III,	789
— *tenace,*	III,	530	Zinconise,	II,	602
Ziegelerz,	III,	117	Zinkspath,	II,	598
Ziégéline,	III,	117	Zinkiglas,	II,	603
Ziélanite *pour* ceylanite,	III,	679	Zinc sulfaté,	II,	621
Zeuxite,	III,	611	Zincique (*calc.*),	II,	249
Zinc,	II,	588	Zinnerz,	III,	68
— blende,	II,	588	Zinkénite,	II,	645
— carbonaté,	II,	598	Zinnkies,	III,	67
— concrétionné,	II,	601	Zinnstein,	III,	68
— hydro-carbonaté,	II,	602	Zinnober,	II,	656
— hydraté cuprifère,	II,	619	Zircon.	III,	565
— ioduré,	II,	622	Zirconite,	III,	565
— oxydé,	II, 598,	603	Zoïsite,	III, 289,	291
— — ferrifère,	II,	618	Zurlite,	III, 525,	789
— — rouge,	II,	618	Zurlonite,	III,	525
— — silicifère,	II,	603	Zwiésélite, *syn. de* eisen		
— sélénié,	II,	596	apatite,	II,	427

FIN DE LA TABLE GÉNÉRALE DES MATIÈRES.

IMPRIMERIE DE HENNUYER ET Cᵉ, RUE LEMERCIER, 24.
Batignolles.

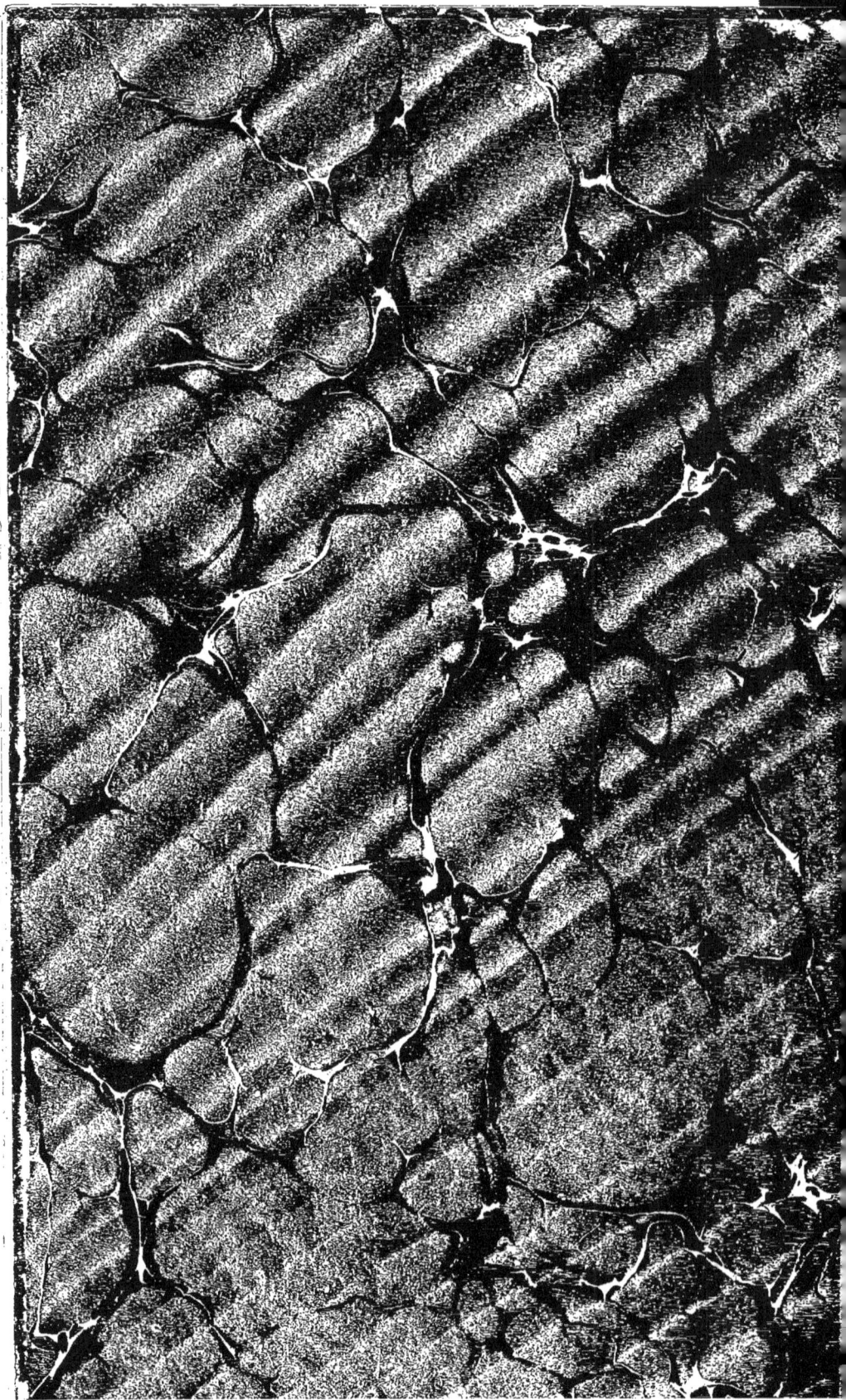

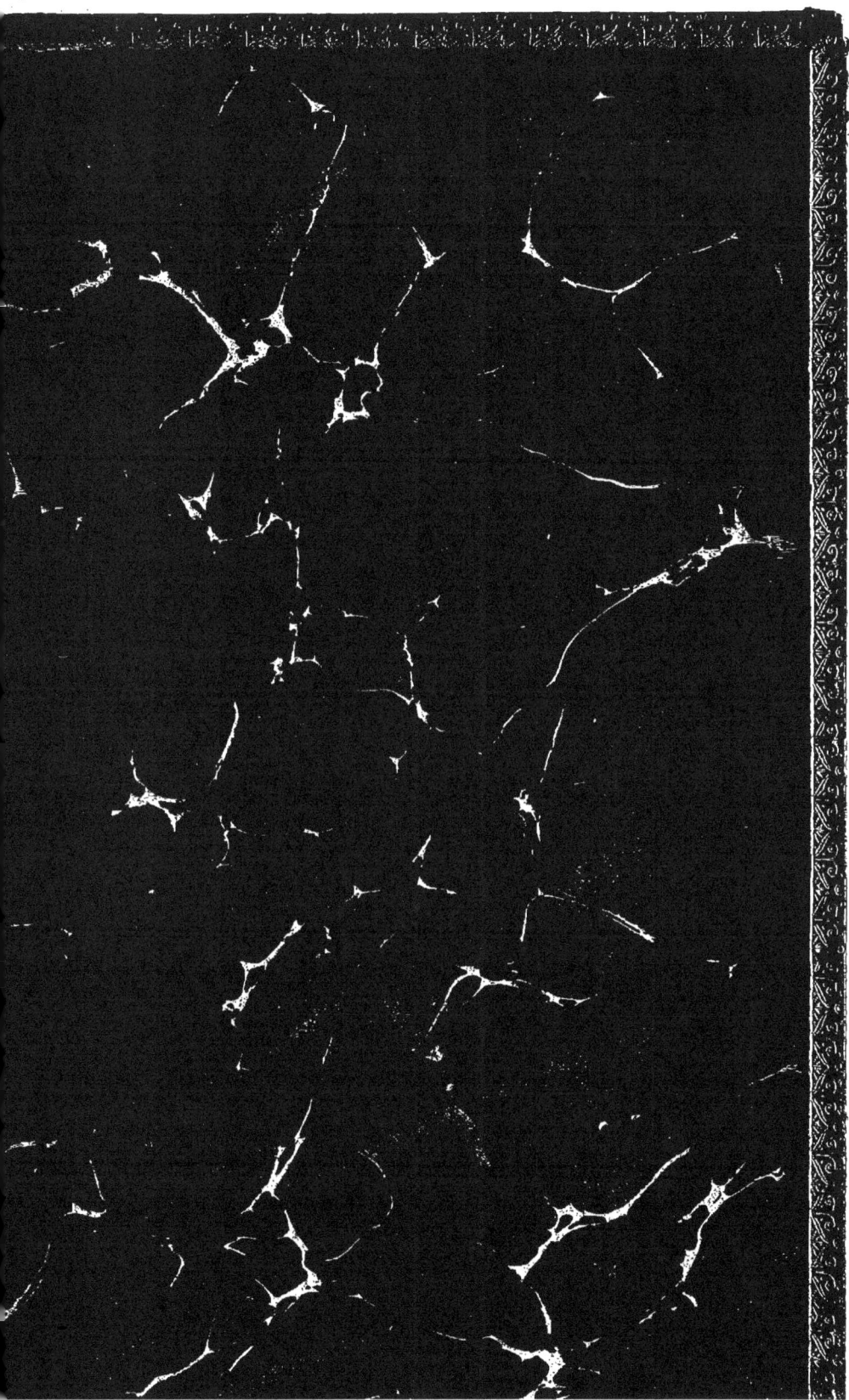

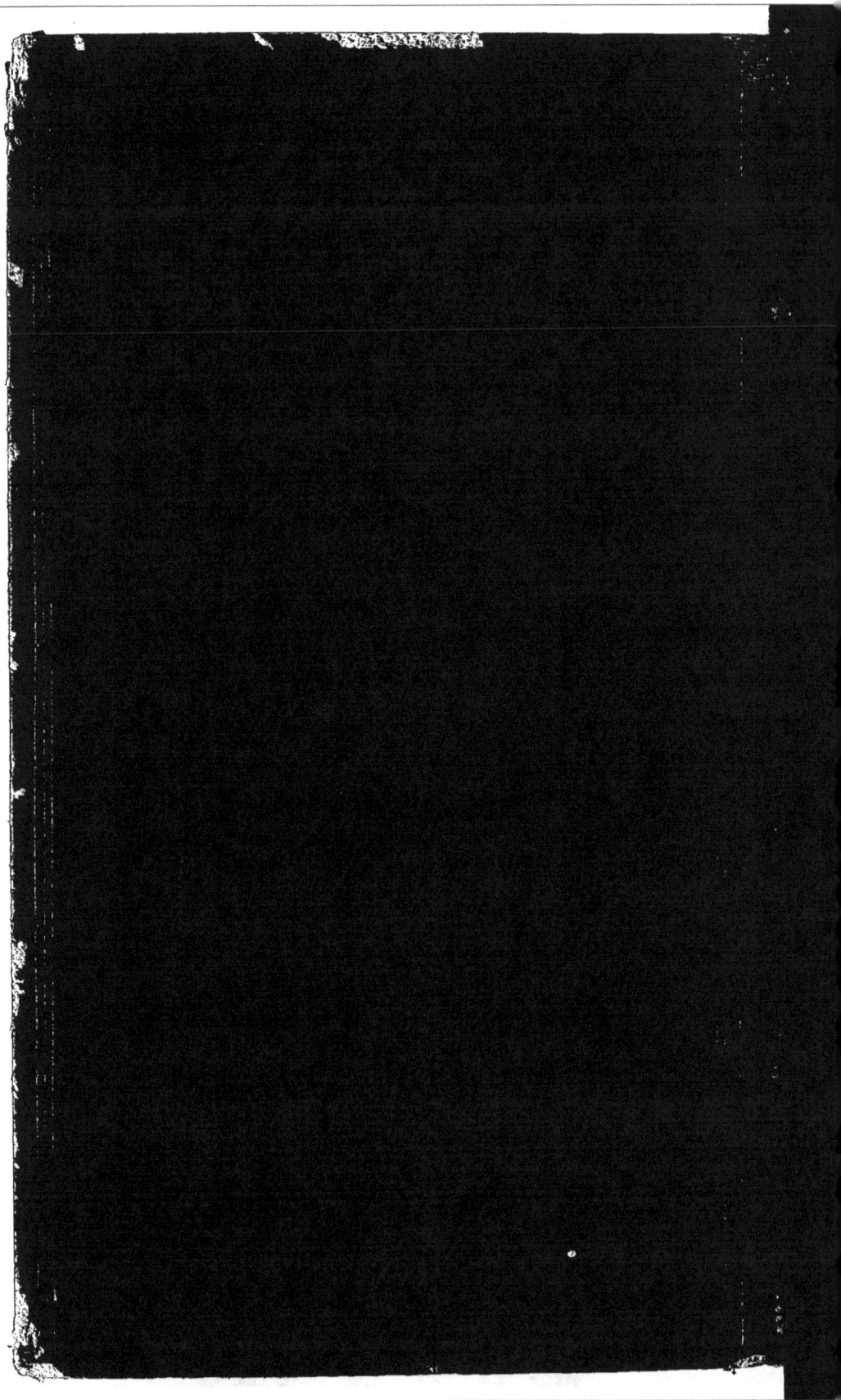

www.ingramcontent.com/pod-product-compliance
Lightning Source LLC
Chambersburg PA
CBHW070235200326
41518CB00010B/1572